Artrópodos

J. MANUEL VIDAL-CORDERO (COORD.)

Artrópodos

Las fascinantes criaturas que cambiaron la historia

GUADALMAZÁN

Guadalmazán · Colección Divulgación Científica
Director editorial: Antonio Cuesta
Editor: Alfonso Orti
Coordinador: J. Manuel Vidal-Cordero

www.editorialalmuzara.com
pedidos@almuzaralibros.com - info@almuzaralibros.com

Talenbook, s. l.
C/ Cervantes 26 · 28014 · Madrid

Imprime: Romanyà Valls
ISBN: 978-84-19414-31-1
Depósito legal: M-10337-2024
Hecho e impreso en España - *Made and printed in Spain*

Índice

Preámbulo
Pequeños seres, grandes cambios

Las mejores ideas se tienen en el baño. Recuerdo con detalle el momento en el que salí de la ducha y, sin secarme del todo, buscaba por la casa, y con los pies aún mojados, la compañía de mi mujer para compartir con ella el tema del que trataría el presente libro. «¡Ya lo tengo!, ¡ya lo tengo!», grité mientras la buscaba desesperadamente. Y, justo después de que pronunciara el nombre de los protagonistas de la obra, ella, tan paciente como profana en la materia, terminó recitando la pregunta más compleja a la cual me he enfrentado en la vida: «¿Y eso para qué sirve?».

¡Qué pregunta! A lo largo de mi vida he tenido que exponerme a ella en innumerables ocasiones y en diversos lugares, siempre con grandes dificultades para destilar y condensar el mensaje. ¿Cómo es posible que, siendo los insectos y demás artrópodos un grupo de organismos tan abundante y diverso como exitoso, haya tanto desconocimiento acerca de ellos? ¿Cómo explicar a la sociedad que, si el planeta en el que vivimos es como es y nuestra especie ha llegado donde ha llegado, es gracias a ellos? Haciendo mías las palabras del filósofo británico Aldous Huxley, «quizá la única lección que nos enseña la historia es que los seres humanos no aprendemos nada de las lecciones de la historia».

Con esta obra vamos a dar respuesta a la gran pregunta, pero también vamos a llevarte de la mano a dar un paseo por nuestra memoria como especie, para que, mediante una serie de relatos contados por un elenco de especialistas y magníficos comunicadores, seas testigo de cómo los insectos y otros artrópodos han marcado nuestra historia.

Lo cierto es que a mi mujer no se lo vendí así de bien; en cambio, hice alusión a una frase de un queridísimo personaje de fantasía épica, Tasslehoff Bufort, quien dijo: «Si observas atentamente todas las cosas grandes de este mundo, verás que, en realidad, están hechas de la unión de pequeñas cosas». No sé si recurriré a la misma comparación cuando mi hija de dos años venga con preguntas. Mientras tanto, el libro que tienes en tu mano es un paso más hacia la comprensión, por parte de las generaciones actuales y venideras, de los grandes cambios que hemos vivido, vivimos y vamos a vivir en nuestra historia como especie, impulsados cada uno de ellos por unos pequeños seres que precisan tanto de ser conocidos como valorados.

J. Manuel Vidal-Cordero

Prólogo
De Peter Parker a Bernardo de Chartres

«Un gran poder conlleva una gran responsabilidad». La icónica frase del tío Ben resuena en la mente de todos los espectadores que se han sumergido alguna vez en el universo de Spiderman. Este superhéroe, con su habilidad arácnida y su sentido de la responsabilidad, se ha convertido en un símbolo de cómo el conocimiento y las capacidades extraordinarias pueden marcar la diferencia en el mundo.

Al igual que Peter Parker asumió la responsabilidad de usar sus poderes para proteger a los inocentes y hacer el bien, nosotros también enfrentamos un desafío similar en el ámbito del conocimiento de unos pequeños seres: los insectos y otros artrópodos. En nuestras exploraciones, nos encontramos con la fascinante y compleja red de interacciones entre estos organismos y, por supuesto, constatamos la gran importancia que tienen estas diversas formas de vida en el propio devenir de la historia de la humanidad. Desde el mutualismo simbiótico hasta las cadenas tróficas intricadas, los artrópodos y los seres humanos compartimos una profunda conexión en el entramado de la vida.

Este libro coral está repleto de historias fascinantes que no te dejarán indiferente. Hacen las delicias del lector y son un entretenimiento asegurado. ¿Te has planteado alguna vez cómo puede una hormiga viajar por todo el mundo? ¿Sabes qué es y de dónde sale la tinta ferrogálica? ¿Sabías que existen venenos que también sirven para curar? ¿Cómo se forman las plagas de langostas? ¿Habías escuchado que a la mosca de la fruta se le deben muchos premios Nobel? Aquí hallarás infinidad de respuestas a preguntas extraordinarias que tal vez nunca te habías planteado.

Mientras desentrañes los misterios de estos pequeños seres, esta obra te descubrirá la trascendencia y la responsabilidad que tenemos como seres humanos. El conocimiento que hemos adquirido nos brinda la oportunidad de mejorar nuestra vida y cuidar el medio ambiente que compartimos. Pero, ojo, no podemos convertirnos en el centro de la naturaleza, la relación es bidireccional. Gran parte de la vida actual del ser humano se encuentra marcada por los artrópodos: sin ellos no seríamos lo que somos. Nuestra historia como especie habría sido muy diferente a la que conocemos en la actualidad sin la existencia de estos pequeños seres.

En esta obra fundamental, cada capítulo comienza con una cita muy bien traída. ¿Qué es la literatura sino un intrincado sistema de citas? Así, nos topamos con personas influyentes a lo largo de la historia, como Paracelso, Marie Curie o David Attemborough. En este sentido la ciencia tiene mucho que decir. Efectivamente, la ciencia no se entiende sin el trabajo cooperativo, sin la alianza por el conocimiento. De eso se trata con este libro. Las citas que lo adornan no solo son testimonios de erudición, sino también símbolos de nuestra deuda con aquellos que nos precedieron; las citas funcionan como puentes entre el pasado y el presente.

Recordemos una frase atribuida regularmente atribuida a Newton pero que en realidad es de Juan de Salisbury, citando a su vez a Bernardo de Chartres: «Somos como enanos sentados sobre los hombros de gigantes para ver más cosas que ellos y ver más lejos, no porque nuestra visión sea más aguda o nuestra estatura mayor, sino porque podemos elevarnos más alto gracias a su estatura de gigantes». Los gigantes, en este caso, son las personas que han escrito el texto de la obra que tienes en tus manos. No obstante, estos gigantes del presente tienen una responsabilidad con el mundo, al igual que Peter Parker: la de comunicar lo que saben. Una responsabilidad que los empuja a sostener un compromiso ineludible. En el ámbito académico se denomina «transferencia del conocimiento». La ciencia, si no se transmite y se divulga, se torna algo misterioso y lejano. Como lector, me siento agradecido con estos gigantes del siglo XXI que nos premian con su conocimiento.

Con todo, este libro sobre pequeños seres no solo tiene pequeñas letras. También hay grandes ilustraciones, de Sergio Ibarra Mellado. Las imágenes en blanco y negro que decoran estas páginas son más que simples ilustraciones; son portales a un mundo de maravillas entomológicas. Cada trazo captura la esencia misma de la vida de los artrópodos, pero, más allá de la representación literal, estas imágenes también encarnan metáforas vívidas de la interconexión entre los pequeños seres y el cosmos que habitamos. En cada ilustración se entreteje la dualidad de la fragilidad y la fortaleza, la belleza y la oscuridad, revelando así la complejidad de la existencia tanto de los artrópodos como de nosotros mismos.

Estas líneas no son más que un adelanto de las curiosidades que encontrarás en las que siguen, donde los insectos y otros artrópodos se convierten en nuestros maestros, enseñándonos lecciones valiosas y recordándonos la delicada interconexión de toda la vida en este planeta. La responsabilidad no es solo de las personas que han escrito este libro. Igual que en el mundo Marvel, la responsabilidad no recae solo en Peter Parker, sino en todos y cada uno de los ciudadanos. Las personas tienen el gran poder de ejercer una ciudadanía cívica. Nosotros, como lectores, tenemos un gran poder: el poder de saber observar; y una responsabilidad: la de saber manejar la información obtenida. Nos asomamos al mundo de los pequeños seres y vemos un universo de grandes cambios.

EUGENIO MANUEL FERNÁNDEZ AGUILAR

1. POLINIZADORAS DE INCÓGNITO

«Atiende también, ¡oh, Mecenas!, a esta parte de mi
obra, en que describiré asombrosos espectáculos
de cosas pequeñas, magnánimos caudillos, y
referiré las costumbres, afanes, organización
y batallas de todo un linaje de seres».

VIRGILIO

Publio Virgilio Marón, más conocido como Virgilio, fue un
poeta romano del siglo I a. C. principalmente conocido por ser el
autor de la *Eneida*. Virgilio también escribió otra obra muy especial: las *Geórgicas*. En el cuarto capítulo, canta en más de 500
versos hexámetros a la vida de las abejas de la miel. Virgilio nos
habla con todo lujo de detalles sobre su estructura social, cómo
cuidar las colmenas adecuadamente o curar sus enfermedades.
Pero, curiosamente, no hace ni una sola mención a su actividad
como polinizadoras.

La abeja de la miel es un animal increíble que vive en colonias con una reina y hasta 100 000 obreras que recolectan néctar y polen para hacer miel. Pinturas rupestres en la actual
Namibia ya sugieren el uso de la miel durante la prehistoria,
hace más de 20 000 años. Conocemos muy bien a la abeja de
la miel y, sin embargo, su actividad como polinizadora no solo
pasó desapercibida a Virgilio, sino que ha sido ignorada hasta
entrado el siglo XVI. De hecho, conocemos tan bien a la abeja de
la miel que, cuando hablamos de abejas, la mayoría de la gente
piensa directamente en este animal tan peculiar, y la existencia
de otras especies de abejas es a menudo desconocida o ignorada,
por no hablar de sus importantes funciones como polinizadoras
incansables. Nos enfrentamos a un mundo que amenaza a las

poblaciones de estas criaturas increíbles. El primer paso para protegerlas es entender quiénes son, qué funciones tienen en la naturaleza, y asombrarnos con estas pequeñas criaturas.

20 000 ESPECIES DE ABEJAS

Si bien encontramos jeroglíficos con abejas que muestran que nuestra relación con estas criaturas empezó mucho antes de que nos asentáramos en poblados y empezáramos a cultivar la tierra, fue en Mesopotamia cuando hallamos los primeros indicios de una domesticación, al menos parcial, de la abeja de la miel por los primeros apicultores. Las abejas fueron tan importantes que en el antiguo Egipto creían que estas nacían de las lágrimas del dios Ra y eran símbolo del poder del faraón y objeto de culto. Griegos y romanos heredaron esta tradición y la abeja de la miel siempre ha estado muy presente en la cultura mediterránea. Otras culturas más lejanas también veneran a las abejas, como en la India, donde Bhramari Devi, diosa de las abejas, es todo un símbolo. Sin embargo, que usaran su miel y hasta las veneraran no quiere decir que supieran mucho acerca de su biología, al menos no los eruditos que podían escribir en ese tiempo. En Sumeria creían que las abejas descendían de los toros. Virgilio describe: «... no practican la cópula ni entregan con indolencia sus cuerpos a Venus». Se creía que a la cabeza del enjambre había un rey y no una reina. Incluso Aristóteles pensaba que la miel era un rocío celestial, recogido por las abejas.

Sobre las otras miles de especies de abejas existentes se sabía aún menos, ya que a las especies silvestres nunca se les ha prestado mucha atención. El tenaz Linneo describió un centenar de abejas a finales de 1700 y le siguió Pierre-André Latreille a principios de 1800, pero, de las más de 1100 especies registradas actualmente en la península ibérica, entre los dos apenas describieron 53. En 1900, diferentes entomólogos habían contabilizado más de 750, y no fue hasta el año 1975 cuando se superaron las 1000 especies. Este número sigue aumentando año a año todavía hoy. Sin ir más lejos, en 2022 se describieron más de 10 nuevas especies en España, incluyendo la *Andrena ramosa*, descubierta en unos pinares a escasos treinta minutos en coche de Sevilla. O sea, que las especies desconocidas no tienen por qué estar especialmente escondidas.

En el mundo hay descritas más de 20 000 abejas, pero ¿de dónde viene toda esta diversidad? Las abejas evolucionaron en el Cretácico (cuando aún andaban los últimos dinosaurios dominando la Tierra) a partir de avispas cazadoras. Las primeras plantas con flores primitivas ya ofrecían su polen al mundo y varios insectos, sobre todo escarabajos, no dudaban en usar ese recurso para alimentarse e iniciar así una rudimentaria polinización animal, transportando este polen a otras flores. Se cree que un grupo de avispas que cazaban a estos escarabajos evolucionaron para digerir también el polen que llevaban en su cuerpo, hasta el punto de que acabaron por no necesitar de los escarabajos y pasaron a comer solo polen. Así que las abejas son las primas vegetarianas de las avispas. Actualmente, las abejas se alimentan durante toda su vida de plantas, ya sea de polen o de néctar, y por eso han coevolucionado tan estrechamente con las angiospermas o plantas con flor. Esta coevolución las ha llevado a conquistar los cinco continentes (todos menos la Antártida) y a diversificarse en miles de formas diferentes.

Las abejas suelen ser solitarias, es decir, que la abeja de la miel y los abejorros, con su compleja organización social, son excepciones. También hay especies intermedias, que son solitarias cuando hay pocos recursos pero forman sociedades cuando estos son abundantes. La mayoría vive en pequeños agujeros excavados en el suelo, pero las hay que los hacen en madera o reutilizan conchas de caracoles abandonadas. Por lo general, viven un solo año y pasan el invierno en forma de pupa protegidas en su nido, aunque hay especies que pueden hibernar como adultas y vivir durante varios años. Algunas especies miden apenas unos milímetros, y otras, casi tres centímetros de largo. Las hay de casi todos los colores, muchas con tonos amarillos y rojos, indicando su peligrosidad a potenciales depredadores que anden por ahí, pero también con verdes metálico o completamente azules. La mayoría trabajan durante el día, si bien varios géneros son crepusculares, y algunas, en vez de trabajar, se han hecho cleptoparásitas de otras especies de abejas y, al igual que el cuco, ponen sus huevos en nidos ajenos, matan al huésped original y se alimentan del polen que la madre había aprovisionado para sus crías. La diversidad de abejas es increíble y, sorprendentemente, los puntos calientes de biodiversidad no están en los trópicos como en muchos otros taxones, sino que los tenemos en las zonas mediterráneas, incluyendo la península ibérica.

POLINIZANDO FLORES

Parte de la enorme diversidad de abejas se la debemos a su relación con las flores y a su evolución paralela. Que las abejas se alimentaban de flores sí lo descubrimos relativamente rápido. Aristóteles ya describió en el siglo iv a. C.: «... es de la flor de tomillo que las abejas obtienen la miel y, de acuerdo con la abundancia de su floración, los apicultores pueden pronosticar un rendimiento rico o pobre». Como vemos, es la miel lo que nos ha preocupado mayormente, hasta el punto de que, cuando Linneo clasificó a la abeja de la miel en 1758, la denominó inicialmente *Apis mellifera*, que significa «portadora de miel»; cuando se dio cuenta de que la abeja no transporta la miel, sino el polen y el néctar, intentó cambiar el nombre por *Apis mellifica*, es decir, «que hace miel», pero al final se mantuvo el de A. *mellifera*, continuando con el error iniciado por Aristóteles.

Lo que Aristóteles no acertó a ver fue la relación mutualista que existía entre plantas y abejas. Esto no es ninguna sorpresa dado que el sexo de las plantas no fue sugerido hasta dos milenios más tarde, en 1672, por el médico inglés Thomas Millington, y no fue hasta casi un siglo más tarde, en 1750, cuando Arthur Dobbs observó y documentó cómo las abejas polinizaban las flores. Dobbs fue un irlandés aficionado que se adelantó a los científicos más influyentes en ese tiempo al publicar en un boletín científico, sentando precedente, la primera observación de que las abejas eran agentes polinizadores. En él, describe cómo recolectan la *farina* o polen y la mueven entre flores de la misma especie y lo relaciona con la reproducción de las plantas. A partir de ahí, empezaron los experimentos para demostrar esta hipótesis. Koelreuter, en 1761, hizo los primeros experimentos para cruzar plantas y obtener híbridos, concluyendo que las abejas son potenciales agentes en la transferencia de polen de los elementos masculinos a los femeninos de la flor. Sin embargo, el experimento definitivo es de Sprengel, quien, en 1793, se convirtió en el primero en demostrar experimentalmente el importante papel que desempeñan los insectos polinizadores y la relevancia de la polinización cruzada en la vida vegetal.

La polinización animal consiste en el transporte de polen desde las anteras de una flor hasta el pistilo de otra de su misma especie, para que se fecunde el óvulo y se creen las semillas y los frutos. Es una relación mutualista: tanto los animales polinizadores como las plantas ganan algo; unos, alimento, y las otras, reproducción asistida.

Las abejas y otros polinizadores son responsables de maximizar la reproducción del 87.5 % de las más de 300 000 plantas con flor, las cuales a su vez sustentan la producción primaria y el resto de la red trófica. No deja de ser sorprendente que una de las funciones más importantes de los ecosistemas pasara completamente desapercibida hasta casi el año 1800, a pesar de ocurrir día tras día delante de nuestros ojos.

Cualquiera puede salir al jardín más cercano para descubrir decenas de abejas en acción visitando flores incansablemente, pero raramente somos conscientes de que están ahí. Durante mucho tiempo solo hemos pensado en su utilidad como productoras de miel o de cera, un producto incluso más codiciado que la miel, especialmente durante gran parte de la Edad Media, cuando su uso para abastecer las velas de las grandes catedrales europeas movilizó su comercio a gran escala entre Europa y el Magreb. Parece que nos hemos afanado tanto en ver solo a la abeja de la miel como productora de miel y cera que no hemos visto que miles de especies de abejas estaban haciendo algo mucho más importante: polinizar las plantas, empezando por nuestros cultivos.

Pero, antes de seguir, ¿qué otros papeles juegan las abejas en la naturaleza? Como herbívoros que son, los miles de especies de abejas son parte importante de la red trófica y sirven de alimento a una pléyade de depredadores y parásitos: arañas acechando en las flores, abejarucos cazándolas al vuelo y una horda de parásitos intentando colarse en su nido para alimentarse de las protegidas larvas. Además, al excavar sus nidos en la tierra, ayudan a la bioturbación del suelo mezclando y transportando suelo por toneladas. No está mal para unos simples insectos intervenir en la reproducción de las plantas, alimentar a miles de especies de depredadores y regenerar nuestros suelos, ¿no?

MANO DE OBRA GRATIS

Los polinizadores no solo facilitan la reproducción de las plantas silvestres, sino también de las que nos comemos. El 75 % de los cultivos mejoran su producción cuando son polinizados por animales. Si bien los cereales son polinizados por el viento, los cultivos que están *más ricos* y tienen altos contenidos en micronutrientes y vitaminas, como las hortalizas y las frutas, dependen mayormente de los polinizadores para fructificar. Almendras, girasoles o fresas reducen hasta un 40 % su producción cuando no son visitadas por abejas. Llevamos cultivando plantas desde la antigua Mesopotamia y, si una cosa no ha faltado a lo largo de la historia, son tratados agronómicos sobre cómo cultivar la tierra. ¿Cómo puede ser que el papel de las abejas haya pasado desapercibido también ahí? La respuesta es que, cuando una cosa funciona, nadie se pregunta por qué funciona y durante la mayor parte de la historia ha habido una diversidad y abundancia de abejas increíble, por lo que nadie les ha prestado atención hasta que han empezado a faltar.

Cuando trabajo con agricultores, a veces me dicen que apenas ven abejas en sus campos. Si preguntas a la gente corriente, te dirá lo mismo del parque más cercano a su casa. Pero, en ambos casos, si miran con detalle y observan las flores, apreciarán una diversidad increíble. Incluso dentro de campos agrícolas o ciudades hay cientos de especies de abejas que conviven con nosotros y que no se ven si no se presta atención. Esta ceguera para pequeños insectos es muy común, pero, una vez nos quitamos el velo, los veremos por todas partes.

Desde la antigüedad, la medida más obvia cuando un cultivo tiene déficit de polinización es añadir colmenas de abejas de la miel. Es relativamente fácil de hacer: las abejas de la miel son muy abundantes y trabajadoras y sus colonias se pueden transportar en camiones a donde se necesiten, así que el problema debería estar resuelto. En algunos cultivos probablemente es así, pero la abeja de la miel no es el mejor polinizador para muchos cultivos. Por ejemplo, jamás veremos una abeja de la miel en un tomate, porque el tomate tiene las anteras selladas y para extraer el polen hay que hacerlas vibrar, cosa que las abejas de la miel no saben hacer. Los abejorros, en cambio, son excelentes vibradores. Además, las abejas de la miel son poco delicadas y en cultivos como la frambuesa pueden romper el estilo de la flor fácilmente, dañándola y evitando su polinización. Abejas silvestres más pequeñas no tienen ese problema. Eso lo sabemos ahora, pero aumentar el número de colmenas ha sido la única solución hasta hace muy poco. De hecho, no fue hasta 2013 cuando un grupo de investigadores liderados por Lucas Garibaldi se unió para demostrar que la contribución de abejas silvestres y otros polinizadores era igual o superior que la de la abeja de la miel. Los datos son concluyentes: las abejas silvestres son visitantes frecuentes de los cultivos y su eficiencia iguala o incluso supera a la de las abejas de la miel. Es más, se ha comprobado que su función es complementaria, así que no podemos sustituir toda la variedad de abejas silvestres por una sola especie de abeja manejada, por abundante que esta sea.

La gran diversidad de tipos de flores requiere a su vez diversidad de abejas silvestres, porque cada tipo de flor está adaptado a abejas diferentes. Flores pequeñas necesitan abejas pequeñas. Algunas flores, como las del tomate, necesitan abejas que sepan vibrar; otras, como habas y guisantes, necesitan abejas pesadas que abran la flor para acceder a los pistilos. Algunas necesitan abejas con lenguas largas que lleguen al interior de las flores, donde se guarda el néctar. La naturaleza, a veces, es como un puzle, donde cada pieza está hecha para encajar con otra, por lo que, para completarlo, necesitamos todas las piezas.

No todas las abejas pueden adaptarse a vivir en zonas agrícolas, pero hay un buen número de ellas que sí puede. Solo se requiere que encuentren recursos florales para alimentarse y refugio para hacer nidos. Además, desde su nido, las abejas pueden volar para forrajear a distancias que oscilan entre quinientos metros y tres kilómetros, dependiendo de su tamaño. Por tanto, mientras nuestros paisajes eran heterogéneos y tenían parches de bosque o matorral intercalados, zonas de praderas en barbecho; los campos de cultivo eran pequeños; había flores y plantas ruderales en los lindes o en los márgenes de caminos, y se cultivaban diferentes cultivos alternados, las abejas silvestres no tenían problemas en vivir con nosotros y proporcionarnos sus servicios de polinización gratis, pero, con los paisajes simplificados, sin áreas seminaturales, entre grandes monocultivos, con pérdida de lindes y uso de herbicidas en los márgenes, las abejas no encuentran alimento suficiente.

UN FUTURO INCIERTO

Hace apenas veinte años, el estudio de las abejas silvestres era una actividad poco glamurosa realizada por algunos entomólogos curiosos. En 1997, Stephen Buchmann y colegas lanzan la voz de alarma con su libro *Los polinizadores olvidados*. La posibilidad de que los polinizadores estuvieran desapareciendo salta a la palestra. Hay indicios de ello, pero nadie tiene cifras concretas, por lo que la Academia Nacional de las Ciencias de Estados Unidos pide en 2006 un informe a expertos para entender el estado de los polinizadores. ¿La conclusión? Nos faltan datos porque nadie estaba prestando atención a los polinizadores hasta ahora. Desde entonces, hemos recabado mejores datos. Se han rescatado datos históricos de museos, hecho experimentos y monitoreado poblaciones. Sabemos que hay muchas abejas cuyas poblaciones han disminuido, pero a algunas especies les va bien. Sabemos cuáles son las principales causas de su declive y sabemos qué hacer para revertirlo.

Dos ejemplos cercanos evidencian la importancia de rescatar datos antiguos para entender qué les pasa a las abejas. El primero son unos muestreos de la diversidad y abundancia de abejas que hizo el entomólogo Enrique Asensio en los alrededores de Valladolid a principios de los años 80. Son algunos de los pocos datos antiguos que existen en España, ya que, en efecto, poca gente prestaba atención a las abejas antes, y menos tomando datos con muestreos estandarizados y sistematizados.

Gracias a naturalistas como él, tenemos unos datos clave para comparar con el estado actual. En 2016 y 2017, se repitieron estos muestreos usando las mismas técnicas y en los mismos sitios. En los lugares donde el hábitat había sido destruido, ya fuera por el crecimiento de las ciudades o por la intensificación agrícola, la diversidad de abejas había disminuido hasta un 40 %; sin embargo, en lugares poco alterados por los usos humanos, como los páramos, la diversidad de abejas se mantenía en perfectas condiciones. La lectura de estos resultados es generalizable. La destrucción de hábitat está amenazando a muchas especies, aunque algunas pueden sobrevivir en zonas antropizadas. Por otro lado, y por suerte, las zonas bien conservadas sirven de refugio para especies más sensibles a los cambios producidos por nuestra especie.

El segundo ejemplo también rescata datos sobre la distribución de abejorros en la cordillera Cantábrica tomados a finales de los ochenta por Jose Ramón Obeso. Comparándolos con las distribuciones actuales, las diferentes especies de abejorros han subido más de cien metros en altura, debido al incremento de las temperaturas: las que se daban en los valles ahora están a media montaña, donde las temperaturas son menores que en los valles, y las de media montaña se han visto relegadas a las cimas. Las especies de alta montaña han sido las más afectadas, ya que más arriba no había a dónde ir. Estas son las grandes perdedoras ante un cambio climático imparable. Las abejas son ectotermas y la temperatura regula toda su fisiología, por lo que el cambio climático es la segunda amenaza más preocupante para ellas, tras la pérdida de hábitat.

Hay otras amenazas, como los pesticidas o los patógenos exóticos, que asolan a las especies más resistentes, esas que consiguen cohabitar en zonas humanizadas. Pero, antes de acabar, me gustaría enseñaros el vaso medio lleno. A pesar de tener una señal de alarma clara y saber que hay especies de abejas en claro declive, hasta hoy ha habido pocas extinciones. Eso significa que estamos a tiempo de revertir este patrón y recuperar sus poblaciones. Una vez una especie se extingue, ya no hay vuelta atrás, así que el tiempo de actuar es ahora. Conservar las zonas naturales que nos quedan, recuperar paisajes con más flores, con más diversidad de cultivos, con menos maquinaria y pesticidas, o restaurar con plantas nativas son soluciones viables y que ya se están implementando (aunque no tan rápido como querríamos) y que pueden marcar la diferencia. Conservar a los grandes mamíferos es complicado porque necesitan de grandes espacios y mucho tiempo para reproducirse, pero muchas poblaciones de abejas apenas necesitan unos cientos de metros para prosperar y, con generaciones que transcurren en un año, en unos pocos años sus poblaciones se pueden recuperar rápidamente.

Quizás es el momento de volver a Virgilio, que instaba a Mecenas (sí, el mecenas original del que han tomado su nombre todos los que patrocinan el arte y las ciencias) a prestar atención a las abejas. Hay que maravillar cantando sus virtudes a toda la sociedad, incluyendo a los políticos, para que valoren la importancia de conservar estas criaturas. Además, a diferencia de en la época de Virgilio, ahora sabemos que no solo hay una especie, la que nos da miel, sino que existe una legión de especies que nos dan algo mucho más preciado, la polinización de las plantas con flor.

IGNASI BARTOMEUS

2. ZOZOBRA DE OCHO PATAS

«Los bichos no van a heredar la tierra. Ellos son
los auténticos dueños. Quizás deberíamos hacer las
paces con ellos, sus propietarios».

THOMAS EISNER

La mitología siempre ha guardado un lugar especial para todas
aquellas historias relacionadas con los espíritus y los muertos. El
mundo de los seres sobrenaturales que no podemos ver siempre
ha suscitado la curiosidad del ser humano desde el inicio de su
existencia. Pero, entre todas esas historias, quizás no haya una
más emblemática, conocida y apreciada que la de Jack el Tacaño.

Jack era un hombre irlandés borracho, astuto y, como su ape-
lativo reza, tacaño al que no querían mucho en el pueblo en el
que vivía. Odiado por sus vecinos y catalogado como manipu-
lador, su fama fue tal que el mismísimo Diablo decidió hacerle
una visita. Lleno de curiosidad por ver la fama de este hombrecillo, el señor del infierno se presentó ante Jack con el propósito de
llevarse su alma al más allá. El borracho, apenado, le pidió a su
verdugo que le permitiese tomarse una última cerveza en el bar.
El Diablo, con la intención de no perderlo de vista, decidió acom-
pañarlo transformándose en un ciudadano más. Jack se bebió
su último trago y se dispuso a abonar su cuenta. Sin embargo,
no contaba con ninguna moneda, por lo que le pidió al Diablo
que se transformase en una moneda de oro y que, cuando el
propietario del bar no mirase, recuperase su forma original y
se lo llevase al infierno. Con la guardia baja, el Diablo aceptó y
se metió en el bolsillo de Jack. Pero, al hacerlo, se encontró con

un crucifijo que lo despojó de sus poderes y, para poder escapar, tuvo que aceptar el trato de Jack: dejarle diez años más de vida manteniendo su alma como intocable.

Jack continuó con su vida de argucias y engaños, hasta que nuevamente el Diablo llamó a su puerta. Diez años después vio al borracho desmejorado y pasó por alto su inestimable astucia. Jack le pidió, como último deseo, comerse una manzana de un árbol cercano. Cuando el Diablo trepó al manzano para otorgarle al hombrecillo su petición, este lo encerró lanzando crucifijos a los pies del señor del infierno. Derrotado, humillado y deshonrado, el Diablo pudo escapar de nuevo aceptando que nunca osase llevarse el alma de Jack al infierno.

El tiempo pasó y los excesos le pasaron factura a Jack, cuya vida un día tocó a su fin. Cuando viajó hasta el cielo pidiendo entrar en él, Dios le negó el acceso por la vida de desenfrenos que había tenido. Jack, preocupado, voló hasta el infierno para poder entrar en algún sitio donde obtener un descanso eterno. Pero el Diablo se acordaba de él y le recordó que le había prometido que nunca se llevaría su alma a sus dominios. Jack había sido condenado a vagar eternamente en el limbo entre el cielo y el infierno, entre el mundo de los vivos y el de los muertos. Antes de expulsarlo de su territorio, el Diablo le lanzó unas brasas eternas que nunca se apagarían para que al menos iluminasen su camino. Jack recogió un nabo, talló en él un farolillo con forma de cabeza e introdujo en este las brasas. Con su farol, Jack el Farolero (Jack-o'-lantern) comenzó a viajar por todo el mundo, ocupando todos los espacios donde viven las personas, pero teniendo la mala suerte de nunca ser visto absolutamente por nadie ni poder alcanzar el descanso externo.

Esta tradición irlandesa de convertir nabos en farolillos se llevaba a cabo con la finalidad de ahuyentar a los espíritus durante todo el año. Halloween, como hoy lo conocemos, también saltó el charco y acabó en Estados Unidos, donde una de las verduras típicas era la calabaza; coincidiendo con un año en el que había un exceso de esta hortaliza y menores ciudadanos, se comenzó a utilizar la calabaza como símbolo de la popular historia de Jack. Esas ganas de ahuyentar al más allá, a los seres que normalmente no vemos, siempre ha estado ahí, con sus tintes folclóricos, mitológicos y casi fantásticos. Pero nuestra historia ha estado, en cierta manera, afectada por muchos otros seres que viven estrechamente entre nosotros y que tampoco vemos habitualmente. Temidos por muchos y apreciados por muy pocos, es hora de abrir el telón ante unos seres de ocho patas que están junto a ti mientras lees este libro. ¡Los ácaros entran en escena!

SIRVEN TANTO PARA UN ROTO COMO PARA UN DESCOSIDO

El término *ácaros* es un concepto amplio. Bajo estas seis sencillas letras encontramos el grupo de arácnidos más abundante sobre la faz de la tierra. No existe ningún sitio donde no haya ácaros. Llevan en nuestro planeta mucho más de 400 millones de años, ocupando todos los ecosistemas terrestres, pero también los dulceacuícolas. Incluso son —al margen de los crustáceos— uno de los pocos artrópodos que se han adentrado en los ecosistemas marinos. La gran mayoría de las personas utilizan el término *ácaros* a la ligera y probablemente nunca le hayan puesto «cara» a uno de estos singulares actores. Con más de 50 000 especies descritas, y aún con una insólita diversidad que se antoja desconocida e inabarcable, estamos ante unos organismos que nos sobrepasan. Dicen las estimaciones más sorprendentes que, si recogemos un metro cuadrado de la hojarasca de un bosque boreal de coníferas, nos toparemos con más de un millón de ácaros pertenecientes a más de doscientas especies diferentes. Nos da prácticamente igual el ecosistema que escojamos, lo extremo que sea, lo remoto que se encuentre o lo baldío que parezca. Allí, si sabemos mirar de forma apropiada, encontraremos ácaros.

Curiosamente, tendemos a entender el término *ácaros* casi de una forma peyorativa o despectiva. No en vano, probablemente pensemos en ellos con las connotaciones más negativas.

Y, en cierta manera, son estos los que más han influido en nuestra vida. Pero no podemos dejar de lado que esta impresionante biodiversidad viene asociada a una cantidad de funciones insólitas. Podemos pensar en el planeta Tierra siendo sostenido en su base por una infinidad de pequeños artífices de ocho patas, en su gran mayoría, inapreciables para el ojo humano. Una importante cantidad de ácaros son detritívoros y descomponedores; se encargan de reciclar los nutrientes y devolverlos al sistema para que otros organismos superiores puedan aprovecharlos. Y es que, en una pequeña isla de musgo, podemos encontrar una singular diversidad y una impresionante abundancia de estos arácnidos. Muchas otras especies son fitófagas y se alimentan de la práctica totalidad de los órganos vegetales. Esta relación es la que ha llevado a que existan incluso especies que pueden convertirse en importantes plagas agrícolas que podrían determinar la abundancia o escasez en un futuro.

Estos ácaros son, quizás, los menos conocidos. Sin embargo, los ácaros han sabido aprovechar muchos otros recursos que no nos son extraños. Enorme es la cantidad de especies que resultan depredadoras de otros organismos de pequeño tamaño —incluyendo otros ácaros— y que no solo controlan poblaciones, sino que ejercen un cierto control biológico sobre aquellas especies fitófagas. Pero el ecosistema que por excelencia han explotado son otros animales o sus propios nidos, casas, guaridas o viviendas. Es impensable un animal sin sus ácaros asociados, estableciendo relaciones de parasitismo, mutualismo o simplemente comensalismo. Y es que, aunque las funciones ecológicas que tienen los ácaros sean importantes y estén situados en la base de muchas cadenas tróficas, la gran mayoría quedan invisibilizados por aquellas especies que más cercanas nos son y que en cierta manera han modulado nuestra vida.

EL ESTORNUDO DEL 30 % DE
LA POBLACIÓN MUNDIAL

Si tuviéramos que hablar de un ácaro que todos conocen pero que muy pocos han visto «cara a cara», tendríamos que quedarnos con los englobados en el grupo de los ácaros del polvo. Seguro que el lector no encontrará difícil localizar en su entorno más cercano —hasta incluyéndose— a alguien que sufra la clásica alergia al polvo o a los ácaros. No en vano, cuando, de pequeños, ante un inusitado episodio de rinitis, nos hacen una prueba de alérgenos en el médico, esta es una de las afecciones más comunes que pueden revelarse. Las estimaciones dicen que en torno al 30 % de la población de todo el globo terráqueo presenta algún tipo de alergia o reacción ante «el polvo». ¿Cómo algo tan «invisible» nos puede causar tanto «daño»?

Cuando hablamos de «ácaros del polvo», nos referimos a un conjunto de especies que podemos encontrar distribuidas por toda la Tierra. Con la globalización, la mayoría de las especies han viajado más allá de sus propios límites naturales; especies tan comunes pero con nombres imposibles como *Dermatophagoides farinae, D. pteronyssinus* o *Euroglyphus maynei*. Debió de ser una auténtica serendipia para algunos de sus descubridores cuando estos colocaron un trozo de una tela bajo el microscopio. Lo que inicialmente tenía como objeto observar la distribución de fibras naturales concluyó con el descubrimiento de unos pequeños arácnidos peludos, casi traslúcidos, ciegos y con tamaños inferiores al milímetro. Ni el ojo más avezado y entrenado podría verlos a simple vista; sin embargo, ahí están. Con cada una de las palabras que lees de este libro, un ácaro respira cerca de ti. ¿Puedes verlo?

Este grupo de arácnidos se ha perfilado como uno de los animales más abundantes en nuestras humildes moradas, con estimaciones que arrojan hasta 10 millones de ácaros en un único colchón. Es muy difícil estimar la cantidad de estos organismos en una única vivienda. Lo que sí podemos afirmar es que su distribución es prácticamente ubicua: viven entre las sábanas y alfombras, entre nuestras prendas de ropa y sobre esos cojines que tanto nos gustan y que decoran el sofá de tu salón. A veces viajan con nosotros en nuestros propios vehículos, arrastrados por las fundas con las que cubrimos los asientos o cabalgando la americana que nos hemos puesto para esa reunión de trabajo. Son el ente más abundante y al mismo tiempo el más invisible. A veces salen propulsados en pequeñas motas de polvo cuando limpiamos las estancias más recónditas de nuestra casa. Y así se mueven sin ser capaces de volar: flotan en pequeñas esferas de aire buscando llegar de nuevo a tocar tierra.

Todos estos curiosos seres comparten nuestras residencias casi desde el momento en que las sociedades humanas pasaron de ser nómadas a ser sedentarias. Alimentándose de las descamaciones de nuestra propia piel, así como de cualquier resto que

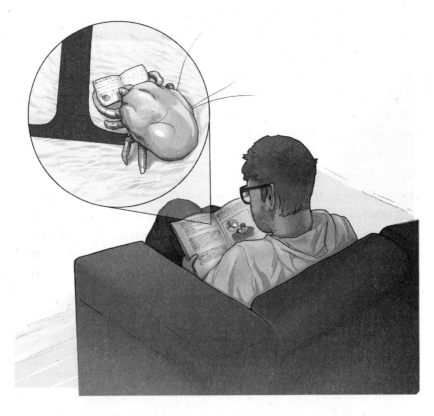

Los ácaros del polvo se encuentran en todas las estancias de nuestras casas. Son tan pequeños que muchas veces pasan desapercibidos, ¡pero están ahí!

se desprende de nuestro cuerpo, proliferan especialmente en los sitios de máxima humedad. Es por eso por lo que pueden ser especialmente abundantes en aquellas almohadas que llevan mucho tiempo en uso. Solo las propias gotas de nuestro sudor o los aerosoles generados por nuestra respiración pueden crear un microambiente perfecto para ellos. ¿Cómo un organismo ha cobrado tanta importancia sin que nadie «pueda» verlo? Cabría plantearse que prácticamente todo lo que tocamos en nuestro día a día podría estar colonizado por estos pequeños ácaros. Una caricia silenciosa que quizás a muchos les causaría auténtico pavor si fuesen conscientes de ella.

Más allá de la singularidad de su ocupación, estos seres son los causantes de una gran cantidad de los estornudos de la población humana del planeta. Sus excrementos y otras partes de su muda presentan singulares moléculas que causan importantes reacciones alérgicas en nuestro sistema respiratorio; cuando alguna de estas deposiciones entra en contacto con nuestras fosas nasales o son inhaladas y llegan al sistema bronquial, acaban siendo reconocidas como alérgenos extraños. Realmente, son inocuas para nuestro organismo y no producen enfermedades, pero nuestro cuerpo reacciona de una forma desmedida, con inflamaciones que a veces pueden ser muy intensas; se pueden llegar a producir fuertes ataques de asma que pueden durar mucho tiempo. La alergia a los ácaros no es algo que estos arácnidos nos causen de forma directa, sino que es el resultado de una sobreestimulación de nuestro sistema inmunitario. Afortunadamente, el 70 % de las personas son insensibles a los alérgenos de estos organismos y, por lo tanto, su presencia o su ausencia les es indiferente porque, total, nunca van a verlos. Aunque es irónico que esa alergia al polvo, que tanto trae de cabeza a mucha gente y que ha sido la causa, por ejemplo, de que los peluches desaparezcan de su vida, esté causada por uno de estos temibles seres de ocho patas que nunca van a tener la suerte de ver a simple vista.

Este es uno de los múltiples ejemplos de afecciones que los ácaros pueden causar en el ser humano y con los que convivimos casi a diario. Podemos incluir aquí desde los ácaros de los folículos del género *Demodex*, considerados como los ectoparásitos más comunes que podemos encontrar en nuestra piel, hasta aquellos que causan enfermedades tan conocidas como la sarna o ciertas dermatitis. Los ácaros no solo nos afectan a nosotros, sino también a todos los animales que conviven con nosotros, desde los domésticos a los salvajes. De hecho, existen casos sorprendentes como el del *Varroa destructor* o ácaro de la abeja de la miel, que succiona la hemolinfa —el equivalente a la sangre humana en los insectos— y debilita a las abejas de la miel; además, durante este proceso, estos ácaros extienden un virus que induce la deformación de las alas de sus hospedadoras. Unos pocos individuos milimétricos pueden hacer colapsar colmenares enteros y hoy se consideran una de las plagas más importantes para la apicultura a nivel mundial. Es decir, el número de ácaros que participan en nuestro día a día de forma directa o indirecta es inmenso.

LA «PANDEMIA» DE LAS GARRAPATAS

Todos los ácaros que hemos mencionado hasta aquí podríamos englobarlos en el comúnmente conocido como grupo de los Acariformes, pero estos cuentan con un opositor que aún es más odiado si cabe. Los Parasitiformes son el otro gran grupo de ácaros que podríamos decir que nos traen de cabeza a todas las personas. Se trata de arácnidos que, en su gran mayoría, son parásitos y entre ellos figuran las bien conocidas y detestadas garrapatas, ácaros ectoparásitos que viven principalmente sobre la piel de los vertebrados alimentándose de su sangre.

Las garrapatas son uno de los animales más pacientes que existen. Suelen trepar hasta zonas altas de la vegetación que tienen cerca y, una vez ocupan el extremo de las briznas de hierba, solo les queda esperar a una presa potencial; como de todo debe haber en la viña del Señor, muchas son las especies de garrapatas que se han especializado en parasitar a especies de vertebrados concretas: desde un ratón y un ciervo hasta un gorrión y una cigüeña, pasando por lagartos, serpientes o ranas. Utilizan distintos tipos de señales para detectar a sus potenciales presas: químicas, olfatorias; vibraciones e incluso la detección del calor corporal. Y, cuando una de esas presas pasa cerca, con sus patas delanteras extendidas, se agarran a dicho vehículo; comenzará aquí su empresa más complicada: encontrar una zona corporal donde poder alimentarse sin ser percibidas. Hay especies que son menos escrupulosas y empezarán a succionar sangre desde el mismo momento en que se adhieran a un hospedador, pero otras son más sibaritas y prefieren buscar las zonas de la piel más sensibles o finas, o las zonas corporales más protegidas e inaccesibles. Dispuestas a perpetrar su misión, introducen su aparato bucal bajo la piel, haciendo una pequeña punción en los vasos sanguíneos, y así comienzan a succionar el fluido de la vida; además, su saliva contiene una gran cantidad de proteínas que tienen funciones anticoagulantes y anestésicas: de esta manera no se producirá una agregación plaquetaria que taponaría la herida e impediría el flujo de sangre hacia el exterior. Con los anestésicos, inhiben la producción de dolor por parte del hospedador y, por lo tanto, la gran mayoría de los animales serán incapaces de localizarlas hasta que pasen varios días. A menos que se practiquen una revisión concienzuda, por supuesto. Cuando las hembras de garrapatas se han alimentado lo suficiente, se soltarán con la finalidad de buscar un sitio apropiado en el suelo donde poner los huevos, de los que saldrán unas ninfas —inicialmente larvas— que comenzarán el ciclo de nuevo.

Parece increíble pensar que, durante cientos de millones de años de evolución, organismos como las garrapatas han sido seleccionados para ser voraces y despiadados parásitos de la gran mayoría de los organismos. Pero, en esta historia evolutiva, un cierto día se coló un actor más. Hablo del ser humano, de nuestra querida especie irónicamente autodenominada como *Homo sapiens*. Fatídicas son las tardes de campo de la época veraniega en que, cuando volvemos a casa tras salir de excursión, tenemos que revisarnos compulsivamente para localizar a estos temidos seres que buscan hacernos la vida imposible.

A muchas garrapatas no les ha pasado desapercibida la cuantía relativa de un nuevo mamífero sobre el planeta Tierra y, por ende, aprovechan este recurso que hace más de 200 000 años no era tan abundante. En sus largas esperas por un hospedador apropiado, hay garrapatas que se agarran a nosotros y encuentran un excelente recurso trófico del que extraer el alimento. ¿Y dónde está el problema?

Pues vivimos en el período histórico donde las garrapatas se están convirtiendo en protagonistas. Actualmente existen más de treinta enfermedades que son transmitidas por estos arácnidos. Y, por desgracia para nosotros, el número de enfermedades continúa en aumento. Es por eso por lo que podríamos decir que estamos en la época de la «pandemia» de las garrapatas. Estos

Las garrapatas se adhieren a sus hospedadores para succionar
sangre y culminan con un cuerpo completamente hinchado
y lleno de recursos que utilizarán para la cría.

arácnidos actúan como reservorios de una gran cantidad de microorganismos (bacterias o virus) que pueden causar importantes afecciones al ser humano. Además, una única garrapata puede ser vector no de una, sino de varias enfermedades diferentes. Antaño, las picaduras de estos organismos podían causar un daño anecdótico: una simple inflamación local en la zona de la picadura. Pero, ahora, los peligrosos son cada vez más crecientes.

La tularemia, la fiebre botonosa mediterránea, el tifus, ciertas encefalitis, la babesiosis y las fiebres reincidentes o la hemorrágica de Crimea-Congo son algunos de los múltiples ejemplos de enfermedades transmitidas por garrapatas. Otro de los quizás más conocidos y cuya prevalencia va en aumento en muchas zonas del hemisferio norte es el de la enfermedad de Lyme. Esta afección es causada por ciertas bacterias del género *Borrelia* que utilizan algunas de las garrapatas más comunes como vectores; antiguamente, era bastante raro que se desarrollase en un ser humano, pero, en las últimas décadas, son muchos los nuevos condicionantes que han hecho que estas enfermedades alcancen un pico desmedido. Por un lado, las garrapatas se ven favorecidas por los períodos cálidos, en los que su ciclo vital se acelera; es aquí donde el cambio climático como fenómeno está facilitando que las garrapatas puedan contar con más generaciones por año. Especies que antes tenían sus picos de actividad en verano ahora son capaces de prolongarlos durante parte de la primavera e incluso del otoño; además, el cambio de distribución de los vertebrados también está haciendo que muchas garrapatas viajen más allá de los sitios donde ocurrían de forma natural. Las introducciones de especies silvestres con finalidad cinegética, la comercialización de especies domésticas o ganaderas y la cría en cautividad de especies exóticas también han propiciado la expansión de ciertas especies y, por ende, las enfermedades asociadas a ellas. Podríamos decir que la época actual es la época en las que las garrapatas son uno de los artistas internacionales por excelencia. Han llegado para quedarse y no podemos no más que lidiar con ellas en esta inusitada suerte de convivencia.

Por eso, muchos de estos seres que pasan completamente desapercibidos están hoy más presentes que antes. Y cada vez es mayor el número de individuos que portan los factores bacterianos y víricos capaces de postrar a la humanidad. Tanto que han sido artífices de algunas de las epidemias de nuestra historia y podrían ser causantes, ahora que tenemos más reciente el término *pandemia*, de alguna de las futuras grandes pandemias que amenazan con asolar nuestra especie. Es por eso por lo que, aunque no dejen de ser organismos de pequeño tamaño que pasan desapercibidos, deben recibir parte de nuestra atención, porque no solo están afectando a nuestra salud actualmente, sino que podrían ser importantes actores en un futuro.

VAGANDO ENTRE NOSOTROS SIN SER VISTOS

Pensar en nuestra vida sin los ácaros es prácticamente imposible. En algún punto de la historia evolutiva llegaron para quedarse. Se transformaron en verdugos de muchas especies que conocemos y, en parte, de nosotros mismos. Quizás el Diablo prefirió no llevárselos al más allá, como quiso hacer con Jack el Tacaño, y decidió que viviesen entre nosotros sin ser percibidos durante cientos de miles de años.

Afortunadamente, la mayoría de los ácaros que coexisten con nosotros no tienen un impacto real negativo en nuestra salud. De hecho, aún sin alas, los hay que sueñan con ser pilotos de avión y cabalgan sobre cualquier otro organismo que tenga alas. Existen muchas especies foréticas que, dada su reducida capacidad de desplazamiento, cabalgan a los pájaros que puedan llevarlas muy lejos, por ejemplo, a sus nidos, donde podrán obtener una fuente de alimento casi infinita. Las hay que sueñan con ser como el biólogo Pierre Aronnax y sumergirse en las profundidades del océano a la más clásica manera de *Veinte mil leguas de viaje submarino*; para eso cabalgan sobre focas, cetáceos y los más variados peces.

En la profundidad de las selvas tropicales o entre las alfombras de nuestra propia casa, los ácaros han decidido ocupar todos los sitios susceptibles de ser ocupados, pero sin dar muchas señas de ello. Prefieren pasar desapercibidos.

Han decidido viajar entre ambos mundos. Son quizás uno de los organismos más abundantes y más ampliamente distribuidos y, al mismo tiempo, la gran mayoría de los lectores, probablemente, no les hayan puesto nunca cara. Su invisibilidad es intrínseca a su pequeño tamaño y a su capacidad de portar un farol con el que viajan por toda la tierra realizando sus infinitas funciones, así como a su papel como verdugos.

Del mismo modo en que no está evaluado el impacto positivo que este grupo de arácnidos tiene para nosotros, tampoco lo está el negativo. Es cuestión de poner absolutamente todo en una balanza y ver hacia qué lado se inclina con el paso del tiempo. Y es que, cuando Halloween se extendió por Estados Unidos, no se usaron nabos, sino calabazas. Así como otros años había déficit de estas hortalizas, ese año hubo un exceso; un exceso del que aún se discute de dónde venía. Quién sabe si, por aquél entonces, ciertas garrapatas afectaron muy negativamente a la población humana de aquella zona del globo terráqueo, de una forma más extrema que otros años. O si las plagas de ácaros fitófagos fueron escasas y permitieron una producción desmesurada de la cosecha de calabazas. Lo que está claro es que han estado detrás de muchas de nuestras historias y cada vez están más presentes. Temibles seres de ocho patas que, aunque importantes, causan miedo y pavor entre la sociedad, quizás sea el momento de empezar a estudiarlos más y a entenderlos para saber convivir con ellos.

Jairo Robla

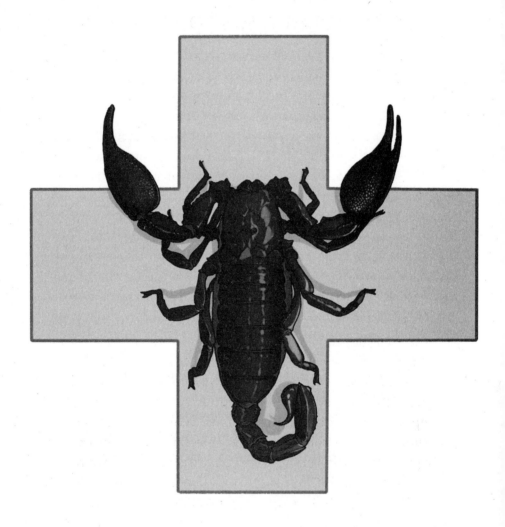

3. DE LO QUE MATA, A LO QUE CURA

«Todas las cosas son veneno y no hay nada
sin veneno; la dosis por sí sola hace que
una cosa no sea un veneno».
PARACELSO, 1538

Una calurosa tarde de verano recibí una llamada urgente. Yo
me encontraba en mitad de un viaje de recolecta en el estado
de Oaxaca, México, y, del otro lado de la línea, mi madre —con
las emociones desbordadas— me pedía ayuda para orientar a
uno de sus hermanos, que acababa de ser picado por un alacrán «güero» (como suele decírseles a las personas o animales
de tez clara). Mi familia materna nació y se crio en el estado
de Michoacán, ubicado en la zona del Bajío mexicano, famoso
por la elaboración de un plato conocido como «carnitas» a base
de carne de puerco y por su producción aguacatera, pero también por la presencia de especies de escorpiones considerados
de importancia médica toxicológica, entre ellos los del género
Centruroides, mejor conocidos como «alacranes de la corteza».

La preocupación de mi madre no era para menos: solo durante
el año 2022, la Secretaria de Salud en Michoacán reportó 26 347
casos de picadura de alacrán, de los cuales 10 766 requirieron
atención médico-hospitalaria. Sin más tiempo que perder, la ins-
truí para que convenciera a mi tío de acudir de inmediato al
centro de salud más cercano, llevando consigo al pequeño alacrán, y para que de paso que me mandaran fotos del «agresor»,
que resultó ser un integrante de la especie *Centruroides ornatus*,
enlistado dentro de los organismos considerados de importancia médica toxicológica en México.

45

ALACRANES Y ESCORPIONES

Claro, esta historia no comienza aquí y, aunque es difícil ubicarla en tiempo y espacio, sí podemos empezar por relacionarla con su actor principal, los alacranes. ¿Qué son? ¿Cómo los reconocemos? ¿Cuáles son sus características? Y, sobre todo, ¿qué ha implicado su relación con el hombre, partiendo de los accidentes producidos por su veneno?

Antes de sumergirnos en todo esto, vale la pena hacer un paréntesis; hasta ahora he utilizado indistintamente *alacrán* y *escorpión* para hacer referencia a estos artrópodos englobados dentro del grupo de los arácnidos y es posible que haya surgido la pregunta sobre cuál es la diferencia entre ambos términos. Bien, la diferencia estriba en el origen de las palabras: *alacrán* proviene del árabe *al-aqrab*, que significa «el escorpión», mientras que *escorpión* proviene del latín *scorpio-onis*, basado presumiblemente en la palabra griega *skorpios* y que hace referencia a especímenes pertenecientes a este grupo de artrópodos... por lo que son palabras sinónimas y bien pueden ser utilizadas indistintamente; sin embargo, tenemos el componente social del uso de las mismas. En algunas partes de México existen comunidades que utilizan el término *escorpión* para hacer referencia a cierto tipo de lagartos venenosos (del género *Heloderma*) y, por otro lado, en algunas personas es recurrente la idea de que los escorpiones son animales más grandes y de color oscuro mientras que los alacranes son pequeños y de color «güero». Esta discrepancia está ausente en algunos idiomas como el inglés, donde la palabra *alacrán* no existe.

Los alacranes (pertenecientes al orden o grupo Scorpiones) son artrópodos terrestres y se considera que fueron de los primeros grupos de animales que colonizaron el incipiente ambiente terrestre hace más de 430 millones de años. Existe registro fósil de unos organismos muy similares conocidos como euriptéridos o escorpiones marinos (Eurypterida). Eran de hábitos acuáticos y vivieron hace cerca de 460 millones de años; aparecieron durante el Ordovícico. Si bien presentaban una morfología bastante parecida, estos artrópodos carecían de glándulas de veneno.

Los escorpiones pertenecen a uno de los once grandes grupos de la clase Arachnida, es decir, son arácnidos, por lo que, al igual que las arañas, presentan un exoesqueleto (que les da sustento y protección), quelíceros, un par de apéndices llamados palpos o pedipalpos, cuatro pares de patas, el cuerpo segmentado en dos partes (prosoma y opistosoma) y ojos simples (cuando están presentes). Y aunque, de manera general, podemos enumerar estas características compartidas, en realidad la forma en que algunas de ellas se muestran ha dado como origen a un grupo inconfundible y completamente interesante.

Los pedipalpos se presentan a manera de tenazas o pinzas y tienen un papel fundamental en su actividad como depredadores ya que son utilizados para sujetar, inmovilizar e incluso destazar a sus presas, pero no solo eso: entran en juego hasta en el apareamiento. Durante el cortejo de muchas especies, el macho y la hembra se sujetan de las pinzas y comienzan un ritual que bien pudiera asemejarse a un baile, conocido como «danza nupcial». Con movimientos rítmicos, de atrás hacia delante, el macho busca el mejor sitio para depositar su espermatóforo o paquete seminal; para ello se auxilia de unas estructuras sensoriales conocidas como pectinas. Una vez hecho esto, sin dejar de sujetar con sus tenazas a la hembra, la conduce para que se posicione sobre este paquete y pueda introducirlo en su opérculo genital. Existen especies, como el alacrán centroamericano (*Didymocentrus krausi*), que presentan modificaciones especiales en los palpos a manera de cavidades, las cuales facilitan esta sujeción entre la pareja. Si bien existe la creencia de que, entre mayor sea el grosor o tamaño de las tenazas, menor será la toxicidad del veneno del alacrán, en realidad es un indicador poco fiable, sobre todo en un país como México, donde existe una diversidad de formas y tamaños bastante considerable y donde es difícil poder determinar «más chico» o «más grande» (¿con relación a qué?). Sin embargo, sí hay ejemplos bastante claros donde se presenta un tamaño robusto de los palpos en especies que no son consideradas de importancia médica toxicológica, tal es el caso del escorpión emperador perteneciente a la especie *Pandinus imperator.*

Como se ha mencionado, el cuerpo de los alacranes se halla dividido en dos partes, prosoma y opistosoma, y esta última sección se subdivide a su vez dando como resultado la presencia del mesosoma —donde se encuentran los órganos principales— y del metasoma —conocido comúnmente como «cola» y donde se localiza el aguijón o *telson,* que alberga un par de glándulas que contienen el veneno que el alacrán utiliza para cazar o bien para defenderse—. El veneno de los alacranes se compone de una compleja mezcla de sustancias como aminoácidos, péptidos, proteínas, enzimas, sales inorgánicas y otras más; de hecho, se ha encontrado que el número de sustancias diferentes puede variar entre 72 y 600 dependiendo de la especie.

Su origen y evolución es de alguna manera algo incierto. Si bien se ha descubierto que, en algunos animales, los compuestos presentes en la saliva pudieron dar como origen a estos mortíferos cocteles, en los alacranes se han logrado rastrear desde neurotoxinas presentes en su veneno hasta proteínas corporales ancestrales que se encuentran relacionadas con actividades del sistema inmunitario, que pueden actuar como defensinas antibacterianas o bien como moléculas antifúngicas. ¿Cómo se dio la migración del uso de estos compuestos? Esta es una pregunta que sigue siendo abordada por diversas ramas de la biología.

Al cazar, los alacranes suelen sujetar a sus presas utilizando sus palpos y, en caso de requerirlo, no dudan en inyectar una dosis de veneno, el cual sirve para inmovilizar o matar a su contraparte, que algunas veces es más corpulenta o «peligrosa» para ellos —como lo podrían ser una araña u otro escorpión—. Por lo regular son animales oportunistas, es decir, cazan lo que llegue a cruzarse con ellos; sin embargo, existen algunas especies que se especializan en depredar a cierto tipo de presas, como el escorpión cazador de arañas australiano (*Isometroides vescus*), que ha desarrollado una capacidad increíble para atrapar y devorar arañas tramperas.

Pero el veneno puede ser utilizado para otras cosas: investigaciones recientes han demostrado que los machos del género *Megacormus* —endémico de México— pueden infligir una llamada «picadura sexual», la cual tiene como finalidad el tranquilizar a la hembra y mantenerla quieta, para lograr así orientarla de manera más sencilla durante la danza nupcial y, claro, reducir las probabilidades de ser devorados.

UNA AFECCIÓN QUE PREOCUPA Y OCUPA

Si bien es cierto que el veneno tiene un papel fundamental en la vida de estos arácnidos, la forma en que afecta a la salud de las personas lo convierte además en un tema de particular interés para la salud pública. Anualmente se registran en el mundo cerca de 1 200 000 picaduras accidentales infligidas por alacranes a humanos; de ellas, más de 3000 casos derivan en lamentables defunciones. Y, aunque son números ya de por sí preocupantes, se estima que existen muchos otros casos que no son reportados y que suelen tratarse de manera local, con remedios caseros, o que simplemente no requieren atención médica especializada. Entre las regiones donde se reportan y suceden la mayor cantidad de los casos de alacranismo destacan Centro- y Sudamérica, Medio Oriente, África del Norte y sudoeste de Asia.

De las 2746 especies conocidas de alacranes, cerca de cincuenta —incluidas en las familias Hemiscorpiidae, Scorpionidae y Buthidae— se consideran de potencial de riesgo para la salud de las personas, debido a que su veneno presenta toxinas que producen reacciones adversas en el organismo. Dentro de estos compuestos, representados en forma de péptidos, destacan dos tipos: uno de cadena corta (40 aminoácidos) y otro de cadena larga, el de los llamados polipéptidos (65 aminoácidos), los cuales afectan los mecanismos de comunicación entre las células de músculos y nervios. Estas toxinas actúan directamente sobre proteínas situadas en la parte externa de las membranas celulares, conocidas como canales iónicos, que son encargadas de regular el paso de sodio, potasio, calcio y cloro de afuera hacia adentro (o viceversa) de la célula, controlando el cierre o la apertura de los poros presentes en la membrana celular. Los canales iónicos de potasio son afectados por los péptidos cortos mientras que el mecanismo de apertura y cierre del canal se ve modificado por los polipéptidos, de cadena larga. Como consecuencia, las personas que han sufrido una picadura y un consecuente envenenamiento presentan afecciones tales como dificultad para respirar y tragar saliva, sensación de tener un cuerpo extraño en la garganta, calambres generalizados, sudoración profusa, aumento en la salivación, movimientos oculares profusos, dolor abdominal, dolor de cabeza y, en los casos fatales, insuficiencia cardiaca y edema pulmonar. Sin embargo, existen otros compuestos que contribuyen a los síntomas, como la serotonina (la cual es responsable de la respuesta inmediata en forma de dolor y provoca contracciones involuntarias en la zona de la picadura) o, también, algunas enzimas como hialuronidasas, proteasas y fosfolipasas, que son elementos importantes causantes de los síntomas observados en el alacranismo.

Como hemos visto, las toxinas presentes en el veneno de algunas de las especies de alacrán consideradas de importancia médica toxicológica son especialmente eficaces al momento de afectar los canales iónicos de grandes grupos de animales, como otros artrópodos, crustáceos y mamíferos. En el caso de los dos primeros, esto podría estar directamente relacionado con su papel de depredadores, mientras que, en lo relacionado con los mamíferos (a los que pertenecemos), podría originarse en una carrera armamentista en la cual los alacranes desarrollaron un mecanismo de defensa sumamente poderoso. Esto ha sido abordado en estudios recientes que retratan eventos coevolutivos en los cuales la aparición de actividades de depredación de alacranes por parte de grupos de mamíferos fue seguida por el desarrollo de toxinas especialmente efectivas contra ellos, causando reacciones sumamente adversas.

Este tipo de afecciones han preocupado y ocupado a la especie humana desde hace bastante tiempo. Se han encontrado evidencias históricas de la relación que hemos guardado con los alacranes, algunas veces recayendo en entidades como Serket, diosa egipcia de la naturaleza, quien se encargaba de la curación de los síntomas de envenenamiento causados por la mordedura de serpientes o la picadura de alacranes, «abriendo la garganta» de la persona afectada para que pudieran respirar; o bien, en espíritus como Xiuhtecuhtli, encargado del fuego y del calor dentro de la mitología azteca y que se representaba en algunos glifos como un alacrán, debido a la sensación de quemadura que la picadura de este arácnido provocaba.

La constante presencia de casos de alacranismo entre la población humana no solo despertó la imaginación y la interpretación basada en deidades: llevó también a la búsqueda de tratamientos efectivos para evitar situaciones adversas y, por supuesto, muertes. Súsruta, medico indio que vivió en el siglo VII a. e. c., escribió un tratado bastante extenso donde, entre otras cosas, abordaba la guía para el diagnóstico y tratamiento de mordeduras y picaduras causadas por animales venenosos. Por otro lado, en el siglo VII a. e. c., el escritor griego Nicandro de Colofón elaboró tratados detallados sobre los efectos causados por animales venenosos, como serpientes y arácnidos, dentro de los cuales también enumeró los diferentes remedios usados para atenderlos, algunos de ellos basados en tratamientos médicos de la época y otros más en creencias y folclor. Euforbio, quien fuera médico en el siglo I a. e. c., estudió las propiedades tóxicas de extractos de la planta *Euphorbia resinifera* para un uso bélico, pero este mismo compuesto fue utilizado como tratamiento para contrarrestar los efectos de envenenamiento causado por mordeduras de serpientes. Ya en nuestra era, el médico griego Galeno de Pérgamo (131-201), en su *De antidotis libri*, expone los distintos compuestos que pueden ser utilizados para tratar envenenamientos originados por diferentes toxinas, incluidas las de origen animal. En el siglo X, el médico persa Al-Razi investigó y escribió sobre mordeduras de animales venenosos.

El trajín de la historia nos lleva a muchos ejemplos; sin embargo, deja como manifiesta la constante necesidad de entender cómo funcionan los envenenamientos y, sobre todo, cómo actuar oportunamente para salvar vidas. Particularmente en el tema relacionado con las picaduras de alacrán, las bases para el desarrollo de tratamientos eficaces pueden ubicarse a finales del siglo XIX, cuando Emil Adolf von Behring y Shibasaburo Kitasato descubrieron un tratamiento contra la difteria basado en un antisuero obtenido de cobayas inoculadas con las toxinas de esta enfermedad. Justo en este punto de la historia médica, fueron sucediendo eventos que cimentaron el éxito de tratamientos contra los envenenamientos causados por mordeduras o picaduras de animales venenosos: por ejemplo, la inmunización de perros contra el veneno de ranas, lograda por Domenico Fornara en 1877; el desarrollo de la resistencia de palomas hacia el veneno de serpientes de cascabel del género *Crotalus*, alcanzado por Henry Sewall en 1887; o la prueba de que, con inoculaciones sucesivas de veneno en pequeñas cantidades, se puede inducir resistencia al mismo, por Maurice Kaufmann en 1892; investigaciones que contribuirían a que, en 1894, Césaire Auguste Phisalix descubriera que se podía producir un antisuero a partir del veneno de serpientes para tratar los casos de envenenamiento producidos por sus mordeduras. Casi en simultáneo, Albert Calmette llegaría al mismo descubrimiento, aunque a la postre fue él quien desarrolló de manera más profunda dicho tratamiento (en gran medida por el prematuro fallecimiento de Phisalix).

EL REMEDIO ESTÁ EN EL VENENO

Los descubrimientos de Phisalix y Calmette fijaron bases y procedimientos que poco han cambiado hasta nuestros días, ya que, para la producción de estos fármacos, se requiere la recolecta de organismos considerados de importancia médica toxicológica, de los cuales se ordeña —por medio de estimulación eléctrica— su veneno para ser inoculado en mamíferos de gran tamaño (caballos, camellos, ovejas, etcétera), de los que se obtienen los anticuerpos de inmunoglobulina G del plasma hiperinmune.

El primer tratamiento contra picadura de alacrán fue desarrollado por Charles Todd, quien, en 1909, elaboró un antisuero a partir de las toxinas de la especie *Buthus quinquestriatus*, distribuido en Egipto. Este fármaco, conocido como de primera generación, fue eficaz para atender casos de alacranismo en la región y sirvió de guía para la elaboración de tratamientos en otras partes del mundo. En Brasil, Maurano (1915) desarrolló un tratamiento contra el veneno del alacrán amarillo (*Tityus bahiensis*), el cual no era del todo eficaz. No fue hasta 1918 cuando se desarrolló a gran escala un antisuero polivalente, es decir, que funcionaba para atender picaduras de diferentes especies de escorpiones brasileños del género *Tityus*. México no se quedaría atrás: en 1926, Carlos de la Peña e Isauro Venzor utilizaron el veneno del alacrán de Durango (*Centruroides suffusus*) para la elaboración del primer antisuero mexicano, que sería mejorado por Maximiliano Ruiz Castañeda, quien publicó el manual de elaboración del suero equino antialacrán en 1933. En esa misma década se desarrolló con éxito un antisuero polivalente, con base en los venenos de diferentes especies mexicanas: *Centruroides suffusus*, *Centruroides limpidus* y *Centruroides noxius*, esta última ya entonces se resaltaba como poseedora de un veneno más tóxico que el de las otras especies conocidas en el país.

La continua elaboración y uso de estos tratamientos mejoró el panorama de atención y prevención de muertes derivadas de picaduras de alacrán en distintas partes del mundo; sin embargo, trajo consigo algunos efectos secundarios que a la postre serían conocidos como enfermedad sérica, la cual se suscita cuando las proteínas presentes en el fármaco suministrado son atacadas por el sistema inmune de la persona, ya que son identificadas como una sustancia extraña y dañina. Al mezclarse, los agentes inmunitarios y los componentes del antisuero originan complejos inmunitarios, que son los responsables de causar la enfermedad del suero. Los signos y síntomas derivados de esta afección son parecidos a una reacción alérgica y pueden presentarse como erupciones cutáneas, dolor de articulaciones, comezón, malestar general, ganglios linfáticos inflamados y, en casos extremos, un choque anafiláctico.

La necesidad de generar tratamientos antialacránicos que no causaran estos efectos secundarios suscitó que en 1950 surgieran los antivenenos de segunda generación, los cuales utilizaban ya no todo el plasma obtenido de los animales inoculados, sino solamente las gammaglobulinas hiperinmunes purificadas del mismo que actuaban sobre los péptidos presentes en el veneno del alacrán. Este procedimiento redujo considerablemente las reacciones secundarias; empero, estas seguían presentándose. No fue sino hasta 1980 cuando, en México, un equipo de trabajo liderado por el doctor Lourival Possani produjo los antivenenos de tercera generación, que utilizan inmunoglobulinas específicas conocidas como fragmentos Fab o F(ab)$_2$, libres de albúmina, modificados por la acción de enzimas que los liberan de elementos como proteínas presentes en el plasma que pudieran ser causantes de reacciones adversas. A estos tratamientos se los conoce como faboterápicos.

Las toxinas presentes en el veneno de los alacranes son utilizadas no solo para la elaboración de antivenenos, sino también para tratamientos de diversas enfermedades que afectan a la especie humana.

Hoy en día se continúa con la investigación de nuevos tratamientos que sean cada vez más específicos y que puedan resultar de mayor beneficio para las poblaciones humanas afectadas por las interacciones con los alacranes. Algunos de ellos buscan aislar los elementos inmunitarios directamente de personas expuestas constantemente a la picadura de estos arácnidos... por lo que no sería sorprendente presenciar el surgimiento de fármacos superespecíficos y, por ende, mucho más efectivos y con riesgos de efectos secundarios casi nulos.

Lo que es un hecho es que, después de la aparición de los faboterápicos, las cifras epidemiológicas mostraron una reducción considerable respecto al número de defunciones en México, pasando de 700 muertes al año a solo 70. Esta tendencia se presenta de manera similar a nivel mundial, donde el número de defunciones ha ido a la baja debido, en gran medida, al desarrollo de tratamientos específicos para las especies endémicas de las diferentes regiones.

VENENO PARA FINES MÉDICOS

A lo largo de este capítulo hemos repasado los efectos nocivos que las picaduras de alacrán producen en las personas, así como el desarrollo de tratamientos efectivos para combatirlos, pero tomemos un cambio de rumbo... ¿Qué pensarías si te dijera que estos complejos cocteles tóxicos también pueden curar? Interesante, ¿cierto? Pues bien, a medida que las personas investigaban y conocían más sobre las propiedades químicas de los venenos, fue surgiendo la idea de utilizar algunos de ellos para combatir afecciones a la salud. Hoy en día se reconoce que el veneno de los alacranes puede tener propiedades antibacterianas, vasodilatadoras (por lo que resulta útil para controlar la presión sanguínea), antimicóticas (inhibiendo el crecimiento de hongos), antiinflamatorias, analgésicas, antivirales, antiparasitarias o inmunosupresoras.

Quizá el ejemplo más difundido es el del alacrán azul de Cuba (*Rhopalurus junceus*), cuyo veneno ha sido utilizado como tratamiento alternativo para diferentes condiciones derivadas de enfermedades crónico-degenerativas tales como el cáncer. Estudios clínicos realizados en la isla caribeña refieren que medicamentos obtenidos del veneno de este alacrán tienen propiedades analgésicas y antiinflamatorias. Pero no solo eso: quizá lo más llamativo se centra en la propiedad antitumoral de algunos de los péptidos presentes en su toxina, los cuales estarían inhibiendo el crecimiento anormal de células y activando la apoptosis celular, proceso natural en el que las células mueren y que se ve afectado durante esta enfermedad.

Ciertos componentes presentes en el veneno de los escorpiones pueden influir directamente en el ciclo natural de las células, su crecimiento y proliferación, que se ven afectados en procesos cancerígenos. Esta capacidad ha sido observada en el veneno de otras especies, como el alacrán sudamericano *Tityus discrepans*, cuyas toxinas se han utilizado exitosamente para combatir células de cáncer de mama humano; este efecto también se observa utilizando el veneno del escorpión amarillo iraní (*Odontobuthus doriae*). Por otra parte, el veneno de la especie centroamericana *Centruroides margaritatus* ha mostrado eficacia para reducir el tamaño de ciertos tumores.

Investigaciones en diferentes partes del mundo han registrado el potencial uso de ciertos péptidos presentes en el veneno de estos arácnidos para combatir enfermedades producidas por virus, como el sida, para el que se ha utilizado el veneno de la especie asiática *Mesobuthus martensii* como eficaz agente anti-VIH-1. Por otro lado, compuestos presentes en el veneno de la especie *Heterometrus petersii*, distribuida en el sudeste asiático, presentan propiedades efectivas contra la infección del virus de herpes simple tipo I. También se ha descubierto que el péptido conocido como *mucroporin*, presente en el veneno del escorpión nadador chino (*Lychas mucronatus*), es altamente eficaz al momento de contrarrestar la actividad de bacterias grampositivas causantes de enfermedades como la difteria o infecciones como faringitis o neumonía, causadas por estreptococos; además, ha demostrado asimismo utilidad en tratamientos antivirales.

Algo similar se ha detectado en México, donde el veneno del alacrán de manos gordas (*Diplocentrus melici*) ha demostrado tener propiedades antimicrobianas capaces de combatir enfermedades como la tuberculosis, causada por *Mycobacterium tuberculosis*, o infecciones en piel y huesos causadas por estafilococos. Estos hallazgos han surgido de la mano del doctor Possani y su equipo, quienes han trabajado durante más de 40 años en entender y caracterizar el veneno de estos increíbles animales. Gracias a ello, se han caracterizado de manera detallada los componentes del veneno de diversas especies, descubriendo su potencial uso para el tratamiento de enfermedades autoinmunes como el lupus eritematoso o la diabetes tipo 1.

El escorpión emperador (*Pandinus imperator*) es, quizá, una de las especies mayormente conocidas en el mundo, ya que es utilizado comúnmente en películas y series. Además, es bastante popular entre las personas que gustan de tener arácnidos en cautiverio (actividad que ha puesto en peligro a las poblaciones silvestres de estos animales). Lo que casi no se sabe es que, de su veneno, se han logrado aislar péptidos altamente eficaces para combatir a los parásitos causantes de malaria (o paludismo). Esta misma propiedad está presente en péptidos existentes en el veneno del alacrán menor asiático (*Mesobuthus eupeus*).

Uno de los grandes retos que enfrenta el uso del veneno en pro de la salud de las personas es la obtención del mismo. Existen variables que pueden causar que el compuesto sea de menor o mayor calidad: por ejemplo, se ha observado que, si este es extraído por medio de estimulación eléctrica, puede presentar una mayor pureza en comparación con los métodos que maceran todo el telson (previamente deshidratado). Se advierten además otros escollos que sortear, como el número de especímenes que se requieren para obtener una cantidad adecuada de veneno... ¿es viable salir y recolectar todos los alacranes que nos encontremos? Esto podría significar un daño permanente a las poblaciones silvestres de varias especies. Una forma de solucionarlo es por medio de granjas de crianza de estos arácnidos; sin embargo, ya sea por las condiciones climáticas o por los hábitos alimenticios (algunas veces caníbales) de los alacranes, no suelen ser sencillos de mantener.

A todo esto, te estarás preguntando qué pasó con mi tío. Pues bien, después de algunas largas y dolorosas horas, se recuperó satisfactoriamente, gracias, en gran medida, a que le fue suministrado un faboterápico específico de producción nacional que se elabora con el veneno de diferentes especies de alacranes del género *Centruroides*, incluida la misma que le picó. Este fármaco fue desarrollado en los años 90 y surgió en respuesta al alacranismo. Por fortuna, el uso del veneno de los escorpiones para fines médicos tiene un panorama sumamente amplio y prometedor, aunque el camino por recorrer es largo y sinuoso. Se requerirá de años de investigación, así como de diversos estudios clínicos, antes de poder utilizar de manera habitual fármacos derivados de este increíble compuesto para tratar, curar y quizá prevenir enfermedades que hoy en día aquejan a la especie humana. Felizmente, existen personas que ya han comenzado con ese recorrido...

DIEGO A. BARRALES-ALCALÁ

4. LA SEDA QUE NOS UNE

«Nada en la vida debe ser temido, solamente
comprendido. Ahora es el momento de
comprender más para temer menos».

MARIE CURIE

Cuenta la mitología que la región de Lidia era conocida por la
abundancia de las púrpuras de Tiro, un extraño molusco marino
del que se extrae un singular tinte del color de su propio nombre.
Debido a que su producción era muy costosa, las prendas teñidas
eran artículos de lujo al alcance únicamente de los más privile-
giados. Uno de los tintoreros que mejor conocía y sabía encontrar
estos invertebrados era Idmón de Colofón, quien, gracias a ello,
llegó a amasar una gran fortuna y a ser una persona respetada
en la ciudad. Su hija, Aracne, también estaba relacionada con el
mundo textil, donde destacaba por ser una de las mejores tejedoras de la región. Sus tejidos eran admirados y alabados por todo
aquel que los veía, hecho que provocó que su ego aumentara y
que llegase a alardear de ser mejor tejedora que incluso Atenea,
diosa de la artesanía. Esta afirmación llegó rápido a los oídos
de la deidad, quien se le apareció a Aracne oculta en forma de
anciana para aconsejarle no molestar a las divinidades, advir-
tiéndole que, en caso contrario, podría sufrir grandes castigos.
La tejedora, con su usual poca humildad, se burló de ella y retó
a la diosa a que se apareciese y compitiera contra ella. Furiosa
por las palabras de Aracne, Atenea se quitó el disfraz de anciana
y aceptó el reto, que acabó perdiendo debido a la impresionante
creación de su contrincante. La diosa montó en cólera y golpeó a
su rival en la cabeza con el telar, al mismo tiempo que destruía
su creación. Solo entonces fue cuando Aracne se dio cuenta del

gran error que había cometido desafiándola. Tras verse acorralada, corrió hacia una soga que colgaba en su taller para ahorcarse. Atenea, en ese momento, creyó que merecía un castigo ejemplar, pero la muerte era una pena excesiva, así que la convirtió en araña y esta quedó toda su vida tejiendo en la soga que, de otra forma, habría provocado su muerte.

El grupo de las arañas (orden Araneae) lo componen más de 51 000 especies, cifra que se va actualizando casi a diario con la descripción de nuevas especies para la ciencia. Esto las convierte en el orden más numeroso dentro de los arácnidos, clase que comparten con escorpiones, ácaros u opiliones y otros más raros como, por ejemplo, los amblipígidos o los solífugos. La riqueza de especies (es decir, el número de especies) no es lo único donde destacan, también lo hacen en su abundancia (el número de individuos). Existen registros de más de 1000 individuos por metro cuadrado y se estima que, si pesáramos todas las arañas de la Tierra, su peso rondaría la abrumadora cifra de ¡25 millones de toneladas! Podemos encontrar arañas en prácticamente todos los hábitats terrestres: desde profundas cuevas hasta las cimas de las más altas montañas, pasando por áridos desiertos, espesas selvas o incluso ambientes muy degradados. Entre estos hábitats, hay que destacar los ambientes antropizados, donde comparten morada con los seres humanos, ya sea en pequeños pueblos o en grandes ciudades de prácticamente todo el planeta. Esta cercanía con la vida humana, unida a la fascinante biología que poseen, ha convertido a las arañas en uno de los artrópodos más importantes de la mitología y de la cultura popular de pueblos de todo el mundo. Además, su ubicuidad y su gran diversidad, junto con las características que las singularizan, han servido a investigadores para un sinfín de estudios, y en campos tan importantes como la medicina o incluso la industria textil. Así, las arañas nos prestan un servicio ecosistémico, de lo que nos vemos beneficiados directa o indirectamente en nuestra vida cotidiana.

En este capítulo verás solo la punta del iceberg, con algunos ejemplos que muestran la importancia que tienen en nuestras vidas. Tras leerlo, quizás te replantees si el castigo de Atenea no fue tan ejemplar como pudiera parecer.

INSPIRACIÓN ARÁCNIDA

Aracne puede servirnos para ilustrar la enorme variedad de relatos, símbolos, leyendas y mitos que existen alrededor de las arañas. Se tienen registros en numerosas civilizaciones alrededor del planeta y desde la prehistoria, miles de años atrás. Y no es de extrañar. Los ojos de infinidad de personas han debido de quedarse hipnotizados observando cómo unos seres tan diminutos pueden construir incansablemente geométricas telarañas, con hilos cuidadosamente colocados formando ángulos y líneas perfectas; o cómo esperan pacientemente a sus presas para darles caza, mientras que otras parecen planear astutas estrategias con el mismo objetivo. Ello ha quedado patente en la vida de nuestra especie y, por ende, podemos ver a través de la historia la «seda» que han ido dejando nuestras pasadas generaciones en las culturas de todo el mundo.

Las arañas se han atribuido a dioses con aptitudes como la astucia, la caza o la capacidad textil. También han representado la paciencia, por la aparente tranquilidad con la que esperan a sus presas las inquilinas de las telarañas; maldiciones o incluso la muerte, por su veneno y su capacidad depredadora; pero también la vida, por la capacidad que tienen de crear a partir de sí mismas. En la tradición africana, la figura de Anansi —con forma de araña— ha sido un importante personaje en los cuentos populares, capaz de burlar a oponentes superiores debido a su astucia e ingenio y a su capacidad de engañar al contrincante. También se las ha asociado en algunas leyendas con la esperanza y la perseverancia. Este simbolismo proviene de una leyenda sobre la lucha por la independencia de Escocia protagonizada por el rey Roberto I: tras sucesivos fracasos militares, este se vio obligado a esconderse en una cueva para no ser alcanzado y, allí, observó cómo una araña intentaba trepar por un hilo para alcanzar el techo de la cueva, sin éxito; tras numerosos intentos, al fin, la araña lo logró. Aunque no se ha probado la veracidad de los hechos, pudo alentar a Roberto a salir a luchar y finalmente ganar la independencia de Escocia y cambiar la historia de la región.

A día de hoy siguen estando presentes en nuestra cultura, siendo fuente de inspiración de numerosas obras literarias o de cine, de monumentos o incluso videojuegos. Normalmente se las sigue asociando con criaturas malignas y detestables, fomentando el miedo hacia ellas. Sin embargo, no siempre es así y a veces adquieren un gran protagonismo normalmente cargado de significado. Todo aquel turista que pasee por Bilbao tiene como parada obligatoria el imponente monumento de Louise Bourgeois situado en el Museo Guggenheim, al que denominó Maman; es una impresionante escultura que representa a una araña que la autora dedicó a su madre, por su profesión de tejedora. Otro ejemplo sería el monumento Waleker en la localidad colombiana de Riohacha; según el pueblo wayú, una araña fue quien enseñó a las mujeres indígenas sus grandes habilidades tejedoras. A veces, también han sido las responsables, en la ciencia ficción, de hacer, de humanos, auténticos superhéroes: prueba de ello es la historia de uno de los personajes más icónicos de la historia, Spiderman, donde el protagonista adquiere habilidades arácnidas. Lo que quizá no sabía el neoyorkino Peter Parker es que, realmente, el auténtico superhéroe no era él, sino la araña.

LA IMPORTANCIA DE TENER CERCA
UN SUPERDEPREDADOR

En la pared, una pequeña araña saltarina aguarda pacientemente, mientras sus ocho ojos escudriñan el ambiente en búsqueda de su próxima presa. Una mosca, despreocupada, confiando en su gran agilidad de vuelo y en su visión otorgada por sus ojos compuestos, se posa no muy lejos de su amenaza. El astuto depredador se acerca sigilosamente y la rodea sin que la víctima llegue a inmutarse. Es entonces cuando, sin que nadie lo espere, salta y termina cazando victoriosamente la mosca, que terminará saboreando como fruto de su triunfo. Y es que cualquier esquina de tu jardín puede ser un escenario en miniatura para secuencias tan emocionantes como las cacerías de los grandes carnívoros africanos, propias de los documentales de la BBC. Pero, en este caso, no solo se limitarán a una persecución: abordarán un sinfín de increíbles y complejas estrategias que las arañas usan para poder dar caza y cumplir así con su alimentación.

Las arañas son los depredadores más comunes y abundantes de los ambientes terrestres. Basan su dieta en otros invertebrados —incluyendo otras arañas—, aunque, a veces, cuando su tamaño se lo permite, no les hacen asco a pequeños vertebrados como aves, reptiles y micromamíferos. En 2017 se estimó que, globalmente, las arañas cazan entre 400 y 800 millones de toneladas anuales de animales. Para hacernos una idea de esta magnitud, si pesamos toda la carne y el pescado que consumimos anualmente todos los humanos a escala planetaria, el peso es de unos 400 millones de toneladas, aunque recordad que, en el caso de las arañas, ¡la gran mayoría de sus presas son pequeños organismos! Con todo, la naturaleza siempre tiene sus peros. Algunas arañas pueden consumir néctar y polen como suplemento adicional a sus presas, mientras que el saltícido neotropical *Bagheera kiplingi* basa gran parte de su dieta en materia vegetal de las acacias donde vive.

Que las arañas sean grandes depredadoras no solo es esencial en los ecosistemas naturales, donde actúan regulando las poblaciones de otros animales, sino también nos aporta numerosos beneficios a nuestra especie. Uno de los más conocidos es el papel que juegan en la lucha biológica contra las plagas, tanto en la agricultura como en ambientes urbanos: las arañas son los depredadores más abundantes en los agroecosistemas y, a diferencia de otros predadores generalistas, abarcan una mayor especialización espacial, es decir, podemos encontrarlas cazando desde en la superficie del suelo hasta en las copas de los árboles, pasando por todas las capas espaciales intermedias. Por otro lado, las numerosas estrategias de caza que poseen les permiten abarcar un mayor nicho trófico; esto es: algunas arañas están especializadas en cazar activamente organismos que corretean por el suelo; otras, insectos voladores a diferentes alturas, esperándolos en su red; también las hay que..., incluso existen especies que... y un largo etcétera. Esto, unido a las grandes abundancias en las que se encuentran, hace de las arañas unas aliadas esenciales en nuestros campos de cultivo, realizando un control efectivo y natural de las plagas. Por este motivo, cada vez existen más estudios que demuestran cómo favorecer la presencia de arañas en los agroecosistemas crea barreras para las plagas, evitando el uso de pesticidas; y esto se traduce, por tanto, en una producción menos costosa y más saludable. ¿Te imaginas unos campos de cultivo sin nuestras protagonistas? Los agricultores tendrían que usar muchos más químicos, con los muchas veces nefastos resultados consiguientes para la biodiversidad y, por ende, para nuestra salud.

En nuestras ciudades sucede algo similar, pero, en esta ocasión, a quienes beneficia directamente es a nosotros mismos, previniéndonos de muchos insectos perjudiciales para los humanos.

Una pequeña araña saltarina (Salticidae) acechando a una despreocupada mosca.

Un estudio realizado en Carolina del Norte se propuso estudiar la diversidad de artrópodos de los hogares humanos en ambientes urbanos y suburbanos. Los resultados revelaron que el 100 % de las viviendas tenían arañas en alguna de sus dependencias, en las cuales eran las encargadas principales de eliminar a otros artrópodos (como mosquitos o cucarachas).

¿Has visto alguna vez a una araña en alguna habitación de tu casa? La próxima vez que la veas, deja la escoba en su sitio y ¡dale las gracias por todos sus servicios!

VENENO QUE SALVA VIDAS

La eficacia del veneno de las arañas para paralizar y matar insectos no ha pasado inadvertida para los científicos, quienes están estudiando cómo sintetizarlo para poder producir bioinsecticidas respetuosos con el medio ambiente. Sin embargo, la función de insecticida natural que nos proporcionan directamente las arañas no es del agrado de muchas personas. Quizá el hecho de convivir con ellas, sabiendo que poseen veneno, es una de las causas de que la aracnofobia, el miedo irracional a las arañas, sea una de las fobias más comunes de nuestra sociedad. Pero las arañas son seres tímidos que únicamente pueden hacerte daño bajo circunstancias excepcionales.

Las arañas necesitan el veneno tanto para paralizar a sus presas como para defenderse de ellas, pero, por suerte, no formamos parte de su dieta. Ello no quiere decir que no haya arañas de importancia médica y que, como con todo organismo, no debamos tenerles respeto. No obstante, de las más de cien familias de arañas que existen alrededor del planeta, solo veintitrés albergan especies con importancia médica, mientras que el porcentaje de especies potencialmente peligrosas para los humanos se estima que se halla sobre el 0.5 %. En este punto, debemos recordar que sintetizar veneno es una tarea con alto coste energético y que, por tanto, las arañas únicamente lo usarán en aquellos casos en que se vean amenazadas; en ningún momento te atacarán o perseguirán por el simple hecho de hacerlo. Además, la gran mayoría de las arañas no tienen la capacidad de atravesar nuestra piel con sus quelíceros y, si consiguieran hacerlo, su veneno únicamente podría hacerte un daño considerable si fueras un insecto. Dicho en otras palabras: a pesar de su gran capacidad depredadora y de que poseen veneno, la gran mayoría de las arañas son totalmente inofensivas para nuestra especie.

El veneno de las arañas es un cóctel de numerosos compuestos, como pequeñas moléculas orgánicas, sales, polipéptidos y enzimas, que han demostrado tener propiedades farmacológicas únicas. Tradicionalmente, el veneno de las arañas se ha utilizado para realizar antídotos en caso de picadura de alguna de las arañas de importancia médica. Con el transcurso de la investigación científica, se han encontrado algunos compuestos del veneno de las arañas que podrían utilizarse en el desarrollo de medicamentos para tratar enfermedades como la epilepsia o el dolor crónico, o como tratamiento de enfermedades neurológicas como el alzhéimer o la esclerosis múltiple. Un péptido presente en el veneno de algunas arañas está siendo objeto de estudio debido a la gran capacidad antifúngica, bactericida y antiviral que posee. Pero su mayor potencial es su utilidad como tratamiento para el cáncer: ha resultado ser útil con las células del cáncer facial que afecta a una especie en peligro de extinción, el demonio de Tasmania (*Sarcophilus harrisii*); sin embargo, es un campo en el que aún queda mucho por conocer y del que, seguro, quedan por salir muchas sorpresas. En 2019 se publicó una revisión de todos los péptidos que estaban siendo estudiados para tratamiento médico y, sorprendentemente, de todas las familias de arañas con veneno que existen alrededor del globo, únicamente catorce han sido objeto de estudio. Ello nos da una idea de todo lo que nos queda por explorar. ¿Y si al final resulta que la cura del cáncer está en el veneno de las arañas?

LA SEDA: UN MATERIAL ÚNICO

El aracnólogo M. R. Gray afirmaba que la evolución de la seda de araña había sido un evento comparable en su importancia con la evolución del vuelo en los insectos o la sangre caliente en los vertebrados. Y no es para menos. Todas las arañas pueden producir seda gracias a glándulas localizadas en unas estructuras conocidas como hileras, en el extremo posterior de sus cuerpos. La seda es un complejo compuesto formado por fibra proteica, con la que, a su vez, algunas especies de arañas construyen las famosas telarañas. Cabe recordar que otros artrópodos como himenópteros, lepidópteros o neurópteros también la producen en alguna fase de su vida.

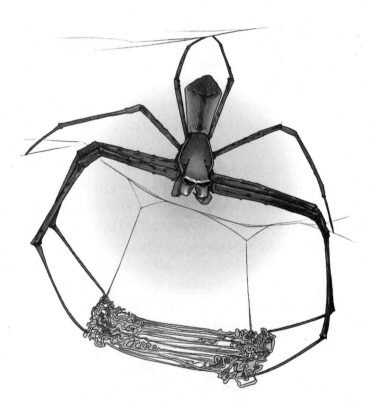

Deinopis sp. esperando el momento para lanzar su red
a su presa, como si de un pescador se tratara.

Son múltiples las funciones de las telarañas y, con ellas, los tipos de seda que producen las arañas. Su uso más conocido es el de dar caza a sus presas con diferentes y complejas estructuras, que van desde la típica telaraña orbicular hasta la que es lanzada por la araña como si de una red de un pescador se tratase, como es el caso de *Deinopis longipes*. También las usan para envolver y proteger sus «ootecas» (saco de huevos), construir sus refugios o incluso *volar* a distancias kilométricas, dispuesta la seda a modo de parapente, en lo que se conoce como *ballooning*. Las telarañas pueden medir desde pocos milímetros hasta varios metros, como ocurre en el caso de las impresionantes *Caerostris darwini*, una especie de araña de Madagascar adaptada a construir sus telas sobre ríos y lagos, donde puede cazar aquellos insectos que sobrevuelan estas zonas húmedas; las suyas son enormes telarañas que alcanzan los 2 metros de diámetro con puntos de anclaje de hasta 25 metros.

Lo fascinante de esto es que la seda de las arañas es uno de los biomateriales más fuertes, elásticos y resistentes producidos por un organismo vivo, además de que presenta una baja tasa de degradación. La seda de las arañas es, de hecho, más fuerte que un hilo de acero del mismo grosor, pero con una mayor flexibilidad. Algunas arañas, como las del género *Nephila*, producen una seda de gran grosor, capaz de capturar en sus redes incluso pequeñas aves. Tal es su resistencia que algunos pueblos indígenas han usado su seda como sedal para pescar pequeños peces. Debido a esta naturaleza de sus componentes, es una opción excelente para la industria biomédica, donde ha demostrado ser además un componente biocompatible con el cuerpo humano, dadas su baja inmunogenicidad y sus propiedades antibacterianas. Por ello, la seda de araña es un gran candidato a ser usado en suturas quirúrgicas o como soporte celular, es decir, para hacer de andamio que sostenga a las células implantadas en tejidos y órganos evitando que se dispersen por el organismo, apoyando así el crecimiento celular.

Por otro lado, la seda de araña es capaz de absorber mucha energía antes de partirse. Se está investigando también su uso en materiales de seguridad vial, como parachoques y vallas, o en fibras textiles, pues podría utilizarse en ropa militar a prueba de balas. Asimismo, puede llegar a ser muy útil en la fabricación de instrumentos musicales de cuerda. No obstante, aún queda mucho por hacer en este campo, ya que conseguir seda en grandes cantidades sigue siendo a día de hoy un verdadero reto. Criar arañas, por un lado, es una tarea de gran dificultad, pues deben mantenerse por separado para que no se coman entre ellas. Por otro lado, la seda que producen es excesivamente fina y se necesitaría una gran cantidad de arañas para producir una pequeña cantidad de seda. Aun así, se está trabajando en la síntesis química de seda de araña, en la que no se necesitaría de estos animales para su producción.

ARAÑAS Y LA CONSERVACIÓN DE AMBIENTES DEGRADADOS

Que el ser humano está contaminando y cambiando por completo los ecosistemas es de sobra conocido por todos y es aquí donde, de nuevo, entran en juego nuestras protagonistas. El hecho de que formen parte de un grupo de artrópodos diverso, conspicuo y relativamente fácil de identificar hace de las arañas de unas excelentes indicadoras de la salud de los ecosistemas. En investigación, las arañas son utilizadas para observar cualquier cambio que se haya producido en los ecosistemas, para indicarnos hábitats de gran valor para la biodiversidad o para monitorizar la respuesta de un ambiente ante una perturbación natural o de origen antrópico.

Por ejemplo, conocer la contaminación que posee el aire es de suma relevancia en nuestra sociedad, donde anualmente mueren millones de personas por esta causa. Las telarañas, como consecuencia de su estructura química, poseen una extraordinaria capacidad de acumular contaminantes (metales pesados, dioxinas, etcétera) que hay en el medio ambiente. Por ello, y a diferencia de los métodos clásicos, las telarañas son unos perfectos y baratos «filtros naturales» que permiten monitorear a largo plazo cómo va variando la contaminación de un determinado sitio; resultan especialmente útiles en ciudades y áreas urbanas. Monitorear la naturaleza también es importante, pues nos ayuda a conocer los lugares más significativos para la biodiversidad y, así, poder establecer políticas de conservación. Las arañas, nuevamente, nos reflejan, con la composición de sus especies, el vital interés de su existencia para la biodiversidad, además de ofrecernos una idea de cómo de conservado está un determinado hábitat. Ello es debido a que muchas especies de arañas viven en microhábitats y, por tanto, su estudio permite referenciar y comprobar si está produciéndose un cambio en la estructura y composición de las comunidades.

Como habrás observado, las arañas tienen y tendrán en efecto una gran importancia para los humanos. Sin embargo, desgraciadamente, siguen siendo rechazadas y etiquetadas de animales misteriosos, peligrosos o vinculados con diversas creencias sin ninguna base científica. Algunos autores proponen factores culturales que nos retrotraen mucho tiempo atrás, cuando estas arañas podrían haber presentado un peligro real para nuestros ancestros, como origen de una historia que desemboca en la actualidad en un rechazo hacia las mismas. Hoy en día, las arañas siguen siendo ignoradas y menospreciadas tanto por la sociedad como por las políticas de conservación. Así pues, debemos abogar por un cambio de mentalidad que nos conduzca a ver a las arañas como nuestras aliadas, grandes benefactoras de los humanos con las que podemos convivir.

¿Piensas que el castigo impuesto por Atenea fue ejemplar después de conocer las virtudes de las protagonistas de este capítulo? Espero que estas palabras hayan servido para que, a partir de hoy, observes a las arañas con otros ojos, quizás con ocho, y adviertas lo fascinantes y extraordinarias que pueden llegar a ser.

ÁLVARO PÉREZ GÓMEZ

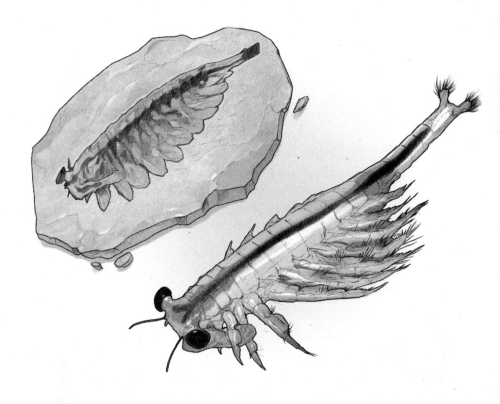

5. VENERABLES DIOSAS DE LA SAL

«Debe haber algo extrañamente sagrado en la sal:
está en nuestras lágrimas y en el mar».
YIBRÁN JALIL YIBRÁN

Hace unos 200 millones de años, en pleno Triásico, sobre una
Pangea cálida y seca, rodeada de un profundo y enorme océano,
Panthalassa (el «océano universal»), unos fascinantes crustáceos
de apenas un centímetro de longitud surgieron en uno de los
ambientes más hostiles del planeta, los lagos hipersalinos. Te
hablo de *Artemia*, un anostráceo (del griego «sin concha») de la
clase de los branquiópodos (gr. «branquias en los pies»), conocidos también como camarones de salmuera, camarones hada
o monos de mar (*sea-monkeys*), aunque este último nombre no
hace honor a sus costumbres pues no pueden vivir a largo plazo
en el medio marino. A más de nueve veces la salinidad de los
océanos y niveles de oxígeno extremadamente bajos, al abrigo
de predadores, competidores y otros vecinos incómodos, incapaces de sobrevivir en estas condiciones, *Artemia*, encontró en los
«mares muertos» su refugio ecológico, multiplicándose, diver-
sificándose y expandiéndose por todos los rincones de la Tierra (allí donde hubiera un poquito de agua y mucha sal). Desde
entonces, apenas ha evolucionado, conservando los rasgos de
sus antepasados más antiguos; ¡un auténtico fósil viviente!
  Actualmente, estos crustáceos primitivos, el único género de
la familia Artemiidae, cuentan con un mínimo de ocho especies sexuales (es decir, integradas por machos y hembras) y
diversas líneas partenogenéticas (sólo hembras que se reproducen sin necesidad de fecundación de sus óvulos) repartidas por

los ecosistemas hipersalinos de todo el mundo (excepto en la Antártida); desde el nivel del mar hasta la alta montaña y desde las zonas tropicales hasta las regiones más áridas del planeta. La mayor parte de ellas se encuentran en Eurasia, cerca de la región mediterránea, constituyendo verdaderos endemismos. Son las especies del Viejo Mundo: *A. salina,* ampliamente distribuida por la cuenca mediterránea; *A. urmiana,* procedente del lago Urmia (Irán) y Ucrania; *A. tibetiana* y *A. sorgeloosi,* habitantes del «plató» o altiplano tibetano; *A. sinica,* procedente de China y Mongolia; y *A. amati,* de Kazajistán. También del Viejo Mundo son los linajes partenogenéticos (conocidos en su conjunto como *A. parthenogenetica*), repartidos por Europa, Asia y África. La elevada biodiversidad del género en torno a la región mediterránea podría explicarse sobre la base de la crisis salina del Messiniense, hace unos 5.5 millones de años, por la que el mar Mediterráneo perdió su conexión con el océano Atlántico, dando lugar a una cadena de lagos salinos que se convertiría en epicentro de la diversificación de *Artemia.* Además de las especies del Viejo Mundo, existen otras dos especies sexuales procedentes del Nuevo Mundo: *A. persimilis,* restringida a algunas localidades de Argentina y Chile; y *A. franciscana,* endémica de las Américas y el Caribe.

Sin embargo, como resultado de la interacción con el ser humano, la distribución natural de *Artemia* ha ido cambiando, favoreciendo la expansión geográfica de unas especies y comprometiendo la supervivencia de otras... Desde que se crearon las primeras salinas en el Neolítico, *Artemia* ha despertado un enorme interés y curiosidad en el ser humano, no sólo por sus capacidades ecológicas extraordinarias, sino también por sus innumerables aplicaciones. ¡De esto y mucho más te hablaré en este capítulo!

UN FÓSIL VIVIENTE CON VARIOS
RÉCORDS GUINNESS

Para comprender cómo *Artemia* ha marcado (para bien) nuestras vidas, hasta el punto de que dependamos de ella, necesitas conocer algunos detalles imprescindibles sobre su sorprendente biología y ecología.

¿Cuál ha sido el secreto evolutivo y ecológico de *Artemia*? Sin duda, una de las grandes adquisiciones fue incorporar una maquinaria capaz de excretar el exceso de sal de su hemolinfa, «dulcificando» su sangre. Así, independientemente de la salinidad del ambiente, *Artemia* logra mantener su interior hipotónico, es decir, con una concentración salina menor que la del exterior. Esta habilidad le ha valido (en parte) el reconocimiento de ser el animal con mayor tolerancia salina del mundo: ¡una verdadera diosa de la sal! Además, a lo largo de la evolución, cambió la hemocianina (pigmento respiratorio típico de los crustáceos y otros invertebrados) por la hemoglobina (presente en la mayor parte de los vertebrados), mucho más eficiente en el transporte de oxígeno. Para que te hagas una idea, una *Artemia* adulta es capaz de sobrevivir con tan solo medio miligramo de oxígeno por litro, ¡y un nauplio (o larva), incluso menos! Un extremófilo en toda regla.

Pero aquí no termina el currículo de récords mundiales de *Artemia*. Sus huevos, también llamados quistes, del tamaño de un grano de arena (de entre 200 y 300 micras), son los más resistentes del mundo animal. Verás, *Artemia* tiene un modo de reproducción curioso, alternando de forma flexible entre ovoviviparismo y oviparismo según las condiciones ambientales. Cuando estas son favorables, el «ovisaco» o útero (con la ayuda o no del macho, según se trate de una especie sexual o partenogenética) se llena de huevos, unos 200-250, que eclosionan en su interior, liberándose los nauplios directamente al medio; algo parecido a la estrategia que usan los tiburones o los caballitos de mar. Esta es la reproducción ovovivípara. Sin embargo, cuando las condiciones se endurecen, por ejemplo cuando la salinidad roza límites próximos a la saturación, el agua se convierte en un caldo del puchero o la evaporación amenaza con convertir el humedal en un secarral, los huevos se rodean de una envuelta extremadamente resistente, dando lugar a los llamados quistes o huevos de resistencia; estos se liberan al agua de forma masiva, pudiendo permanecer viables durante muchos años. Se trata de la reproducción ovípara y ha sido clave en el éxito ecológico y evolutivo de *Artemia*. Gracias a la capacidad de alternar entre estas dos estrategias, las artemias pueden responder rápidamente ante un cambio en las condiciones ambientales y desarrollar grandes densidades cuando el ambiente lo permite.

VIAJANDO A TRAVÉS DEL TIEMPO

¿Qué pasa cuando se activa la señal de «sálvese quien pueda»? Nada de recoger el chiringuito de prisa y corriendo, a lo loco e improvisando. Ante el recrudecimiento de las condiciones ambientales, los oocitos (o huevos incipientes, en estado de gástrula) sufren una serie de acontecimientos, exquisitamente programados, que permitirán a los embriones entrar en una especie de sueño profundo hasta que las condiciones vuelvan a ser favorables. Te hablo de la criptobiosis, una especie de «modo durmiente» en el que la actividad vital de los embriones queda detenida en el tiempo; es decir: dejan de envejecer.

Como puedes imaginar, la criptobiosis es uno de los fenómenos que más han intrigado al ser humano. ¿Podría ser el secreto de la ansiada eterna juventud? Hasta el momento, no hemos dado con la fórmula para evitar daños irreparables en nuestras células y nuestro ADN cuando nos exponemos a condiciones extremas; sigue siendo un derecho reservado a las diosas y *Artemia* puede presumir de ser una de ellas. Sin embargo, estamos aprendiendo mucho del proceso y de cómo utilizarlo para mejorar nuestras vidas. Por ejemplo, dado que se reduce la proliferación celular, se está investigando cómo el gen responsable de la activación y apagado del estado de dormancia podría usarse para detener el crecimiento de células cancerosas, uno de los mayores retos de la medicina actual.

También sabemos que el ingrediente básico del elixir de la criptobiosis es la trehalosa, un disacárido o azúcar doble, como la lactosa de la leche o la sacarosa del azúcar de mesa, pero con una propiedad que no tienen los demás: se trata del bioprotector más poderoso contra el choque térmico y la desecación que se conoce en la naturaleza. Y *Artemia* no tiene la exclusividad, se encuentra ampliamente distribuida en grupos tan dispares como insectos, bacterias, hongos y plantas; de ahí que se la conozca como el «protector universal». De hecho, la consumimos de forma habitual con la miel, la cerveza o los champiñones. Pero los quistes de *Artemia* sí ostentan el récord. A modo de ejemplo, los tardígrados (también conocidos como osos de agua), invertebrados microscópicos capaces de permanecer deshidratados durante cientos de años manteniendo su viabilidad, tienen ocho veces menos trehalosa que las propias artemias. Si bien el uso de este azúcar como pócima contra el envejecimiento aún se encuentra fuera del alcance de los humanos, puedo decirte que se ha convertido en un ingrediente fundamental en multitud de campos, como la cosmética, la ingeniería tisular, la biotecnología o la medicina. Por ejemplo, gracias a sus funciones contra la desecación, está teniendo mucho éxito como humectante en cremas para evitar la pérdida de agua de la piel y favorecer su función barrera: la trehalosa no detiene tu envejecimiento, ¡pero sí lo disimula! No solo eso: sus propiedades terapéuticas son innumerables, pues sirve como biomaterial para la reconstrucción de la superficie ocular, para aliviar la sequedad de los ojos o incluso para combatir la osteoporosis. Además, está ofreciendo unos resultados excepcionales como agente crioprotector en la conservación de células y tejidos a muy bajas temperaturas, ayudando a preservar su funcionalidad tras la descongelación, uno de los principales retos de la criocongelación. Por otro lado, gracias a su capacidad para estabilizar y preservar las estructuras celulares, su uso en la industria alimenticia como estabilizante está siendo todo un acierto frente a los aditivos químicos.

Pero no todo el mérito es de la trehalosa. Cuando se activa la criptobiosis, comienzan a producirse dos pequeñas proteínas increíblemente eficaces contra el choque térmico, la P26 y la artemina, un equivalente a nuestra ferritina, con función «chaperona». Según el diccionario de la Real Academia Española, «chaperona» es aquella persona que acompaña a otra para vigilar su comportamiento. Pues así actúa la artemina: se une a las proteínas del embrión, velando por su correcto plegamiento y ensamblaje (evitando así su desnaturalización o desconfiguración, causada por el estrés ambiental), acompañándolas a los lugares de la célula donde deben realizar su función.

A pesar de todo lo anterior, los cambios bioquímicos que promueven el estado de vida «suspendido» no son suficientes para garantizar el máximo de seguridad, en un viaje que podría causar daños físicos irreparables o incluso la muerte al embrión. Para eso, las glándulas de la cáscara situadas en el ovisaco de las hembras secretan, con extrema precisión, una estructura multicapa minuciosamente diseñada y con una fórmula molecular única (quitina, lipoproteínas, hematina y algunos metales), que envuelve a los huevos dotándolos de una increíble resistencia. La más externa es el corion y está formada por lipoproteínas impregnadas en quitina, un polisacárido que confiere una gran dureza y resistencia mecánica al quiste, así como pigmentos que lo protegen contra la radiación ultravioleta. Por debajo de esta se sitúan la membrana cuticular externa y la cutícula embrionaria, que actúan como filtros adicionales. Una verdadera obra de ingeniería biológica, ¡casi indestructible! Y no es una exageración: en los sedimentos del Gran Lago Salado (al norte del estado de Utah, en Estados Unidos) se han encontrado quistes con ADN intacto de nada más y nada menos que ¡27 000 años! No es raro que la estructura del quiste haya despertado un enorme interés en la comunidad científica como biomaterial en ingeniería biomédica o en la resistencia contra las radiaciones. De hecho, se ha postulado como un candidato interesante para la investigación en Marte, donde las radiaciones cósmicas (700 veces las de la Tierra) representan uno de los mayores obstáculos para la supervivencia del ser humano. Y no es una utopía:

¡ya se han enviado quistes de *Artemia* al espacio y han vuelto sin que su viabilidad se haya visto afectada!

De esta forma, bajo las máximas garantías de seguridad, las artemias, guiadas por su «instinto» de supervivencia, envían a sus nauplios encapsulados a un viaje a través del tiempo que durará meses, años o incluso décadas. Flotando en el agua o enterrados en los sedimentos, los embriones en estado durmiente esperarán pacientemente la señal para resucitar de su letargo. Mientras tanto, nada perturbará su sueño y permanecerán ajenos a las inclemencias del tiempo y las agresiones del ser humano. Ni la radiación solar, ni el calor extremo, ni la ausencia de oxígeno, ni la desecación, ni los ataques bacterianos, ni siquiera los tóxicos y contaminantes, afectarán a la estabilidad de los embriones. En estado criptobiótico pueden vivir casi indefinidamente sin que nada les afecte. ¡Sin duda, uno de los grandes superpoderes de la diosa de la sal!

UNA SOLUCIÓN ECONÓMICA Y *ECOFRIENDLY* PARA LIMPIAR EL AGUA

Hablamos ahora de tecnología punta en depuración. *Artemia* es un organismo filtrador obligado y no selectivo, como las ballenas, los flamencos o los mejillones; es decir, no puede evitar filtrar constantemente para alimentarse de las partículas en suspensión, sin diferenciar entre un alga y un grano de arena. Y además tiene el récord de velocidad sin atragantarse. ¿Sabes cuántas algas puede ingerir una artemia en una sola hora? ¡Nada más y nada menos que un millón y medio! Es como si te comieras una tonelada de nueces cada hora durante toda tu vida. *Artemia* se pasa el día y la noche en movimiento, batiendo sus veintidós apéndices torácicos o toracópodos, para poder respirar y, de paso, alimentarse; el desplazamiento es una consecuencia indirecta de estas dos funciones vitales. Recuerda, son branquiópodos, animales con branquias en los pies. Cada extremidad está dotada de una lámina en forma de hoja o filopodio cuya parte externa está cubierta de una cutícula muy delgada y flexible que permite el intercambio de gases (respirar) haciendo la función de branquia; y la parte interna posee setas o filamentos muy finos que generan una corriente de agua dirigiendo el alimento hacia la boca. Así pasan su vida filtrando, sin descanso. Se ha estimado que, a una densidad de unos ocho individuos por litro, un valor habitual en condiciones naturales, ¡las artemias pueden filtrar el volumen de un lago entero una vez al día!

Esta capacidad es lo que ha puesto a *Artemia* en el punto de mira de numerosos científicos y tecnólogos interesados en la biorremediación, una rama de la biotecnología que trata sobre el uso de organismos para reducir o eliminar contaminantes del ambiente. Y tiene mucha lógica: *Artemia* es un excelente filtro biológico. De hecho, ya se ha demostrado su eficacia en acuicultura integrada contra la eutrofización (del griego «bien nutrido») o el exceso de nutrientes, uno de los mayores problemas de contaminación asociados a esta actividad y que sufren los ecosistemas acuáticos de todo el mundo. ¿Por qué no es bueno que el agua esté «bien nutrida» y cómo puede ayudar *Artemia* a solucionarlo? La entrada excesiva de nutrientes (fundamentalmente fósforo y nitrógeno) en los cuerpos de agua, como consecuencia de las actividades humanas, provoca el crecimiento desproporcionado de algas, enturbiando el agua e impidiendo que la luz penetre hasta el fondo. La fotosíntesis (dependiente de la luz y productora de oxígeno) deja de funcionar en la oscuridad, reduciéndose el oxígeno del agua. Cuando las algas van muriendo de forma natural y cayendo al fondo, los organismos descomponedores que se alimentan de ellas terminan de consumir el oxígeno (respiración aeróbica), provocando la desaparición de la mayor parte de los seres vivos que viven en el ecosistema.

La eutrofización de los ecosistemas acuáticos no sólo tiene un enorme impacto ecológico, sino también socioeconómico, por la pérdida de los servicios ecosistémicos que proporcionan al ser humano (salud, alimentación, recreo, etc.) y los elevados costes asociados a la purificación del agua. *Artemia* se alimenta justo del problema: algas microscópicas, bacterias y detritos (materia orgánica compuesta de restos de plantas, algas y animales); por lo que su uso como biofiltro es una alternativa muy interesante, por ejemplo, para mejorar las condiciones de aguas procedentes de la acuicultura o afectadas por efluentes industriales, ya que a menudo son salinos o hipersalinos. Ya sabes: si quieres apostar por una depuradora eficaz y respetuosa con el medio ambiente, ¡*Artemia* tiene mucho que ofrecerte!

Debido a esta y a otras muchas capacidades, el interés de *Artemia* en investigación aplicada está aumentando de forma exponencial. De hecho, desde hace muchos años es un modelo imprescindible en numerosas disciplinas como la toxicología, la biología del desarrollo, la parasitología o la genética evolutiva, y empieza a consolidarse en campos emergentes tan dispares como la bioingeniería, la nanotecnología biomédica, la radiobiología o la ecología de la resurrección. Una verdadera *Drosophila* acuática.

LA SAL DE LA VIDA

Nos remontamos ahora en el tiempo para contarte cómo *Artemia* también ha jugado un papel clave en la historia de la humanidad participando en la elaboración de la sal, ese elemento imprescindible que sigue influyendo de forma sustancial en nuestras vidas. Así es: sin la sal, los alimentos que consumimos no serían tan sabrosos o, simplemente, no existirían (¿te imaginas un mundo sin jamón?); sobre todo, esta ha permitido conservarlos, lo que ha marcado un antes y un después en el desarrollo de las civilizaciones.

El ser humano ya extraía sal del agua de mar en el Neolítico, utilizándola para curtir las pieles. Los fenicios y los griegos la usaron para salar el pescado. Los romanos y otras civilizaciones, como moneda de cambio. Los egipcios, para conservar las momias. En la Edad Media fue fundamental para conservar los alimentos, salvando muchas vidas al evitar la putrefacción. Para muchas culturas fue más valiosa que el mismísimo oro; de hecho, se la conocía como el «oro blanco». Efectivamente, aunque hoy te cueste creerlo por su bajo coste, durante mucho tiempo fue un producto de lujo reservado a unos pocos. Y, hasta no hace tanto, en algunos países, un elemento de primera necesidad. En la India, donde los sistemas de refrigeración son relativamente recientes, protagonizó hechos que cambiaron su historia para siempre: en 1930, Mahatma Gandhi promovió la conocida Marcha de la Sal, por la que animó a los indios, de forma pacífica, a producir su propia sal evaporando agua del océano; con este acto, pretendía boicotear el monopolio de la producción de sal por los colonizadores ingleses. El gesto simbólico de acercarse al mar tras una marcha de 300 km y tomar unos granos de sal en su mano condujo a la independencia de la India del Imperio británico.

Además de un enorme simbolismo, a la sal se le han atribuido infinidad de propiedades, como la fertilidad, por la presencia de yodo y su relación con el buen funcionamiento del tiroides y el equilibrio hormonal. La sal ha encarnado deidades como Huixtocíhuatl, diosa menor del agua en la cultura mexicana, hermana de los dioses de la lluvia, que fue desterrada a las aguas saladas, convirtiéndose en la diosa de la sal, creadora de este elemento y quien lo limpió de todas sus impurezas. ¡Se diría que fue inspirada en la propia Artemia! Así es, a ella debemos en buena parte la producción de una sal limpia y de calidad. ¿Creías que para hacer sal solo se necesitaban sol y otros factores fisicoquímicos? Nada de eso, los factores biológicos juegan un papel clave.

La sal sería muy distinta si no fuera por *Artemia*. El exceso de algas y su descomposición afectan a la calidad de la sal, por ejemplo, haciendo que las sales de yeso no precipiten en su momento óptimo y el cloruro sódico resultante contenga impurezas; por otro lado, las aglomeraciones de algas y otras partículas orgánicas pueden reducir el tamaño de los cristales, redundando en una sal de peor calidad. Una alta viscosidad del agua provocada por el exceso de algas podría incluso inhibir completamente la formación de cristales de sal. En este sentido, *Artemia* no sólo mantiene a raya las algas, promoviendo una sal con menos impurezas y cristales de mayor tamaño, sino que los productos de su digestión (heces) y sus propios restos cuando mueren son el sustrato que impulsa el crecimiento de halobacterias, arqueas (del griego αρχαία, «antiguas») de coloración púrpura debido a la bacteriorodopsina, un pigmento similar a la rodopsina de la retina de los vertebrados, que promueve el calentamiento del agua y acelera la evaporación. De hecho, la introducción de ellas o el enriquecimiento de las salinas con *Artemia* ha sido una práctica habitual de los salineros para favorecer una sal de calidad.

ALIMENTANDO A BEBÉS DE PECES Y CRUSTÁCEOS EN TODO EL MUNDO

Si hay algo de lo que la acuicultura no puede prescindir hoy en día es el camarón de salmuera, como se conoce típicamente a la artemia en este sector. Te hablo concretamente de *A. franciscana* (por alusión al lugar donde fue observada por primera vez, la bahía de San Francisco, California, Estados Unidos), la especie más prolífica de todas las descritas y alimento estrella (por el momento, insustituible) para el cultivo de larvas de peces y crustáceos en todo mundo. Son las «hormigas» de la acuicultura, responsables de la producción de la mitad de los productos comerciales del mar en todo el mundo. Cada año se comercializan entre 3000 y 4000 toneladas de quistes a nivel mundial (más de 1000 millones de huevos). Una industria millonaria; ¡nada que envidiar a la gallina de los huevos de oro!

Los primeros quistes que se comercializaron procedían de la bahía de San Francisco y, posteriormente, del Gran Lago Salado (Utah), que llegó a suministrar hasta el 90 % de la producción mundial. Hoy en día, además de Estados Unidos, completan la lista de principales productores Rusia, China y Kazajistán. Los quistes se producen en cantidades masivas en ciertos momentos del año y se acumulan por la acción del viento en las orillas, desde donde son recolectados, lavados, secados y almacenados; una vez deshidratados, con el aspecto de un balón desinflado al microscopio, pueden mantener su viabilidad durante mucho tiempo.

Nauplios de *Artemia franciscana* recién eclosionados
sirviendo de alimento vivo a alevines de peces.

También se caracterizan y se etiquetan según su procedencia, tamaño, tasa de eclosión, valor nutricional, etc. Y pueden comercializarse enteros o decapsulados, es decir, sin la capa externa, lo que permite mejorar la eclosión. Llegado el momento, con tan solo un día de incubación, se reactiva el metabolismo, eclosionando los nauplios y pudiendo utilizarse como alimento vivo de forma inmediata. Son ricas en ácidos grasos y aminoácidos esenciales; son altamente digestibles y de sabor agradable; están en movimiento constante y no presentan comportamiento de escape. ¡Un excelente alimento para bebés hambrientos recién eclosionados! Así, es fácil comprender que, hasta el momento, no se haya encontrado una alternativa a la altura de *Artemia*.

Sin embargo, la acuicultura crece a un ritmo exponencial. ¿Podrá *Artemia* abastecer la demanda de quistes en un futuro próximo en el que se estima que dos tercios del pescado que consumiremos procederán de cultivo? La realidad es que, por diversas causas, la producción de quistes está disminuyendo en muchos lugares del mundo. La sobreexplotación y la recolección ilegal descontrolada son algunas de las razones. Por otro lado, muchas poblaciones están experimentando un cambio direccional de reproducción ovípara a ovovivípara: en lugar de producir quistes, se liberan nauplios vivos. Se necesita investigación urgente antes de que estos cambios puedan afectar seriamente a la acuicultura. Y, sobre todo, hay que seguir explorando alternativas sostenibles para satisfacer las necesidades de la acuicultura global. En cualquier caso, no hay duda de que la conservación de *Artemia* nunca ha sido tan importante como ahora y de que su valor no dejará de crecer en los próximos años.

ARTEMIA EN EL ANTROPOCENO: ¿UN FUTURO INCIERTO?

Consiguió colonizar unos de los ambientes más extremos del planeta. Esquivó las extinciones del Triásico-Jurásico y del Cretácico-Paleógeno, la cuarta y la quinta extinción masiva, que dificultaron profundamente la vida en la tierra y en los océanos con la desaparición de más del 75 % de los organismos. Hoy, en pleno Antropoceno y con múltiples amenazas de origen humano, ¿conseguirá *Artemia* sobrevivir a la sexta gran extinción por la que atravesamos? El futuro no es muy halagüeño. Las poblaciones de *Artemia* de todo el mundo se están extinguiendo a una velocidad vertiginosa. La destrucción de sus hábitats, la sobrexplotación, el cambio climático y las invasiones biológicas figuran entre sus mayores amenazas.

La sal ya no tiene el valor de antaño; los aditivos y métodos de refrigeración y conservación modernos han tomado el relevo al oro blanco. Como consecuencia, muchas explotaciones salineras han sido abandonadas o transformadas para otros usos por falta de rentabilidad, con la consecuente pérdida de sus valores ecológicos, culturales, históricos y paisajísticos. *Artemia*, la primera en desaparecer, al dulcificarse el agua y homogeneizarse el gradiente salino. Y, aunque poco a poco surgen iniciativas para restaurar estos ambientes emblemáticos, aún queda mucho por hacer para devolver a la marisma esa parte extraordinariamente valiosa de su diversidad que se pierde con la desaparición de los ecosistemas hipersalinos.

Por otra parte, el cambio climático (falta de precipitaciones, aumento de la evaporación) y el desvío de agua para la agricultura están reduciendo vertiginosamente la superficie de los lagos salinos de todo el planeta, que están llegando a un punto de no retorno e incluso a la desecación. Probablemente conozcas el caso del mar de Aral, uno de los mayores lagos salinos del mundo, cuya superficie (68 000 km²) se redujo a menos del 10 % debido al cultivo intensivo de algodón, protagonizando uno de los mayores desastres medioambientales de las últimas décadas. Desgraciadamente, no es el único afectado. El lago Urmia, el que un día fue el mayor de Oriente Medio, con una superficie de alrededor de 5200 km², y que dio nombre a *A. urmiana*, se ha reducido un 80 % y corre el riesgo de desaparecer por completo si no se regulan a corto plazo los más de 24 000 pozos que lo rodean para el riego de frutales. El majestuoso Gran Lago Salado, el mayor lago salino de Norteamérica y principal proveedor mundial de quistes de *Artemia*, ha perdido el 60 % de su superficie debido al cultivo de alfalfa para alimentar al ganado. La dramática reducción de la superficie de los lagos hipersalinos no solo amenaza a las poblaciones de *Artemia* y todas las comunidades acuáticas (incluidas las aves), sino que supone un riesgo crítico para la economía y la salud humanas. Se estima que las pérdidas económicas derivadas del colapso de las actividades asociadas al Gran Lago Salado ascenderán a más de 2500 millones de dólares anuales; las tormentas de sal y el polvo tóxico cargado de metales pesados acumulados durante años por la industria minera quedarán al descubierto en el lecho seco, provocando la quema de los cultivos, además de multitud de enfermedades respiratorias y cardiovasculares, problemas reproductivos e incluso cáncer. Es la revancha de los lagos contra el abuso y el exceso humanos; «cosecharás lo que has sembrado»: la ley del karma.

Más directa aún es la amenaza de las especies invasoras. Como todo en la vida, no hay una cara sin su cruz, y, en este caso, el lado oscuro del uso de *Artemia* en la acuicultura es la expansión global de *Artemia franciscana*. De origen americano, es la especie comercializada en todo el mundo por su extraordinaria fecundidad: 300 nauplios cada cuatro días, que tardan en llegar al estado adulto tan solo ocho días, con una esperanza de vida de varios meses. Y, lo peor, es extremadamente invasiva fuera de su área de distribución original. Para que te hagas una idea: en 1977 se liberaron en las salinas de Macau (Brasil) 250 gramos de quistes de *A. franciscana* procedentes de la bahía de San Francisco y, solo tres años después, la producción excedía las 20 toneladas al año; tras dos décadas, la especie americana se había expandido por 55 salinas del noreste de Brasil, ayudada por las aves y el viento. Así, ha ido reemplazando a la mayor parte de las poblaciones de *Artemia* en todo el planeta, provocando la pérdida más dramática de biodiversidad del género conocida hasta el momento. Ninguna otra especie puede competir con ella, no solo por su enorme fecundidad, sino también por su escasa sensibilidad a enemigos naturales como los parásitos, fuera de su área nativa, o por su inigualable eficiencia filtradora. En nuestras latitudes, fue introducida por primera vez en Portugal, en los años 80, y desde allí se expandió por el norte de África, España, Francia, Italia y toda la cuenca mediterránea hasta Oriente Próximo. En Portugal solo queda un refugio para las poblaciones nativas de Artemia y en España se perdió recientemente uno de los pocos que quedaban, en las marismas del Odiel (Huelva), extinguiéndose una población genéticamente única. En Australia incluso está desplazando a las especies del género *Parartemia*, hermano lejano de *Artemia*, de la que divergió hace 85 millones de años con el aislamiento de Australia al final de la era mesozoica. Ni siquiera sus largas e independientes historias evolutivas han impedido el reemplazamiento de la *Artemia* aborigen australiana por su pariente americano. Tal es su potencial invasor que, una vez que se detecta en el ambiente, en tan solo dos o tres generaciones, sustituye por completo a las poblaciones nativas por exclusión competitiva. Nadie ni nada puede frenarla...

Quistes de Artemia viajando en el interior del tubo digestivo de una gaviota.

Una vez introducida por el hombre, las aves se encargan de terminar el trabajo, dispersándola a lo largo de sus rutas migratorias. A pesar de ser un organismo con escasa capacidad de movimiento, sus quistes pueden desplazarse, en el interior de las aves, distancias que ningún medio físico (viento, corrientes) podría ofrecerles. Se ha estimado que los quistes de *Artemia*, viajando en el interior de las aves acuáticas, pueden recorrer más de mil kilómetros sin perder su viabilidad.

¿Qué podemos hacer ante este escenario tan poco alentador? Una medida inmediata sería regularizar el uso de *A. franciscana* en acuicultura. Resulta paradójico que una especie con tal poder invasor siga pudiendo comercializarse sin ningún tipo de restricción. Las presiones del sector de la acuicultura, que aún no han encontrado alternativas a la altura de la especie americana, tienen mucho peso en este problema. En este sentido, urge la investigación para identificar y caracterizar las poblaciones nativas locales más productivas. Aunque menos importantes en términos de cantidad, las pequeñas explotaciones artesanales pueden tener una dimensión socioeconómica muy relevante, contribuyendo a la explotación sostenible de *Artemia* en el ámbito local. De hecho, existen iniciativas en diversos países asiáticos que cubren alrededor de un 5 % de la producción global. Por otro lado, es prioritario conservar el máximo número de poblaciones en bancos de quistes, como los que existen en laboratorios de España y Bélgica, y que representan la última esperanza para restaurar poblaciones extintas en un futuro.

Con cada especie o población que se extingue, desaparece un archivo único en la biblioteca de la biodiversidad, y con él, miles de años de sabiduría e inspiración para el ser humano. En el caso de *Artemia*, aunque existen relativamente pocas especies en el género, la diversidad intraespecífica (dentro de la misma especie) y el grado de endemismo de las poblaciones son enormes debido a la heterogeneidad espacial y la distribución parcheada de los ambientes hipersalinos. Numerosos científicos coinciden en considerar a *Artemia* como un ejemplo donde los esfuerzos de conservación deberían centrarse en lo que concierne a población. Cada una de ellas retiene sus adaptaciones locales a los ambientes específicos en los que viven (diferente composición iónica del agua, temperatura, pH, salinidad, presión de predación, parasitismo, etc.), haciéndolas únicas en sus características genéticas, ecológicas, reproductivas y fisiológicas; peculiaridades que podemos aprovechar para el desarrollo de tecnologías innovadoras y para la resolución de problemas en los que la evolución lleva trabajando miles de años, que pueden hacer avanzar al ser humano a pasos agigantados.

Quién iba a decirle a la venerable diosa de la sal en el Triásico, un fósil viviente capaz de viajar en el tiempo, de volar, de sobrevivir a meteoritos y erupciones volcánicas, de soportar las condiciones más crudas imaginables..., que su mayor amenaza aún estaba por llegar. Pero también tenemos en nuestra mano las soluciones; ¿por dónde empezamos?

MARTA I. SÁNCHEZ ORDÓÑEZ

According to all known laws of aviation, there is no way a bee should be able to fly. Its wings are too small to get its fat little body off the ground.

The bee, of course, flies anyway because bees don't care what humans think is impossible.

6. LA REVOLUCIÓN DE LA ESCRITURA

«Toda la vida está unida entre sí de tal manera que
ninguna parte de la cadena carece de importancia.
Con frecuencia, de la acción de algunos de estos
diminutos seres depende el éxito o el fracaso
material de una gran comunidad».
JOHN HENRY COMSTOCK (*Insect Life*)

Medievo en Europa. El boticario de un pequeño pueblo costero está estos días más contento de lo habitual. Acostumbrados a su carácter agrio y a sus hábitos huraños, a sus vecinos les parece cuanto menos extraño este giro inesperado en su humor. ¿La razón? Por fin ha recibido su cargamento más preciado: un material venido de la lejana Alepo (Siria) con el que, asegura, será el boticario más productivo de toda la región. Por lo que parece, ese misterioso producto le permite fabricar una tinta (sí... ¡en su propia casa!) con la que ni sus anotaciones de cuentas ni sus inventariados se borrarán «jamás». Ni siquiera la humedad, enemiga silenciosa en aquella región besada por el mar, hará estragos en sus escritos. Una tinta... ¡revolucionaria!

Aunque ni este boticario ni sus curiosos vecinos existieron realmente, forman parte de una ficción histórica que reproduce una situación cotidiana que, con ciertas licencias, bien podría haber sido real. La tinta ferrogálica o tinta de corteza de roble, nombre que recibe la sustancia objeto de fascinación de nuestro protagonista, fue una verdadera revolución en la Europa medieval y su uso se prolongó hasta bien entrado el siglo XX. De hecho, podríamos decir, sin miedo a equivocarnos, que se trata de la tinta más importante en la historia de Occidente.

Seguramente a estas alturas te preguntarás: «¿Qué tiene que ver la tinta y la escritura medieval en Occidente con la entomología?». Pues todo. Entiendo perfectamente tu confusión, pues ¿acaso existen insectos capaces de producir tinta, como los calamares? Si bien la entomología es un campo de estudio que aún nos tiene reservadas muchas sorpresas, siento decirte que la cosa no va por ahí.

Antes de seguir y de desvelarte el misterio, me gustaría hacerte una pregunta. En tus paseos por la montaña o el campo, sobre todo en senderos salpicados de robles, ¿alguna vez has visto, en sus ramas u hojas, unas esferas similares a pequeños frutos de color terroso? Sobra decir que el fruto de los robles son las bellotas, por lo que ¿qué son estas estructuras?

Estas misteriosas esferas reciben el nombre de «agallas» y en su interior se desarrolla un fascinante ecosistema en miniatura. Las agallas son el resultado del crecimiento anómalo del tejido vegetal propio de la planta o árbol al interaccionar con algún agente vivo o inerte, lo que incluye desde virus hasta insectos. En el caso que nos ocupa, las agallas de los robles son inducidas por unas diminutas avispas de apenas 2-3 mm de longitud: las avispas de las agallas o cinípidos, únicos miembros herbívoros dentro de la superfamilia Cynipoidea (orden Hymenoptera). Las hembras de esta familia de pequeñas avispas depositan los huevos en el interior del tejido vegetal de ramas, hojas, amentos... mediante sus ovopositores. Posteriormente, y como una suerte de reacción a la interacción del insecto con el árbol, el tejido vegetal crece envolviendo a las recién nacidas larvas, que se desarrollan a salvo en su interior nutriéndose de los tejidos de la propia agalla (la cual hace sus veces de refugio y alimento) hasta alcanzar la fase adulta, momento en el que emergen al exterior abriéndose paso con sus mandíbulas. Por si todo esto no fuera ya suficientemente fascinante, dentro de las agallas en crecimiento se desata una lucha feroz por los recursos en la que intervienen otros insectos, principalmente avispas parasitoides e inquilinos que, ya sea adueñándose de los nutrientes o el espacio o atacándose entre sí, no se lo pondrán nada fácil a la larva de la pequeña avispa de la agalla para sobrevivir.

Sección de una agalla de *Andricus kollari* con la larva de la avispa inductora en su interior. En el exterior, una hembra de *Ormyrus*, una avispa parasitoide, inspeccionando la agalla para hacer en ella la puesta.

¿Y qué relación guarda esto con la tinta ferrogálica? Pues que las agallas de los robles son uno de los ingredientes esenciales para su fabricación; ahora ya sabes qué producto misterioso recibió el boticario de nuestra historia. De alguna manera, podemos decir que la revolución de la escritura en Occidente vino de la mano de las avispas de las agallas.

UNOS INSECTOS CON MUCHAS AGALLAS

Cuando empecé a sumergirme en el interesantísimo universo de la cecidología, nombre que recibe el estudio de las cecidias o agallas de las plantas, mi director de tesis ya me lo advirtió: «Una vez empieces a estudiarlas, acabarás soñando con ellas». Y, realmente, no le faltaba razón. No solo porque, durante mis años de investigadora predoctoral, estas llegaran a ocupar buena parte de mis viajes oníricos, sino porque resulta inevitable no quedar fascinado con su biología y diversidad.

El científico y naturalista sueco Carlos Linneo (Carl Nilsson Linnaeus, 1707-1778), artífice de la nomenclatura binomial, acuñó una de las frases que cimentan uno de los principios básicos de la taxonomía moderna, ciencia que abarca la clasificación, nomenclatura, identificación y definición de los organismos: *Nomina ni nescis, perit et cognitio rerum* («Si desconocemos los nombres, el conocimiento sobre las cosas se desvanece»). En resumen: clasificar y dar nombre a los seres vivos resulta esencial para empezar a entrever su biodiversidad, tratar de comprenderla y protegerla.

En el caso de las avispas de las agallas, desde que empezaran a identificarse, en época del propio Linneo, actualmente ya hay descritas alrededor de... ¡1500 especies en todo el mundo!, asociadas a distintas familias de plantas (cerca de mil, únicamente a fagáceas, principalmente robles). Una auténtica barbaridad, tratándose de insectos tan pequeños, ¿no crees? Pero es que, además, este número ya de por sí sorprendente no deja de crecer año tras año a medida que se descubren nuevas especies. De hecho, es probable que tan solo hayamos vislumbrado la punta del iceberg de su riqueza, sobre todo teniendo en cuenta que existen regiones megadiversas, como Norte- y Centroamérica o el sudeste asiático, que todavía se hallan poco estudiadas. Y la riqueza de especies no es lo único que sorprende de estos insectos: salvo algunas excepciones, cada una de estas especies induce su propio tipo de agalla, con formas y colores claramente diferentes al resto, que las hacen únicas e identificables.

Algo que sólo puede explicarse a la luz de la selección natural y de la explotación de multitud de nichos ecológicos.

En lo relativo a la inducción de agallas, estas microavispas no tienen rival: las suyas se cuentan entre las más diversas y complejas. Si cortaras por la mitad una de estas estructuras, te sorprendería la cantidad de capas de tejidos especializados que contiene, al final, para alimentar y dar cobijo a una pequeña larva en su interior. Ni cecidómidos (orden Diptera) ni moscas portasierra (orden Hymenoptera) ni pulgones (orden Hemiptera), algunos de los cuales son capaces también de inducir agallas en plantas, les hacen sombra.

Sin duda, podría extenderme hasta el infinito sobre este tema y, seguramente, me dejaría muchas cosas «en el tintero», expresión que viene que ni pintada para seguir con el tema que nos ocupa en este capítulo de un viaje entomológico por la historia de la humanidad: la tinta ferrogálica.

Hasta ahora sabemos que las agallas de los robles fueron un ingrediente básico para la fabricación de esta tinta revolucionaria. Pero ¿por qué? ¿Y por qué únicamente las de los robles? ¿Qué tienen estas agallas que no tengan las producidas por esta misma familia de avispas en otro tipo de plantas como, por ejemplo, las rosáceas? La respuesta: su elevado contenido en taninos. Estos compuestos químicos, cuyas funciones en las plantas van desde ofrecer protección ante herbívoros y patógenos (debido a su sabor amargo o astringente y a sus propiedades antimicrobianas) hasta regular ciertos aspectos de su crecimiento, abundan especialmente en la corteza de los robles y de los castaños, y se acumulan en grandes cantidades en las agallas que crecen en ellos. Aunque ya te adelanto que no todas las agallas contienen las mismas cantidades. Algo que, como ya imaginarás, llevó a ciertas especies a ser consideradas por los comerciantes como mercancía muy pero que muy valiosa.

LA RECETA DEL ÉXITO

Hasta el momento solo te he hablado acerca del «ingrediente secreto» de esta tinta revolucionaria: los taninos de las agallas, los cuales derivan de un ácido orgánico denominado ácido gálico, tánico o galotánico, muy abundante en diferentes tejidos de origen vegetal. Sin embargo, si decidieras fabricar tinta ferrogálica en tu casa (algo que, como leerás más adelante, podrías llevar a cabo sin demasiados problemas), las agallas por sí solas no serían suficiente. Así pues, ¿dónde está la clave del éxito?

Además de taninos, para fabricar esta tinta son indispensables tres ingredientes más: vitriolo o sulfato ferroso (FeSO$_4$), más conocido como sales o sulfatos de hierro (también de cobre o una combinación de ambas sustancias), que, al reaccionar con los taninos, proporciona un color negro o café oscuro a la mezcla; un aglutinante, típicamente goma arábiga, una sustancia procedente de la resina de ciertos árboles del género *Acacia* con propiedades cicatrizantes y múltiples usos humanos (entre los que destaca su función como pegamento universal de papel), que proporciona fluidez y cuerpo a la tinta, una mayor adherencia al papel y protección contra la oxidación, además de brillo y saturación al color; y un líquido, habitualmente agua (si bien algunos escritos también hablan del uso de cerveza o vino, este último también muy rico en taninos), con el que se mezclan y maceran todos los ingredientes. Una vez reunidos, solo queda ponerse manos a la obra.

La mayoría de los documentos medievales que aluden a la fabricación de tinta ferrogálica coinciden en que lo primero y más importante era machacar las agallas para facilitar la obtención del ácido gálico, tras lo cual se dejaban infusionar en el líquido de elección junto con el resto de ingredientes. Lo más habitual era que la mezcla se dejara reposar varios días al sol, aunque, en pleno auge de popularidad y con el fin de agilizar la producción (o cuando se empleaban agallas ya utilizadas), también se optaba por cocer los ingredientes a fuego lento. Tras varios días de maceración y mucho mimo, removiendo la mezcla con frecuencia y filtrándola después, el mejunje pasaba a convertirse, por fin, en tinta. Sin embargo, como reza el dicho popular, «cada maestrillo tiene su librillo»: los registros históricos no convergen en una receta única; al contrario, nos han legado todo un recetario. La receta de esta tinta revolucionaria fue evolucionando y perfeccionándose a lo largo de los siglos hasta prácticamente nuestro tiempo, cuando dejó de usarse.

Como ves, la elaboración de tinta ferrogálica no es una actividad que requiera de conocimientos avanzados en química, de materiales legendarios (pues todos pueden adquirirse fácilmente, e incluso algunos, como las sales de hierro, sustituirse por otros más accesibles) o de utensilios fuera del alcance de los simples mortales. De hecho, lo accesible de su fabricación fue muy probablemente uno de los motivos que la llevaron a colarse entre los primeros puestos de la lista de grandes inventos de Occidente. Cualquier persona con los medios adecuados podía hacerse con un buen acopio de tinta sin demasiado esfuerzo. ¡Un verdadero triunfo! En la actualidad se cuentan por montones las asociaciones y webs de aficionados a la escritura tradicional (como, por ejemplo, *The Iron Gall Ink Website*, que desde 2011 goza del apoyo financiero de la Agencia de Patrimonio Cultural de los Países Bajos) que dedican páginas y páginas a las virtudes de esta tinta y su historia, y en las que explican con detalle cómo fabricarla en tu propia casa. ¿Te animarías a intentarlo?

Volvamos a las agallas. La popularización de la tinta ferrogálica hizo de la compraventa de esta materia prima un negocio al alza desde prácticamente el inicio de la Edad Media y llegó a ser considerada un producto de lujo sólo al alcance de los más pudientes. Aunque, como te adelanté en el apartado anterior, no todas las especies de agallas gozaron de la misma notoriedad. Si bien procedían de muchas regiones situadas a lo largo y ancho de Eurasia, incluida la cuenca del Mediterráneo, eran especialmente famosas las exportadas de Esmirna (Turquía), Mosul y Basora (Irak) y Alepo (Siria), por su elevado contenido en taninos. Prácticamente la totalidad de las fuentes bibliográficas apuntan a que, entre las agallas más comercializadas, se encontraban las del cinípido *Andricus gallaetinctoriae* (antiguamente, *Cynips gallaetinctoriae*), cuyo epíteto específico, *gallae-tinctoriae*, ya nos da una pista (bastante obvia) de cuál era su uso más extendido. Sin embargo, estamos ante una verdad a medias. *Andricus gallaetinctoriae* fue, en efecto, unas de las especies más utilizadas para la elaboración de tinta ferrogálica en Europa; ahora bien, después de un estudio llevado a cabo en 2003, hoy sabemos que la especie procedente de Turquía, Irak y Alepo, cuyas agallas hacían las delicias de los comerciantes, no era *A. gallaetinctoriae*, la cual no se halla presente en estas regiones, sino una «prima hermana»: *A. sternlichti*. Sé lo que estás pensando: la taxonomía y sus entresijos, aunque necesarios, son un verdadero quebradero de cabeza.

La receta del éxito: agallas, sales de hierro o cobre, goma arábiga y agua. Todo listo para ponerse manos a la obra.

LA HISTORIA TIENE FIRMA DE AVISPA

La tinta ferrogálica vivió su época dorada entre los siglos V (o VII, según la fuente consultada) y XX, convirtiéndose en la tinta estándar y de la escritura en la Europa medieval primero y contemporánea y moderna después. Echa cuentas: redondeando al alza, estaríamos hablando de nada más ni nada menos que de... ¡1500 años! Desde luego, no hay nada como dar con la clave del éxito. Y por si 1500 años de popularidad no fueran suficientes, ¿cuál sería tu reacción si te dijera que su uso se remonta a, probablemente, muchos (muchísimos) años atrás?

Si bien se desconoce el momento exacto en que empezó a usarse esta tinta, sí sabemos que los griegos y los romanos ya hicieron sus pinitos estudiando los principios químicos que serían la base para su fabricación. Quizá te suene el nombre de Plinio el Viejo (23-79 d. C.), un hombre polifacético que a lo largo de su vida hizo sus veces de escritor, militar, filósofo y naturalista. Entre sus muchos logros, describió un experimento en el que, tras verter una solución de sales de hierro (recuerda: uno de los ingredientes básicos de la tinta ferrogálica) sobre una hoja de papiro color marrón claro previamente empapada en una solución rica en taninos, esta se tornaba rápidamente en negro. Este experimento en apariencia tan poco trascendental sería lo que, cientos de años después, constituiría la base química de la fabricación de nuestra tinta revolucionaria. En analogía con la ciencia moderna, Plinio el Viejo contribuyó a la ciencia básica (la reacción química) que permitiría la ciencia aplicada en el futuro (la fabricación de tinta).

En realidad, Plinio el Viejo fue solo uno de los tantos que, a lo largo de varios siglos, experimentaron con reacciones similares sin quizá saber que estaban contribuyendo a engendrar un invento que dejaría huella en la historia. Esta «inocente» reacción química empezó a ganar relevancia a partir de los siglos II-IV, época de la que se conserva la receta más completa y antigua para fabricar tinta negra mediante el uso de agallas: la procedente del Papiro V de Leiden, un documento escrito en griego antiguo, probablemente en el siglo iii, y descubierto en el Egipto del siglo xix; perteneciente a una serie de volúmenes en los que se recopilan recetas técnicas relacionadas con la plata, el oro, las piedras y los tejidos (alquimia, por aquel entonces). Relativo a esta misma época, según documentalistas ingleses de la Biblioteca Británica, es más que probable que el Códice Sinaítico, obra datada en el siglo iv que incluye una versión de la Biblia en griego antiguo y la copia completa más antigua del Nuevo Testamento, fuera escrita, al menos en parte, usando tinta ferrogálica. En Europa Occidental, una de las obras más relevantes que menciona el uso de agallas para la fabricación de tinta es *De nuptiis Philologiae et Mercurii* [«Sobre las bodas de Mercurio y Filología»], publicada en el siglo v por Marciano Capella (360-428 d. C.), un escritor y retórico romano. En España destaca la obra *Etimologías*, del erudito san Isidoro de Sevilla (siglo vi), en la que también se alude a la fabricación de tinta ferrogálica.

Como ves, las referencias sobre el uso y elaboración de esta tinta son muy diversas y se remontan muchos siglos atrás. Sin embargo, ¿te has fijado en que todos los autores y obras que te he presentado proceden de la cuenca del Mediterráneo? Te adelanto asimismo que no es un hecho casual que la mayoría de los documentos fueran elaborados, al menos al principio, por personas de esta región.

Antes de la invención y popularización de la tinta ferrogálica, en Europa predominaba otra tinta de gran relevancia histórica: la de carbón. Esta tinta, fabricada generalmente a partir de hollín o ceniza procedente de la quema de distintos materiales, compartió escenario con la ferrogálica al menos durante nueve o diez siglos. Ambas tintas resultaron de referencia para la escritura en Occidente; no obstante, hacia los siglos xii-xiii, la segunda ganó notoriedad y le robó el papel protagonista. La razón: su mayor resistencia a la humedad. La tinta de carbón capea muy bien el embate del paso del tiempo y las agresiones fisicoquímicas, como la interacción con ciertas sustancias blanqueantes o la exposición prolongada a la luz solar. Además, es químicamente estable, por lo que no pone en riesgo la integridad del papel sobre el que se escribe o dibuja. Con todo, el agua constituye su gran talón de Aquiles, haciendo que se difumine o, incluso, se borre por completo. ¿Ves por dónde voy? La humedad de los países bañados por el Mediterráneo ponía en jaque el futuro de los documentos. En este sentido, la invención de la tinta ferrogálica, que no adolecía de este mal (además de ser más fácil de fabricar e igual de imborrable en el tiempo que su predecesora), supuso un gran avance para aquellos que se dedicaban a la escritura, la transcripción de manuscritos o el registro de cuentas y actividades. Que se lo digan, si no, al boticario de nuestra ficción histórica.

Y es así como, poco a poco, el uso de la tinta con firma de avispa fue traspasando las fronteras del tiempo y del espacio, con sus recetas heredándose y transformándose a lo largo de los siglos y extendiéndose, finalmente, por toda Europa y más allá. Manuscritos, partituras musicales, cartas, mapas, documentos oficiales tales como testamentos, registros de contabilidad, transacciones inmobiliarias... Todo cuanto incluyera algo escrito quedó salpicado por ella. Numerosas figuras ilustres de Occidente, desde Johann Sebastian Bach hasta Victor Hugo, dieron cuenta de esta tinta para la creación de sus escritos y obras. Como curiosidad: el Servicio Postal de los Estados Unidos (USPS) llegó a diseñar su propia receta de tinta, oficial e intransferible, la cual debía estar disponible en todas sus sucursales para el uso de sus clientes.

A la vista está que la escritura y la transcripción de manuscritos, actividades reservadas en un inicio a las clases pudientes y a los religiosos, fueron los usos más extendidos de la tinta ferrogálica, especialmente cuando experimentó su gran auge, en la Edad Media. Sin embargo, el estudio de documentos históricos nos revela que este gran invento se destinaba a muchas otras actividades que trascendían al ámbito lúdico y doméstico. Por ejemplo, era frecuente su uso, dentro del gremio de artistas, como tinta para la elaboración de dibujos debido, sobre todo, a su gran capacidad pigmentaria y al tono negro-azulado que presentaban algunas de sus fórmulas. También se tiene constancia de su uso en el ámbito textil como tinte de tejidos y en el ámbito cosmético para la tinción del cabello cano, así como para, supuestamente, combatir la alopecia. Los diferentes usos de la tinta estaban asociados a diferentes fórmulas derivadas de la misma receta original, adecuándose cada una de ellas a las necesidades únicas de cada actividad.

VIDA Y MUERTE DE UNA TINTA REVOLUCIONARIA

No cabe duda de que la fabricación y uso de la tinta ferrogálica fue un hito encomiable en la historia de Occidente. Pero, si bien sus fuertes le permitieron brillar durante varios siglos, sus debilidades la hicieron caer en apenas cien años y dejó de utilizarse de forma extendida a lo largo del siglo XX. ¿Qué pudo fallar? Lo tenía todo: resistencia a la difuminación y al borrado por agua, perdurabilidad, buena adherencia y pigmentación... Había superado a la invicta tinta de carbón, algo que parecía imposible. Sin embargo, a sus artífices se les escapó un detalle, algo que solo sería revelado a la luz del paso del tiempo: la corrosión y la migración. Sin ahondar demasiado en detalles técnicos, la base química de la tinta ferrogálica, junto con la composición del papel y la suma de diversos factores ambientales de riesgo, como una humedad excesiva o una mala manipulación y almacenamiento, hace que los documentos acaben por quebrarse y perforarse por oxidación y corrosión ácida (¿recuerdas el ácido gálico?), quedando reducidos a pedazos en los casos más extremos. Así, donde antaño hubo letras, ahora solo quedan agujeros como indicios fantasmagóricos de lo que una vez fueran escritos sobre el papel. En otros casos, se produce una migración de los componentes de la tinta a través del papel, haciendo que el texto pase al otro lado de la hoja o, incluso, a hojas contiguas. Una verdadera pesadilla para los documentalistas y los restauradores.

Por otra parte, la llegada del siglo XX estuvo marcada por numerosos e importantes avances científicos y técnicos, incluyendo al que pondría entre las cuerdas a nuestra tinta: las tintas

sintéticas, mucho más resistentes y estables, lo que reducía totalmente el riesgo de corrosión del papel. No obstante, su popularización no desbancó a la tinta ferrogálica tan rápido como cabría
esperar; aún habrían de transcurrir varios años hasta que per-
diera su hegemonía, cuando pasó a estar relegada al ámbito privado, a la venta en pequeños comercios especializados o a su
estudio en centros de investigación documental.

En vista de todo lo que te he explicado a lo largo de este capítulo, espero que su final no eclipse el hecho de que esta tinta
se encuentra ya entre los mayores inventos de la humanidad.
Un gran descubrimiento que, sin duda, fue crucial en la herencia cultural de Occidente desde los mismos albores de la civilización moderna hasta nuestros tiempos. Una tinta que, como
sucedió con el boticario de nuestra ficción, marcó la vida de
millones de personas y, por extensión, de sus sociedades. Quién
hubiera dicho que unas avispas tan pequeñas fueran capaces de
influir tanto en el rumbo de nuestra historia.

IRENE LOBATO-VILA

7. VIAJANDO POR EL MUNDO EN CUBO

> «Tú tienes tanza y yo cogeré una caña, iremos
> a pescar en el agujero del cangrejo».
> Woody Guthrie (*Crawdad Song*)

Un animal grande (al menos, en el contexto de este libro), abundante en el medio sin requerir apenas atención, fácil de atrapar, de manipular, de mantener vivo y de transportar. Además, que sea comestible y, si puede ser, que esté bueno. Se meten todos esos ingredientes en la coctelera, se agita fuerte y, al volcarla (¡tachán!), cae un cangrejo de río.

No es raro que nos gusten los cangrejos de río. Todas las culturas que han convivido con estos animales los han apreciado y los han consumido. Hay cangrejos de río grabados en roca por aborígenes australianos y nativos americanos y, en Europa, hay una tradición milenaria de su consumo y su empleo con fines medicinales. Hasta aparecen a menudo en escudos de armas, en banderas o esculpidos en monumentos.

Los cangrejos de río tienen algunos de los requisitos fundamentales de las especies invasoras más exitosas. Nos gustan y se transportan con facilidad; en realidad, basta con un cubo. Algunas especies cumplen con otras condiciones importantes y son capaces de vivir en circunstancias ambientales muy diversas, de explotar diferentes tipos de alimento y de reproducirse rápida y abundantemente. Con esos datos en la mano, no resultará sorprendente que haya multitud de invasiones biológicas protagonizadas por cangrejos de río en prácticamente todo el mundo. De hecho, son cangrejos de río algunas de las especies invasoras más exitosas que existen, que casi invariablemente generan enormes y diversos impactos ambientales y económicos. Pero, antes de seguir con la historia de algunas de estas invasiones, vamos a pararnos a aclarar qué es, y qué no, un cangrejo de río.

CANGREJO, EL PALABRO

En el español de España utilizamos la palabra *cangrejo* para demasiadas cosas, igual que en catalán, euskara o gallego. Casi todo lo que llamamos cangrejo son crustáceos del orden Decapoda (aunque no es el caso de los cangrejos cacerola, que son quelicerados —como arañas, opiliones o alacranes—). Decapoda es el orden más diverso de los crustáceos y se organiza en una estructura taxonómica bastante compleja, con sub- e infraórdenes, super- y subfamilias y toda la variedad de prefijos que la taxonomía tiene a mano.

Los cangrejos de río pertenecen a uno de los dos linajes (sin categoría taxonómica, se agotaron los prefijos) del infraorden Astacidea; el otro es el que agrupa a bogavantes (género *Homarus*), cigalas (*Nephrops*) y otros grupos emparentados. Los Astacidea tienen un diseño corporal bastante constante, con pinzas en los tres primeros pares de patas, el primero de ellos de gran tamaño, y un abdomen alargado y extendido hacia atrás. Los cangrejos de río incluyen dos superfamilias, una en el hemisferio sur (Parastacoidea, una única familia) y otra al norte (Astacoidea, con tres familias). El lugar con mayor diversidad de cangrejos de río es, con diferencia, el este de Norteamérica, que alberga en torno al 70 % de las casi 700 especies descritas. Más de la mitad del planeta no cuenta con ninguna especie nativa de cangrejo de río, incluyendo todo África continental, así como gran parte de Asia y Sudamérica.

Pero cangrejos son también (en realidad, sobre todo) los animales incluidos en el infraorden Brachyura. Son éstos los cangrejos que estamos acostumbrados a ver en la costa, sin «cola», ya que el abdomen, generalmente de tamaño reducido, está plegado bajo el cuerpo. Estos cangrejos no solo son marinos o de estuarios, en buena parte del mundo también viven en ríos. Hay unas 1500 especies de Brachyura puramente fluviales (más del doble de las de esos que llamamos cangrejos de río), así como otras 200 especies más que utilizan los ríos durante partes de su ciclo vital, viviendo en todos los continentes. En la península ibérica no hay Brachyura de río, pero sí que hay cangrejos del género *Potamon* en la península itálica, en los Balcanes y en el Magreb.

Las lenguas de los lugares en los que viven cangrejos de río suelen nombrarlos con términos que los diferencian claramente de los Brachyura (*e. g. crayfish* y *crab*, en inglés; *gambero* y *granchio*, en italiano; o *écrevisse* y *crabe*, en francés). ¿Por qué en España nos hacemos un lío tan grande? Pues porque, al igual que ocurre en muchos otros territorios, hasta hace algún tiempo igual no era necesario distinguir. ¿Por qué? Veámoslo con la primera historia de los cangrejos viajeros. ¡Vámonos que nos vamos!

EL REY QUIERE CANGREJOS, ¡TRÁIGANSELOS!

A finales del siglo xv, los reyes de Castilla y Aragón, Isabel y Fernando, establecieron alianzas con otras coronas usando la herramienta más común para tal fin, los matrimonios entre hijos. Casaron a su hija Juana con el príncipe Felipe, heredero del Sacro Imperio Romano. No era su intención generar un nuevo imperio europeo, pero, por el fallecimiento de todos los predecesores en la línea de sucesión, Juana se convirtió en heredera de las coronas de Castilla y Aragón. El hijo de Juana y Felipe, Carlos V, reinó desde 1516 en las coronas hispánicas y desde 1520 en el Sacro Imperio Romano. En la década de los 1550, un Carlos mermado por la gota hace las gestiones para abdicar sus dominios en su hermano Fernando y su hijo Felipe, al que legaría los territorios ibéricos (junto con los americanos), italianos y de los Países Bajos.

Carlos V se preocupó de que su hijo Felipe conociera los territorios que gobernaría o que tendría como aliados. Desde 1548, durante tres años, Felipe visitó tierras italianas y centroeuropeas; en este itinerario, el heredero quedó prendado por la jardinería europea y, en especial, por el uso de estanques para mantener aves, peces y (parecía que nos habíamos olvidado de ellos) cangrejos de río. Ya como rey, Felipe II promovió el ajardinamiento de los sitios reales (la Casa de Campo, Aranjuez y, más tarde, El Escorial), lo que implicaba una radical transformación de sus zonas exteriores. Se eliminaron todas las plantas productivas, sustituyéndolas por vegetación ornamental, y se construyeron estanques «a la manera de Flandes». Los trabajadores españoles no fueron capaces de abordar satisfactoriamente estas tareas, por lo que se trajeron profesionales de los Países Bajos. Felipe II encargó a estos «maestros de *hazer* estanques» la misión de poblarlos con fauna acuática. Como los animales que había visto en sus dominios europeos no existían en España, hubo que importarlos.

En 1562, Felipe II quiso conseguir diferentes peces (carpas, lucios) y cangrejos de río de Países Bajos, pero desistió de esa idea por dificultades logísticas. Los documentos históricos que atestiguan esas gestiones usan el término *alcreviz* para nombrar a los cangrejos de río. Es una palabra que no existía en castellano, formada al españolizar el nombre francés de estos animales, *écrevisse*. De alguna forma había que llamarlos si, por no existir en Iberia, carecían de nombres vernáculos.

A finales de 1564, el rey envió dos expediciones independientes a obtener peces y alcrevices en Bayona, en el País Vasco francés, y traerlos vivos hasta los sitios reales. Cualquiera puede imaginar la dificultad de esta misión y, de hecho, hubo que repetirla en varias ocasiones. Aun así, en 1565, los estanques del rey ya albergaban carpas y lucios, pero no había sido posible conseguir los cangrejos. Diferentes documentos históricos muestran la disposición de algunos trabajadores de la Corona para ir hasta Burdeos a por cangrejos, pero, que se sepa, esas misiones no llegaron a emprenderse.

Tras esas gestiones frustradas, el interés de Felipe II por los cangrejos de río vuelve a aparecer en documentos históricos unos 20 años después. En la década de los 1580, los tratos entre la corte ibérica y la toscana de los Médici nombran a menudo a los gámbaros, una nueva castellanización de un nombre extranjero de los cangrejos de río (ahora del italiano, o toscano, *gambero*). En las relaciones entre las dos cortes jugó un papel central un personaje llamado Gonzalo de Liaño, apodado Gonzalillo por su pequeña estatura; probablemente sufriera acondroplasia y habría comenzado a trabajar en la Corte como bufón, tomando un papel cada vez más relevante por su inteligencia y sus dotes sociales. Gonzalillo llegó a tener una relación muy cercana tanto con la familia real española como con el gran duque toscano. Al menos desde 1583, las cartas de Gonzalillo mencionan el «gran contento» que Felipe II recibiría si se pudiesen traer los gámbaros a los sitios reales. El deseado envío se produjo en febrero de 1588, cuando varios toneles con cangrejos de río fueron embarcados en Livorno con destino a Alicante, para después continuar por tierra hasta Madrid, a cargo de un criado toscano del que dice Gonzalillo: «... a echo espirienzia de tenerlos tres meses vivos».

Este envío, quizás con otros que se pudiesen haber producido y no se hayan detectado aún, explica que los cangrejos de río presentes en España sean de la especie *Austropotamobius fulcisianus*, el cangrejo italiano, y, en concreto, pertenezcan al mismo linaje que habita la Toscana y áreas cercanas. Resulta curioso pensar que, si los cangrejos se hubiesen traído de Países Bajos, como se intentó en 1562, ese que a veces se llama «cangrejo autóctono» sería de otra especie, probablemente el cangrejo noble (*Astacus astacus*), mientras que, si se hubiesen conseguido en Burdeos, como se mencionaba en 1565, seguramente se habría importado el cangrejo de patas blancas (*Austropotamobius pallipes*).

Aunque pueda resultar sorprendente, la introducción del cangrejo de río en España durante el siglo XVI no es un evento excepcional. Anteriormente, probablemente durante la Edad Media, se habían transportado *Austropotamobius pallipes* desde la costa atlántica francesa hasta Irlanda, donde todavía están presentes hoy. La presencia de esta misma especie en Inglaterra y Gales puede también deberse a una introducción, que sería incluso anterior a la irlandesa. También es posible que el cangrejo noble (*Astacus astacus*) fuese introducido en Escandinavia, quizás por gestiones de la propia Corona sueca.

Pero lo que es realmente inaudito es que un familiar de Felipe II, otro Habsburgo, fuese el responsable de la otra gran introducción de cangrejos de río en la península ibérica. Una introducción que, otra vez, está ligada a eventos históricos.

DEL MISISIPI AL GUADALQUIVIR

Acadia fue una de las colonias de Nueva Francia, el territorio dominado por Francia en el noreste de Norteamérica entre los siglos XVI y XVIII. La colonia se estableció en torno a 1605 en lo que hoy es el extremo oriental de Canadá. Esa zona vivía un continuo conflicto entre las potencias francesa y británica, que desembocó en la expulsión de los acadianos en 1755, un auténtico episodio de limpieza étnica —conocido como «la gran deportación»— que forzó el exilio de más de 12 000 personas. Buena parte de los acadianos se instalaron, una década después, al sur de la Luisiana, por entonces bajo dominio español, en las islas del delta del Misisipi. Cuenta una leyenda que a los exiliados los siguieron, desde Acadia, un grupo de bogavantes que a lo largo de su periplo fueron mudando sucesivamente su exoesqueleto, haciéndose más pequeños en cada muda. Para cuando los acadianos se instalaron en los *bayou* de la Luisiana, aquellos bogavantes ancestrales se habían convertido en nuestra nueva estrella, el cangrejo rojo de las marismas (*Procambarus clarkii*).

Los descendientes de los acadianos son el epicentro de la rica cultura gastronómica y festiva en torno al cangrejo rojo del bajo Misisipi. Ese patrimonio cultural, junto con los muchos intereses económicos surgidos en torno a él, ha sido el principal motor de la expansión meteórica del cangrejo rojo por todo el mundo. Las introducciones comenzaron a inicios del siglo XX y antes de 1930 ya se había instalado en California, Hawái y Japón. Hoy en día la especie se encuentra ampliamente distribuida (¡introducida en más de cuarenta países!) y en continua expansión por todos los continentes excepto por Australia y la Antártida.

Su llegada a España está directamente ligada a nuestro anterior protagonista, el cangrejo italiano, que vuelve a aparecer en escena. Tras su introducción a finales del siglo XVI como uno de los elementos exclusivos de los jardines reales, el cangrejo italiano empezó a asentarse en ríos y arroyos. No se conoce el proceso por el cual la población española se aficionó a consumir cangrejos de río, pero sí sabemos que, cuando lo hizo, empezó a introducir cangrejos italianos por todas partes. Las introducciones fueron continuas desde, al menos, finales del siglo XVIII hasta principios de los 1970.

Pescador capturando cangrejos de río con un retel.

Llegados a este punto, la situación del cangrejo italiano, hasta entonces boyante, se había vuelto preocupante. Durante las décadas de 1950 y 1960, el régimen franquista había realizado una intensa promoción de la pesca y del consumo del cangrejo de río, enmarcada en el fomento de la pesca deportiva emprendido por la dictadura. A finales de los 1960, las poblaciones de cangrejos empezaban a mostrar síntomas de agotamiento por sobreexplotación. Pero la pesca continuaba, incluso de forma más entusiasta, espoleada por los elevados precios que se pagaban por los cada vez más escasos cangrejos. A los declives por sobrepesca se sumaron los colapsos repentinos en algunas zonas, aparentemente por el impacto de alguna enfermedad. En ese contexto aparecen voces que llaman a la importación de cangrejos norteamericanos, que ya se había llevado a cabo en diversos territorios europeos, con el argumento de paliar la repentina escasez de cangrejos.

Andrés Salvador de Habsburgo-Lorena y Salm Salm, archiduque y caballero de la Insigne Orden del Toisón de Oro (entre otras distinciones), fue más allá que ninguna de aquellas voces, y pasó a la acción. Este aristócrata, que conocía bien España, se interesó por diversas iniciativas de acuicultura, lo que lo llevó a integrarse en la Asociación Internacional de Astacología, que agrupaba, como sigue haciendo, a estudiosos de los cangrejos de río. A través de la sociedad tomó contacto con especialistas estadounidenses de Luisiana y se convenció de que algunas zonas arroceras españolas podrían ser idóneas para explotaciones comerciales de cangrejo rojo. Se puso manos a la obra y consiguió permisos para importar dos cargamentos de cangrejos rojos desde los Estados Unidos. El primero de ellos consistió en 490 animales (250 hembras y 240 machos), transportados en bolsas de plástico en un vuelo de unas 14 horas y liberados el 14 de junio de 1973 en cuatro balsas valladas en una finca arrocera cercana a Badajoz. Aunque aparecieron individuos muertos y con signos de infecciones bacterianas y ectoparásitos, la aclimatación de los cangrejos fue inmediata y al año siguiente se capturaban por centenas, lo que animó al archiduque a realizar una introducción aún mayor.

El lugar elegido para la segunda liberación de cangrejo rojo fueron las marismas de Isla Mayor, en la margen derecha del Guadalquivir. Habsburgo-Lorena y sus socios americanos habían visitado diferentes zonas en España y consideraron el bajo Guadalquivir como el lugar idóneo para producir cangrejos rojos, dadas las similitudes con las zonas arroceras de la Luisiana. En mayo de 1974 se despacharon desde Nueva Orleans 500 kilogramos de cangrejos rojos en sacos, de los que solo uno de cada cinco individuos sobrevivió, tras un periplo de algo más de cinco días. Sorprende un poco que la capacidad de transportar cangrejos de río en largos viajes que se tenía en el siglo XVI pareciera haberse perdido 400 años después. En cualquier caso, si estimamos un peso medio de 15 gramos por cangrejo, en 1974 se liberaron entre 6000 y 7000 individuos en una finca de una hectárea cercana al poblado marismeño de Alfonso XIII, en la provincia de Sevilla.

El éxito de esta segunda introducción fue abrumador. Un año después, se recolectaron 800 kilos de cangrejos en la finca en la que se habían soltado, cifra que se multiplicó por más de cien en solo cuatro años. Quizás los promotores de la introducción pensaron que la producción quedaría contenida en la finca que gestionaban, pero los cangrejos no tardaron en sobrepasar los límites de ese terreno y ocupar los canales y arrozales cercanos. Y la gente no tardó en darse cuenta de que los cangrejos podían capturarse, transportarse y «sembrarse» en otros lugares con gran facilidad. En pocos años, el cangrejo rojo ocupaba todas las masas de agua dulce del bajo Guadalquivir y alcanzaba densidades enormes. De hecho, muy rápidamente se erigió en una de las especies más importantes de todo ese sistema natural.

Los cangrejos consumen plantas, invertebrados y fases vulnerables de algunos vertebrados, como renacuajos o huevos y alevines de peces, y su actividad causa el incremento en la turbidez del agua. Pero, además, la nueva abundancia de alimento de gran tamaño, previamente inédita, ha hecho que muchos depredadores hayan salido beneficiados. Todo ello ha ocasionado que la marisma del Guadalquivir no sea la misma desde la llegada del cangrejo rojo. Los pueblos marismeños también cambiaron con el cangrejo rojo; su captura, elaboración y exportación se ha convertido en la principal industria de la zona.

La expansión del cangrejo rojo también sobrepasó rápidamente los límites de marismas, lagunas, arroyos y canales del Guadalquivir y, en cuestión de una década, la especie ocupaba ya buena parte de la península ibérica. Sus enormes impactos ambientales son hoy evidentes por doquier y el cangrejo rojo sigue su expansión imparable en Europa.

DE CASA AL RÍO

Los cangrejos de río no son solo transportados y vendidos para estar en el plato, cocidos o en arroz. En las últimas décadas es común verlos en acuarios. De las aproximadamente 700 especies descritas, las hay que llaman la atención de los aficionados a la acuariofilia por sus tamaños (por grandes o pequeñas) o coloraciones. Existen variedades de atractivos colores en diferentes especies y es posible encontrar cangrejos azules, blancos, amarillos, naranjas, con alguna mancha de color, rayados o incluso jaspeados. De hecho, uno de esos cangrejos de aspecto jaspeado es el protagonista de nuestra siguiente historia.

En 1995, un biólogo alemán aficionado a los acuarios compró en Fráncfort un lote de cangrejos de río etiquetados como «cangrejos de Texas», sin ninguna otra información sobre su identidad. Los cangrejos tenían un llamativo diseño jaspeado y se reprodujeron abundantemente, así que nuestro biólogo alemán empezó a distribuirlos entre sus conocidos. La sorpresa de esos criadores de cangrejos fue mayúscula al comprobar que ninguno de ellos era macho. Eran cangrejos partenogenéticos. Todos los individuos eran hembras capaces de reproducirse sin ser fecundadas por machos, produciendo descendientes clónicos, genéticamente iguales a sus madres. Al indagar sobre aquellos extraños cangrejos se comprobó que estaban emparentados con *Procambarus fallax*, una especie originaria de los Everglades, en

Florida (EE. UU.), que, como el resto de los cangrejos de río, se reproduce sexualmente. Las peculiaridades de estos cangrejos clónicos de diseño jaspeado eran tantas que en 2017 fueron descritos como una nueva especie, el cangrejo mármol (*Procambarus virginalis*). Se especula con que esta especie podría haberse generado en un acuario. Algo único, nunca visto antes.

La historia del cangrejo mármol podría haberse quedado en la enorme sorpresa de que una especie surja de forma repentina en un ambiente totalmente artificial, bajo condiciones controladas, al adquirir estrategias de reproducción únicas. Pero esta novísima especie se está convirtiendo también en un serio problema ambiental en muchos lugares del planeta. Los cangrejos mármol siguieron circulando entre aficionados a los acuarios y llegaron a tiendas y distribuidores, que transportaron los animales a distancias mayores. Como siempre ocurre con la fauna que se tiene como animales de compañía, algunos propietarios de cangrejos mármol, probablemente superados por su increíble ritmo de reproducción, comenzaron a liberarlos en el campo.

Cangrejo mármol (*Procambarus virginalis*) en acuario, con huevos bajo el abdomen.

Y no fueron pocos. Múltiples introducciones de la especie se han ido produciendo aquí y allá. Siendo capaz de dar lugar a poblaciones viables a partir de un solo ejemplar, el cangrejo mármol tiene todas las papeletas para ser el invasor perfecto. La especie está ya presente en el medio natural en casi una veintena de países europeos, además de en China, Japón y Madagascar, en una expansión que parece imparable. Su presencia en España es muy reciente: la primera captura se produjo en 2022.

Las especies más comunes en los acuarios tienden a aparecer en el campo, como ocurre con los galápagos americanos del género *Trachemys* o los carpines dorados (*Carassius auratus*). Hasta ahora, en España no ha habido un gran interés por mantener cangrejos de río en acuarios, por lo que no han sido muchas las introducciones por esta vía. Pero esto puede cambiar, como cambian todas las modas. Existen lugares en los que hay una enorme afición por los cangrejos de acuario, como algunas zonas de Asia o de Europa central; por ejemplo, en los ríos en torno a Budapest, en Hungría, se han llegado a detectar una decena de especies exóticas de cangrejos de río, la gran mayoría de ellas liberadas desde acuarios.

La península ibérica era un territorio sin cangrejos de río y diferentes personas a lo largo de la historia pensaron que eso era algo que se podía solucionar. Hasta ahora se han introducido diez especies diferentes. Algunas han sido arrolladoramente exitosas, como el cangrejo rojo o el cangrejo señal (*Pacifastacus leniusculus*), mientras que otras que lo fueron, como el cangrejo italiano, no viven hoy sus mejores momentos. Algunas nunca prosperaron, como el cangrejo noble que introdujo el Servicio Nacional de Pesca Fluvial y Caza en los 1960 o los cangrejos de la especie *Procambarus zonangulus* que parece que Andrés Salvador Habsburgo-Lorena trajo junto con los cangrejos rojos en 1974. Otros se asentaron en el campo, pero hemos sido capaces de eliminarlos, como los «yabby» australianos (*Cherax destructor*). Y hay llegadas recientes con un importante potencial invasor, como la del cangrejo de los canales (*Faxonius limosus*), el cangrejo de pinzas rojas (*Cherax quadricarinatus*) o el cangrejo mármol.

En todo el mundo, y la península ibérica es más un ejemplo que una excepción, los cangrejos de río invasores han causado, causan y seguirán causando graves problemas para las especies nativas y los ecosistemas acuáticos. Y es muy difícil paliar o revertir estos impactos. Nunca es fácil lidiar con las invasiones biológicas, y menos aún si hay cangrejos de río por medio. Cuando, tras una introducción, se establece una población de cangrejos de río en el campo, su eliminación, incluso su contención, es extremadamente compleja. Existen muy pocos ejemplos de control exitoso de cangrejos invasores y todos ellos provienen de sistemas pequeños y aislados, como lagunas. Así que, como dice el dicho, prevenir, mejor que curar. Debe ser prioridad que no lleguen nuevas especies a ríos y humedales, y que las que ya están no lleguen a nuevos lugares transportados por la gente. La única opción es dejar de mover cangrejos de río. Sacarlos de los cubos.

MIGUEL CLAVERO & FRANCISCO J. OFICIALDEGUI

8. LA ENCRUCIJADA DEL FÓSIL VIVIENTE

«En la vida, a menudo, son los pequeños detalles los que terminan siendo los más importantes».
DANIEL HANDLER

Imagina que has elegido pasar tus vacaciones en la costa este de Estados Unidos o el golfo de México. Una noche, aprovechando las temperaturas cada vez más cálidas, decides pasear por la playa tras una cena opípara a base de marisco, en un restaurante con vistas al mar. Durante la caminata disfrutas del cielo inabarcable salpicado de estrellas, la luna reluciente y el rumor de las olas al llegar mansamente a la orilla. Por lo demás, la única compañía es el silencio. Atrás quedan el bullicio del ajetreado día a día en la gran ciudad, el estrés del tráfico y el griterío crispado de la sociedad. El verano acaba de comenzar. Las noches invitan al disfrute, el paseo puede extenderse cuanto se desee, no hay que mirar el reloj, la alarma está temporalmente apagada.

De repente, algo emerge del mar. Avanza con paso errante, lento, dubitativo. Es un ser de aspecto poco familiar, tosco, como recién salido de las entrañas del océano, tal vez del espacio exterior. Sabiéndose fuera de su ambiente predilecto, se desplaza por la orilla a rastras, manteniéndose en esa fina línea que delimitan las olas, sin adentrarse en el más allá, el terreno ignoto de las dunas y la arena seca. Permanece en una zona húmeda en la que la mayoría de olas alcanzan a cubrirlo y queda de nuevo al descubierto al estas retroceder. El extraño animal no hace ruido alguno, más allá de la fricción de su propia anatomía al arrastrarse por la arena húmeda. Cuesta encontrarle una forma, unos ojos, una boca, un símil en algún animal familiar con el que pueda estar emparentado. No es una medusa arrastrada a la orilla, porque parecer tener caparazón y patas; no es una tortuga, porque, aunque parece estar acorazado, es más pequeño y sus patas están articuladas; no es una langosta o un cangrejo, porque no tiene enormes pinzas ni antenas. Sea lo que sea, prospecta la orilla dejando un rastro tras de sí, deambula de aquí para allá sin perder de vista el mar protector que ahora tiene a sus espaldas.

A los pocos segundos, la sorpresa se acrecienta. Otro de esos seres emerge de la nada, repite el mismo proceder que el anterior y, en un peregrinar inexplicable, más y más de ellos colonizan la orilla, protagonizando un encuentro multitudinario e inesperado que roba todo el protagonismo a la noche estrellada. Reconociéndose entre ellos, se enzarzan en extrañas interacciones, unos ubicándose arriba de otros, revolcándose por la arena, formando una orgiástica masa en las que cuesta adivinar cuántos individuos hay y dónde empieza uno y acaba otro. Desarrollan una actividad frenética, que parece guardar un orden interno indescifrable. Ha sido cuestión de minutos, pero ahora hay reunidos cientos de ejemplares misteriosos, arcaicos, que parecen repetir ante tus ojos atónitos un ritual que tal vez lleven millones de años realizando, generación tras generación. A tu alrededor, en la propia orilla, y también en el agua, esperando con paciencia, se oyen graznidos de gaviotas, a las que divisas posadas a varias decenas de metros en el agua, como puntos blancos meciéndose con las ondulaciones de las olas; también aparecen otras aves, más pequeñas, que corretean por la orilla, eufóricas, jugando con las olas, de las que huyen ante su avance. Parecen nerviosas, extasiadas, tal vez más conocedoras de qué está ocurriendo y qué beneficio pueden sacar de ello.

De repente, ruido de motores y rumor de gente, fin de la armonía con la naturaleza. Varias personas bajan de sus coches pertrechados con aparatos que nunca has visto. Hablan en inglés; uno parece dar órdenes y organiza parejas de trabajo, y con linternas frontales terminan por iluminar la orilla, por la que se extienden a lo largo de varios centenares de metros, con una planificación que tienen bien interiorizada. Todos llevan el mismo uniforme, que hace alusión a proyectos científicos e instituciones de conservación de naturaleza que desconoces ¿Qué ha pasado esa noche en una de las tantas bahías que hay en la otra orilla del océano Atlántico? ¿Qué animal ha emergido de las aguas? ¿Por qué capta la atención de científicos y conservacionistas?

¿Y CÓMO ES ÉL?

El cangrejo cacerola o cangrejo herradura del Atlántico (*Limulus polyphemus*) es un quelicerado, integrante de un grupo de artrópodos que engloba a animales más conocidos, como arañas y escorpiones, que tienen en común con nuestro ser emergido de las aguas la presencia de unos apéndices bucales llamados quelíceros. Por lo tanto, un primer detalle que tener en cuenta es que los cangrejos cacerola, pese a lo que su nombre indica, no son cangrejos; que, como tal vez sabes, son crustáceos. Es más, si nos pusiéramos a trazar más relaciones de parentesco, hallaríamos que los cangrejos cacerola están más próximos incluso a los extintos trilobites. A veces, las apariencias engañan y los nombres comunes despistan o simplemente no se ajustan a la literalidad taxonómica, a las relaciones de parentesco evolutivo.

Dentro de los quelicerados, los cangrejos cacerola pertenecen al orden de los xifosuros. Este grupo no tiene muchos representantes actuales, ya que familias enteras de xifosuros se quedaron por el camino en algún momento del pasado: la única manera de verlos a día de hoy es en vitrinas de museos, transmutados en piedra por el proceso de la fosilización. De aquellos linajes que antaño habitaron las aguas del mundo, solo se conocen cuatro especies vivas actualmente. Una de ellas es la protagonista del evento nocturno en tu playa norteamericana, el cangrejo herradura del Atlántico (*Limulus polyphemus*), que se distribuye desde la costa atlántica de México (concretamente Yucatán) hasta el norte de Estados Unidos. Además, tenemos al cangrejo herradura de manglar (*Carcinoscorpius rotundicauda*), presente en aguas saladas y salobres de las zonas tropicales de Asia; al cangrejo herradura del Indo-Pacífico (*Tachypleus gigas*), con similar área de distribución; y, por último, al cangrejo herradura chino (*Tachypleus tridentatus*), que se solapa en parte con los anteriores pero puede alcanzar latitudes más al norte y soportar aguas más frías, como las de Corea. En general, son organismos cuya vida discurre en fondos arenosos y fangosos en el mar, donde permanecen semienterrados y atrapan a sus presas, habitualmente invertebrados como moluscos y gusanos. Cuando llega el momento de la reproducción, machos y hembras emergen de forma masiva en playas arenosas, como has podido disfrutar en tu paseo, ofreciendo un espectáculo natural sin parangón donde cientos de ejemplares se afanan en alcanzar su objetivo con éxito. En este encuentro reproductivo en la orilla del mar, el macho se aferra a la hembra, que realiza un agujero en el que depositará sus huevos, que el macho fecundará de forma externa. La puesta queda enterrada bajo la arena —tratando de pasar desapercibida para los depredadores—, de donde, si todo sigue su curso, emergerán larvas de vida acuática que se desarrollarán hasta dar nuevos adultos. A lo largo de su vida, se estima que el total de huevos que una hembra puede poner asciende a cien mil, si bien muchos serán presa de las ávidas aves costeras, que detectan las puestas y obtienen un festín de gran valor energético.

Tras haber conocido a grandes rasgos quiénes son estos cangrejos cacerola o herradura y a qué grupo animal pertenecen, cabe recalcar algo más sobre ellos. Los xifosuros se consideran fósiles vivientes, término usado de forma coloquial para referirse a un conjunto de especies actuales cuyo origen se remonta a un pasado muy remoto (en el caso que nos ocupa, se estima el origen del grupo en unos 475 millones de años), que han sobrevivido a extinciones masivas y a los drásticos cambios acaecidos en nuestro planeta a lo largo de las eras geológicas y que, habitualmente, son los últimos de un linaje que gozó de mayor esplendor en el pasado, por lo que hemos coincidido en este momento de la historia con sus últimos representantes. Para añadir más, los descubrimientos de estos fósiles vivientes en ocasiones han tenido tintes novelescos, al darse por hecho que eran especies que llevaban extintas millones de años y que solo alcanzaríamos a conocer a través del registro fósil, hasta que, sorpresa, algo había sobrevivido y lo hemos podido describir para la ciencia como organismo aún existente. No es el caso de los cangrejos cacerola, ya que, al salir a desovar a las playas o ser pescados allá donde alguna de las especies actuales está presente, su presencia no ha pasado desapercibida a científicos y gente local, estando descritos desde hace cientos de años en algunos casos.

El estado de conservación de los xifosuros es preocupante. El cangrejo herradura del Atlántico está categorizado como *vulnerable* en la lista roja de especies amenazadas y el cangrejo herradura chino se considera *en peligro*, lo que denota un estado aún más frágil de sus poblaciones. Las dos especies restantes se presume que pronto estarán en este listado negativo, una vez se completen los estudios científicos que permitan extraer conclusiones más certeras sobre su situación en el momento presente. Las causas que explican el declive poblacional de estos organismos supervivientes de tiempos remotos tienen nexos en común con las causas que conocemos para otras muchas especies con las que comparten forma de vida. En primer lugar, podemos hablar de pérdida de hábitat, un motor de extinción global que afecta a prácticamente todos los ecosistemas y sus especies asociadas. Recuerda tu paseo por la playa y piensa en los kilómetros de litoral que en las últimas décadas se han transformado profundamente para dar lugar a urbanizaciones y hoteles; en efecto, para especies que realizan su puesta en la orilla de la playa, la rivalidad con el turismo de verano resulta desigual y deja a la fauna que requiere esas mismas orillas que disfrutas en una situación de clara desventaja. La lista puede seguir por el cambio climático, el gran desafío de nuestro tiempo, que reconfigurará el litoral por la subida del nivel del mar, reduciendo aún más las playas de arena disponibles. La contaminación marina siempre está ahí y algunas de las aguas pobladas por las diferentes especies de cangrejo cacerola están entre las más contaminadas del mundo, ya sea por polución doméstica, agrícola o industrial. Podemos continuar el recorrido por la sobreexplotación directa de sus poblaciones, sin ir más lejos para alimentación, porque estos animales son consumidos en Asia. Además, hay cierta presión en su recolección para ser usados a su vez como cebo en pesca. Sin embargo, me he reservado para el final el asunto más espinoso, otro factor que afecta negativamente a nuestros protagonistas pero que tiene una contrapartida francamente beneficiosa para nosotros, los humanos, y nuestras investigaciones en ciencias de la salud.

CANGREJOS DE SANGRE AZUL

En este punto del relato te sorprenderé con algo: voy a hablarte hasta de COVID-19. Como lo oyes, la historia escondía un giro que no te he desvelado hasta ahora. Es más, aún puedo sorprenderte con otro dato: los cangrejos cacerola tienen la sangre azul, aunque no de forma metafórica como si hablásemos de la realeza. Tal vez sea algo que desconocieras, pero no todos los animales tienen la sangre roja como nosotros. En el caso de los xifosuros es la hemocianina, la proteína que transporta el oxígeno —equivalente a la hemoglobina de nuestros glóbulos rojos—, la que otorga este color azul a su sangre. Y es precisamente su sangre la que ha llevado a este conjunto de animales a ser muy apreciados por las farmacéuticas, ya que su fluido circulatorio tiene aplicaciones en biomedicina.

La sangre de los cangrejos cacerola contiene una proteína de gran sensibilidad a la contaminación bacteriana. Sus enzimas atacan el material de las paredes celulares de las bacterias gramnegativas, de modo que, ante la presencia de las mismas, se forma un coágulo mediante un agente de coagulación conocido como «lisado de amebocito de *Limulus*» (LAL, de forma abreviada). Su eficacia es tal que, hasta en concentraciones de una parte por millardo, las endotoxinas presentes en la muestra se detectan casi instantáneamente por la formación de estos coágulos. En resumidas cuentas, el LAL nos ayuda a detectar posibles contaminaciones de endotoxinas bacterianas, lo que supone una inestimable ayuda para asegurarnos de que medicinas que van a acabar distribuidas por el mundo no contengan elementos perjudiciales de origen bacteriano. El LAL se viene usando ampliamente desde los años 70 del siglo pasado y se ha erigido como el indicador de esta índole que otorga mayor sensibilidad de entre los que se han puesto en liza hasta el momento. Esto ha influido en su amplia difusión y la imperiosa necesidad de su uso, por ejemplo, para probar la seguridad en productos médicos tan cotidianos como pueden ser la insulina... ¡y las vacunas! Además, es la única fuente natural de la que tenemos conocimiento de lisado de amebocitos, por lo que todas las miradas se centran necesariamente en los cangrejos cacerola. El éxito de la sangre de nuestro protagonista también ha hecho que se cotice a un precio muy alto, y es que el LAL tiene un valor de mercado de unos 25 000 euros el litro: un oro líquido, y de color azul.

Imaginarás que emergencias mundiales como la vivida desde 2020 con la irrupción en nuestras vidas del coronavirus más famoso de la historia elevan la necesidad de disponer de la sangre de los cangrejos cacerola, ante los millones de vacunas que hay que testar, lo que *a priori* supone ejercer mayor presión sobre sus poblaciones. Esto nos posiciona en una encrucijada incluso bioética, un dilema que a raíz de la pandemia de COVID-19 ha cobrado mayor protagonismo y sobre el que merece la pena profundizar. Hasta ahora, no te he dicho cómo es el procedimiento por el que de un organismo marino obtenemos un fluido azul de interés médico. Todo empieza en el mar. Ante su creciente demanda, miles de cangrejos cacerola llevan décadas siendo transportados en masa a ciertos laboratorios de farmacéuticas, donde son dispuestos en fila y se penetra a través de su caparazón para llegar a su sistema circulatorio; de esta forma drenan hasta el 30 % de su sangre, que cae gota a gota en botellas dispuestas directamente debajo del animal, que no muere en el proceso. En principio, la explotación podría parecer sostenible, porque los cangrejos son liberados de vuelta al mar una vez se ha obtenido el preciado líquido, pero se estima que muchos quedan en mal estado y su supervivencia cae en picado.

Además, se considera que, solo durante la captura, el transporte y su manipulación en el laboratorio correspondiente, pueden llegar a morir el 15 % de los ejemplares. Expertos que llevan años focalizados en el monitoreo de estos animales aportan cifras de declive que hablan por sí solas y que coinciden con el auge de los cangrejos cacerola con finalidades científicas; se arrojan cifras de más de medio millón de cangrejos cacerola capturados al año. El caso en el que se ha invertido mayor esfuerzo temporal para conocer la dinámica poblacional tal vez sea el de la bahía de Delaware (Estados Unidos), cuyo censo continuado permite descubrir de forma precisa la magnitud del descenso de los cangrejos cacerola: de algo más de un millón de cangrejos desovando en sus playas a comienzos de los noventa, han pasado a unos trescientos mil en el momento actual.

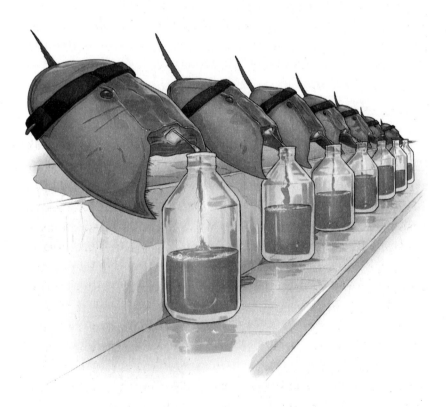

Cangrejos cacerola en un laboratorio habilitado
para extraerles su preciada sangre azul

UN FUTURO INCIERTO

Pese a llevar tiempo entre nosotros, el concepto One Health ha cobrado un mayor protagonismo en las agendas políticas del mundo a raíz de la pandemia de COVID-19 que nos llevó a enclaustrarnos en casa en la primavera de 2020. One Health significa literalmente «Una Salud» y, a grandes rasgos, trata de poner en relieve la importancia de trabajar de forma conjunta la salud humana, animal y ambiental. En este triángulo, el desequilibrio de uno de los vértices conlleva consecuencias para los demás, por lo que trabajar conjuntamente las tres saludes sería vital para garantizar una mayor prosperidad futura.

El caso del cangrejo cacerola tiene cierto vínculo con este término que acabo de introducirte. Sin ir más lejos, su explotación masiva conlleva su propio descenso poblacional. Sin embargo, hay más. El descenso en el número de cangrejos cacerola saliendo a la playa a desovar ha llevado aparejada una menor disponibilidad de alimento de gran valor para aquellas aves que se beneficiaban del festín, al desenterrar los huevos de cangrejo cacerola de la arena. Aquí empiezan a sucederse consecuencias, como un efecto dominó. Cada primavera, los correlimos gordos (*Calidris canuta*), pequeñas aves limícolas, realizan su kilométrica migración desde el cono sur de América hacia sus áreas de reproducción en la tundra ártica, un viaje anual que han acometido desde tiempos remotos; durante tal travesía, efectúan una de sus paradas de repostaje en las playas de la costa este de Estados Unidos, donde nuestros ya conocidos cangrejos cacerola se reproducen; aquí se atiborran de sus huevos, lo que les permite ganar el peso necesario para poder realizar con éxito el tramo final de su viaje. Haciendo un simil automovilístico, hay aves que, durante su migración, deben ir parando en diferentes gasolineras para no quedarse con el depósito vacío y, si una resulta estar cerrada o no tiene combustible que ofrecer, las aves pueden quedarse a medio camino, sin poder llegar a destino. Aquí tenemos una consecuencia aparejada a la desaparición del cangrejo cacerola: sin el aporte alimenticio de sus huevos, sin esa estación de servicio que suponían las playas repletas de huevos, los correlimos no tienen combustible para llegar a su área de reproducción. La caída poblacional del correlimos gordo en su área de reproducción norteamericana ha ido aparejada a la del cangrejo cacerola algo más al sur, en paralelo: de noventa mil correlimos de esta especie que se censaban en los años 80 del pasado siglo XX, décadas después han pasado a contabilizarse unos siete mil.

La preocupación por las poblaciones de cangrejos cacerola y las consecuencias asociadas a su declive, a la par que la necesidad de poder seguir avanzando en la investigación médica, nos ha llevado a la búsqueda de soluciones: hay que volver a equilibrar las poblaciones de cangrejo cacerola, pero no podemos dejar de usar repentinamente su tesoro escondido. Entre las propuestas para desligar el uso del LAL de la sobreexplotación de este recurso natural se encuentra la acuicultura aplicada a cangrejos cacerola. El equipo responsable de los trabajos pioneros en esta línea considera que cuarenta y cinco mil cangrejos cacerola, a los que se podría mantener en buenas condiciones y extraer sangre de forma recurrente, proporcionarían suficiente LAL para cubrir la demanda actual y esto rebajaría la presión sobre las poblaciones naturales. Por otro lado, existe una alternativa sintética, llamada factor C recombinante (rFC) —utiliza una proteína clonada como ingrediente activo—, cuyo uso sustitutivo de la sangre de cangrejo cacerola se podría llegar a admitir si acredita que los resultados son comparables e igualmente satisfactorios, hecho que está motivando a cada vez más laboratorios a encaminar sus pasos a estas alternativas. Algo se mueve, el ser humano emprende una vez más un camino de innovación y búsqueda de soluciones.

En este punto, tras un viaje que nos ha llevado de la naturaleza a los avances biomédicos, te devuelvo de nuevo a la playa del inicio, en la que disfrutabas de tus vacaciones al otro lado del Atlántico. Seguramente ahora comprendas mejor el afán de aquellos conservacionistas y científicos que aparecieron en la noche, quiénes son los seres de otro mundo que emergieron de las aguas, la importancia insospechada que tienen en nuestro día a día y el revoloteo incesante de aves extasiadas al ver avecinarse el festín. El ejemplo de las cuatro especies existentes de cangrejo cacerola o herradura pone de relieve una vez más las estrechas relaciones que unen a las especies entre sí, e incluso nuestra posición como especie clave que, desde su posición actual, tiene un rol central en el devenir de los ecosistemas y sus especies; podemos usar nuestro intelecto para hallar en la naturaleza soluciones a los retos presentes y futuros. Tenemos que seguir promoviendo los avances médicos y de otras ramas de la ciencia, a la vez que alcanzamos la sostenibilidad ambiental, un equilibrio desafiante donde el ser humano sentará las bases de su futuro. Mientras tanto, los cangrejos cacerola vuelven a salir a la playa noche tras noche, sin ser conscientes del escenario al que los hemos trasladado. Especies de linajes tan antiguos afrontan ahora el último desafío dentro su historia evolutiva: sobrevivir a la sexta extinción, la desencadenada por nosotros.

ÁLVARO LUNA

9. EL FAMOSO MONSTRUO DE LA CAMA

«Los insectos no pican por maldad, sino para vivir. Es lo mismo
que los críticos: quieren nuestra sangre, no nuestro dolor».
FRIEDRICH WILHELM NIETZSCHE

Son las 23:00, las luces están apagadas y la habitación está totalmente envuelta en un manto de oscuridad; solo la luna derrama
su pálida luz sobre la sosegada habitación. Nos encontramos
acostados en nuestra cama, ya sea en una bulliciosa ciudad de
calles poco iluminadas o en un apacible pueblo sumido en un
profundo silencio. Sin importar el lugar donde residamos, en este
momento de calma, a menudo nos puede llegar a asaltar una pregunta inquietante: ¿estamos realmente solos en la habitación?

Cuando éramos niños, las sombras proyectadas en la pared,
la camiseta colgada en la silla, los objetos que reposaban sobre
la mesa o incluso una prenda abandonada en algún rincón de
la habitación podían llenarnos de temor. Nos preguntábamos
si podría haber algún monstruo escondido bajo la cama o en el
oscuro interior del armario. Con el paso del tiempo, estos pen-
samientos sobre seres extraños y misteriosos se desvanecen gra-
dualmente de nuestra mente. No obstante, ¿qué tal si te digo
que quizás, en algún rincón oculto, existen criaturas que cohabitan estrechamente con los seres humanos? Sí, estoy hablando
de los insectos.

Existen multitud de insectos que viven con los seres humanos, bien porque ocupamos su hábitat natural y aprovechan las
estructuras creadas por nosotros como refugio o hábitat, nuestra comida o sus restos como su alimento, o bien porque quizá
dependen directamente de nosotros para vivir. Aquí entra en
juego el papel de los insectos parásitos.

VAMPIROS QUE NO TE TRANSFORMAN
EN UNO DE ELLOS

Los parásitos, ya sean animales o vegetales, pertenecen a ese grupo de organismos que se aferran a una especie diferente para sobrevivir. Dependiendo de su naturaleza, estos intrusos se alimentan de las sustancias o nutrientes que su anfitrión les proporciona, debilitándolo en el proceso pero evitando matarlo, ya que eso supondría la pérdida de su fuente de alimento. Esta distinción es lo que los separa de otro grupo conocido como parasitoides, quienes, una vez aprovechan los recursos de su huésped, sí lo matan. En el caso de los animales, los parásitos pueden vivir tanto fuera del organismo, como ectoparásitos, como dentro de él, siendo endoparásitos.

Dentro de la categoría de insectos parásitos, existe un grupo que nos resulta particularmente familiar: los hematófagos, es decir, aquellos que se alimentan de sangre. Es muy probable que entre los primeros ejemplos que acuden a nuestra mente se encuentren los mosquitos; de hecho, este libro cuenta con un capítulo dedicado exclusivamente a estos intrusos voladores: algunas de las especies más conocidas aprovechan las horas de la tarde, cuando la temperatura ha disminuido y justamente es cuando nosotros podemos soportar mejor el calor del verano, para infligirnos incansables «picotazos» por todo el cuerpo mientras nos encontramos sentados en la terraza tomando algo refrescante. Sin embargo, más allá de los mosquitos, existen numerosos insectos que se alimentan de la sangre de los seres humanos y de otros animales. Estaríamos hablando de las moscas negras, los tábanos, piojos, pulgas y, por supuesto, las bien conocidas chinches, entre muchos otros, que se distribuyen por todo el mundo y seguramente nos hayan mordido o picado en algún momento de nuestras vidas.

Algunos de estos insectos, además de causar molestias con sus picaduras, actúan como vectores de patógenos o parásitos, es decir, pueden transmitir organismos que provocan enfermedades graves en los seres humanos. Entre estas afecciones se encuentran, por ejemplo, la malaria, el dengue, la fiebre amarilla, el zika y la enfermedad de Chagas.

Si hay un grupo de estos invertebrados chupasangres que merece nuestra atención especial, son las chinches. Estos pequeños insectos, también conocidos como heterópteros (en latín, Heteroptera), forman un grupo sumamente diverso que cuenta con alrededor de 40 000 especies conocidas en todo el mundo. Poseen un aparato bucal similar al de los mosquitos, denominado picador-chupador. Aunque la gran mayoría de las chinches utilizan este órgano para extraer los fluidos internos de una amplia variedad de plantas, solo dos grupos pequeños se alimentan de sangre.

El primero de estos grupos es el de los triatóminos (Triatominae), conocidos coloquialmente como vinchucas, chipos, chinchorros o chirimachas, entre otros; son un reducido conjunto de heterópteros que se encuentran principalmente en zonas tropicales y que se han adaptado perfectamente a vivir junto a los seres humanos. Estos insectos son especialmente conocidos por actuar como vectores de un parásito llamado *Trypanosoma cruzi*, causante de la enfermedad de Chagas, la cual puede acarrear graves problemas de salud e incluso volverse crónica.

El segundo grupo de chinches hematófagas es, sin duda, el más famoso y problemático: las chinches de las camas. La especie más conocida de este grupo es la *Cimex lectularius*, la cual se encuentra distribuida principalmente en las zonas templadas y subtropicales de todo el planeta. A diferencia de los triatóminos, no se las conoce por transmitir patógenos en situaciones reales. Sin embargo, en experimentos de laboratorio, se ha demostrado que pueden actuar como vectores de enfermedades, incluyendo el parásito causante de la enfermedad de Chagas. Además de la bien conocida *C. lectularius*, existe también la nombrada como chinche de la cama tropical, *Cimex hemipterus*, muy parecida a esta primera pero que, como indica su nombre, suele encontrarse más en zonas tropicales; con todo, en los últimos años se ha ido detectando en Australia, Oriente Medio, Estados Unidos, Rusia, Suecia, Francia, Italia o incluso España, aunque siempre presentando detecciones puntuales y sin que se detecte un establecimiento destacable. Su apariencia, prácticamente igual a la de *C. lectularius,* ha hecho que pase desapercibida y que su distribución o los casos de picaduras en países de zonas templadas sean mucho mayores de lo conocido hasta la fecha.

Las chinches de las camas han desatado la preocupación y la aversión de muchas personas debido a su capacidad de infestar nuestros hogares y perturbar nuestro sueño. Estos insectos, con su tenacidad y habilidad para esconderse en nuestras habitaciones, se han convertido en una plaga persistente. Sus picaduras pueden provocar molestias y reacciones alérgicas en algunas personas, lo que agrava aún más el problema.

A continuación, exploraremos en detalle cuál es nuestra relación con estas criaturas y por qué son tan efectivas y molestas picando, es decir, qué características las hacen un buen vampiro en miniatura; así como de qué manera se las está ingeniando el ser humano para poder detectar y controlar estos insectos que causan plagas en las zonas urbanas.

NUESTRA RELACIÓN VIENE DE LEJOS

Si bien, hoy en día, las chinches de las camas viven con nosotros en gran parte del mundo, esto realmente ocurre desde hace ya muchos años. Hasta hace relativamente poco se pensaba que las chinches empezaron a evolucionar en cuevas hacia los humanos a partir de los murciélagos hace unos 200 000 años, en la zona del Mediterráneo y Oriente Medio. Pero estudios recientes han manifestado que las dos especies más comunes que parasitan humanos divergieron hace unos 47 millones de años, mucho antes que los primeros ancestros humanos. Con todo, no se puede descartar la idea de que las chinches se alimentaran de murciélagos y, a partir de que nuestros antepasados vivieran en cuevas, estos insectos empezaran a alimentarse también de nuestra sangre y encontraran un insospechado y fantástico huésped. A lo largo de miles de años, las chinches tendrían que adaptarse al nuevo huésped, que a su vez pasó de habitar cuevas a vivir en sociedades más densas.

El primer registro conocido de la coexistencia entre las chinches de las camas y los humanos data de al menos 3550 años atrás. Durante unas excavaciones arqueológicas en la región de Tell el-Amarna, también conocida como Amarna, en Egipto, se encontraron restos de diversos insectos, incluyendo plagas que afectaban a productos almacenados, pulgas y, por supuesto, chinches de las camas. Este hallazgo constituye la evidencia más antigua de la convivencia entre estos dos animales, los humanos y las chinches, aunque, como ya mencionamos, su relación se remonta a tiempos aún más lejanos. Incluso en la antigua Grecia, figuras ilustres dejaron plasmada, en documentos que han llegado hasta nuestros días, la presencia de estos insectos en las sociedades antiguas. Algunas personas de aquella época llegaban a atribuir ciertas propiedades curativas a las chinches y las utilizaban en diversos tratamientos.

A medida que los humanos comenzaron a construir barcos, trenes y otros medios de transporte que les permitían recorrer distancias nunca imaginadas, las chinches de las camas empezaron a expandirse por todo el mundo. Desde Europa, llegaron a América y Australia. Por ejemplo, en Inglaterra, los primeros registros de estos insectos datan del 1583 y se vuelven comunes en los siglos XVI y XVII.

En el siglo XVIII ya eran abundantes en algunas zonas del continente americano, especialmente en áreas portuarias donde el intercambio de mercancías y personas facilitaba su propagación. A principios del siglo XIX, las chinches eran numerosas en muchos edificios de grandes ciudades.

El primer tratado o manual específico para el control de estos artrópodos fue publicado en 1730 por John Southall, titulado *A treatise of buggs*; en él, este autor revisaba sus ciclos de vida, su prevención y cómo realizar inspecciones, así como los métodos de control conocidos en esa época. Algunas de las primeras personas que alertaron sobre la necesidad de exterminarlos fueron los nobles europeos del siglo XVII, es decir, la gente con recursos. Estas personas acaudaladas tenían miedo y estaban preocupadas de que sus trabajadores o criados trajeran chinches a sus casas, así que empezaron a formarse los primeros «exterminadores de chinches de las camas».

Después de que los insectos se extendieran por todo el mundo en pocos siglos, llegó un momento crucial que marcó un largo período de ocaso y casi desaparición para estas pobres chinches que habitaban en entornos urbanos. Este punto de inflexión se produjo a finales de la década de 1940, cuando el químico suizo Paul Hermann Müller descubrió el famoso insecticida DDT, por el cual incluso recibió un premio Nobel. El DDT fue ampliamente utilizado como insecticida desde mediados del siglo XX hasta los años 70 u 80, ya que logró erradicar o controlar numerosos invertebrados que causaban plagas, transmitían enfermedades o molestaban a la población, incluidas nuestras amigas chupadoras de sangre. En los países desarrollados, las chinches quedaron prácticamente erradicadas. Sin embargo, la alegría de contar con un «matabichos» milagroso no duró mucho: a partir de la década de 1960, algunos investigadores comenzaron a difundir que el DDT no era la panacea que se creía, ya que tenía un enorme impacto ambiental. Después de años de lucha, finalmente, en los años 70 y 80, el DDT empezó a prohibirse en la mayoría de los países desarrollados.

Desde la década de 1980 hasta principios de los años 2000, las chinches quedaron en un segundo plano. No obstante, a principios del nuevo siglo, estas pequeñas criaturas experimentaron un resurgimiento. El primer indicio de este resurgimiento fue un artículo científico publicado en 1998 que describía diversos casos de picaduras de chinches en Cambridge, Reino Unido. En los años siguientes, iniciada la década de los 2000, varios países comenzaron a reportar un aumento significativo en los casos de picaduras, lo que llevó a la comunidad de empresas de control de plagas y a los científicos a plantear que algo estaba sucediendo después de muchos años de baja o nula actividad de estos verdaderos vampiros.

La globalización, es decir, la generalización de los viajes y el comercio a escala mundial, junto con el desarrollo de resistencia a los insecticidas, entre otros factores, se piensa que favoreció su proliferación y expansión. Además, se ha considerado que el comercio y el uso de muebles de segunda mano también han influido en su mayor distribución por las viviendas, por lo que no se recomienda recoger ningún mueble de la calle, por muy bonito y *vintage* que sea, ya que podría llevar consigo una sorpresa en su interior.

Hoy en día, podemos encontrar chinches en nuestras propias casas y en cualquier hotel de lujo al que un viajero las haya transportado en su equipaje, dejando así un desafortunado regalo para los próximos ocupantes de la habitación.

LOS MONSTRUOS QUE NO VES DURANTE EL DÍA

Nuestros pequeños vampiros poseen una gran cantidad de aptitudes que hacen que sean muy difíciles de detectar. En primer lugar, su cuerpo aplanado les permite esconderse y caber en espacios diminutos mientras esperan para encontrar su «víctima» y alimentarse. Los pliegues o costuras de los colchones, sillas o sofás son su hábitat favorito, aunque los marcos, las juntas de cajones y las tomas de corriente y electrodomésticos también suelen ser buenos sitios para que se escondan. No vuelan, pero pueden moverse rápidamente.

Aunque pueden estar activas durante el día, las chinches prefieren la noche para salir de sus escondites y buscar sus huéspedes para alimentarse; no tienen por qué hacerlo cada noche e incluso se ha podido constatar que pueden pasar varios meses sin alimentarse. Como en otros insectos hematófagos, cuando te pican, te introducen multitud de proteínas anticoagulantes, vasodilatadoras, antibacterianas o incluso anestésicas para efectuarte una picadura perfecta. No solo son buenos escondiéndose, sino que también lo son para obtener descendencia: las hembras pueden llegar a poner entre 200 y 500 huevos en toda su vida y, con un par de picaduras, que pueden tardar entre 5 y 20 minutos (en los que, aunque pueden parecer mucho tiempo si lo comparamos con un mosquito, no nos enteramos de nada), son capaces de poner huevos durante diez días seguidos.

Además de estas características morfológicas, que hacen a este artrópodo ser un buen vampiro en miniatura, una de sus mayores curiosidades es el sistema de apareamiento que posee, que, aunque es compartido con otros grupos de invertebrados, no deja de ser un sistema muy poco habitual. Esta práctica se denomina «inseminación traumática» y, en ella, los machos perforan el abdomen de la hembra con su órgano sexual masculino e inyectan el esperma en la cavidad abdominal, esperma que luego migrará a los ovarios y fecundará a la hembra. Para las hembras, este método no es que sea el más idóneo, ya que causa heridas en su cuerpo (y tienen que dedicar energía para poder sanarlas), así como una pérdida de sangre hemolinfa, por

Varios individuos de chinches de las camas en diferentes estadios de desarrollo succionan la sangre de su víctima, una persona, a través de su piel.

lo que los científicos han discutido bastante y han intentado averiguar cuál es la posible adaptación evolutiva a tal sistema. ¿Es un mecanismo para maximizar las cópulas de los machos con hembras, evitando así el rechazo de estas, o uno de los que disponen los machos para evitar que una hembra, una vez copulada, pueda caer en manos de otro macho con la misma intención? Realmente no se tiene la certeza de cuál es el motivo de esta extraña conducta.

Volviendo a los posibles efectos que nos pueden causar estos heterópteros a los seres humanos, te darás cuenta de que te ha picado una chinche minutos u horas después, cuando, posiblemente, la zona donde se ha producido la picadura se haya empezado a hinchar o te produzca picor, aunque las reacciones a estas pueden ser muy diferentes, desde no notar nada hasta la aparición de grandes y molestas ampollas sobre la piel. Así que, dependiendo de la reacción de cada persona, quizá una de estas picaduras no nos tenga por qué recordar a una chinche y pueda tratarse de algún otro insecto, como algún mosquito o pulgas.

MÁS ALLÁ DE LAS PICADURAS

Como hemos comentado, aunque no se ha podido comprobar que las chinches de las camas sean vectores de patógenos o enfermedades fuera de algunas pruebas en laboratorios y en condiciones controladas, estos insectos trotamundos, especialmente desde su resurgir a partir de los 2000, son capaces de causar picaduras dolorosas y molestias importantes en la población.

Si bien puedes tener la mala suerte de que aparezcan chinches en tu casa a partir de algún mueble de segunda mano que introduzcas en ella y que tenga estas criaturas escondidas en su interior (o algún objeto que esté «contaminado»), el lugar más fácil donde te pueden picar es un lugar turístico de descanso nocturno, como un hotel o un hostal. Por lo tanto, este sector es realmente el que está más preocupado para que sus clientes estén tranquilos y no reciban picaduras de los *monstruos* ocultos en las habitaciones, que pueden llegar a ellas a través de las maletas de los viajeros que se hospedan en ellas. Como hemos visto, anteriormente, la utilización masiva de insecticidas como el DDT hizo disminuir de forma abrupta la presencia de chinches de las camas en el mundo, especialmente en zonas desarrolladas, pero, como no es oro todo lo que reluce, al final estas substancias tenían grandes efectos perjudiciales para el medioambiente y la salud. Así que, hoy en día, las empresas de control de plagas son las encargadas de intentar erradicar estos animalillos escondidos en las habitaciones, pero las regulaciones de uso de biocidas y plaguicidas son cada vez más restrictivas y se han tenido que desarrollar nuevos métodos de detección y control. Las primeras personas que tuvieron que enfrentarse la necesidad de erradicar estos animales de sus casas no tenían ninguno de los métodos de la actualidad, por lo que habían de utilizar métodos rudimentarios como aplastarlos con la mano o con diferentes objetos, así como recogerlos y eliminarlos de cualquier forma que pudieran.

Tradicionalmente, para la detección y el control de chinches después del uso del DDT, se buscaban manualmente las zonas donde les gusta más jugar al escondite y se aplicaban otros productos insecticidas dirigidos a estos espacios. Pero, hoy en día, gracias al ingenio y la voluntad de diversas personas para intentar hallar alternativas, podríamos destacar un método de detección y otro de control que quizá no habrías imaginado nunca. Si buscar chinches puede llegar a ser una tarea difícil, ¿por qué no pedirle ayuda al llamado «mejor amigo del hombre»? Así es: debido a su elevada capacidad olfativa, los perros han sido entrenados para poder detectar multitud de substancias: drogas, explosivos, setas, venenos... entonces, ¿por qué no utilizarlos para poder encontrar chinches de las camas? Algunas empresas de control de plagas, desde hace unos pocos años, han apostado por emplear perros adiestrados para la detección de estos animales en cualquier habitación u objeto donde puedan esconderse. Una tarea que para un humano puede requerir muchos minutos, un perro la puede realizar en segundos. Para los perros, la búsqueda de chinches es realmente un juego bien entretenido; cada vez más, se están utilizando estos sabuesos detectives para confirmar su existencia y localizar chinches en un espacio; y resultan más fiables y rápidos que nosotros mismos. Pero, tras este método tan novedoso para la detección, después tocaría controlar y eliminar estas chinches para que no puedan salir de sus escondites y hacer sus fechorías nocturnas. Si cada vez más hay más restricciones para el uso de substancias químicas, ¿por qué no aprovechar algo físico y no nocivo para tratar estos pequeños invertebrados? El calor puede ser nuestro gran aliado.

La mayoría de los seres vivos no pueden tolerar temperaturas elevadas ya que las proteínas, esas moléculas esenciales para la vida, se desnaturalizan, es decir, se destruyen. A partir de unos 50 °C, la mayoría de los insectos, como las chinches, pierden la vida al cabo de pocos minutos, sin haber utilizado productos peligrosos para la salud, que dejan residuos o que incluso pueden generar resistencias a las poblaciones, como es el caso que ya hemos comentado de los insecticidas. Por lo tanto, el uso de tratamientos de calor en habitaciones repletas de chinches, o seleccionando esos muebles u objetos con presencia de estos animales de seis patas, es una tendencia al alza más respetuosa para el medioambiente.

Como hemos observado, estos diminutos insectos poseen cualidades asombrosas que los convierten en verdaderos monstruos que se ocultan en nuestras habitaciones, esperando pacientemente la noche para abandonar sus escondites y alimentarse de nuestra preciada sangre. Durante decenas de miles de años, estas criaturas han coexistido con nuestros antepasados y tanto ellas como nosotros nos hemos adaptado mutuamente a la presencia del otro. Aunque los humanos logramos tener cierto control sobre ellas durante un breve período en el siglo xx, las chinches de las camas están resurgiendo en las ciudades y su existencia se hace cada vez más evidente. Es solo cuestión de tiempo que cualquier lector de este libro se encuentre con una.

ADRIÀ MIRALLES-NÚÑEZ

10. UN ASCO NECESARIO

«¡Que la humilde cucaracha trepe, o mejor, vuele, al
lugar que le corresponde en la estima humana!».
EDWARD O. WILSON

Unas gotas de pegajoso sudor caen por tu frente, empapando
aún más tu ya mojada cara, compungida por el irrespirable aire
caliente que se encuentra en tu habitación, sumida en una densa
oscuridad. Son solamente las tres de la mañana. Pero has abierto
los ojos como si hubieses visto un fantasma. O, mejor dicho, oído.
Un sonido bajo la cama, a plásticos que se remueven, te ha hecho
olvidar el caluroso verano, la boda de tu primo que se celebra
mañana e incluso tu propio nombre. Has recordado que hay algo
que ni ese calor, que parece derretir todo lo que toca, es capaz
de hacer temblar. Y ese algo puede estar ahora mismo a menos
de medio metro de ti, debajo del somier sobre el que descansa tu
colchón. Recuerdas que bajo él hay bolsas con herramientas y un
par de zapatos. El sonido debe venir de ahí. Lo sabes. Sabes que
está allí. Madre-del-Amor-Hermoso.

Tu frente chorrea como si tuviera incontinencia, tus manos se
vuelven temblorosas y tu garganta, como una pulverulenta chi-
menea apagada, es incapaz de emitir sonido alguno. Quieres huir,
pero ¿y si bajas de la cama y «eso» entra en contacto con tu pie y
se te sube por encima? ¡Aaargh, qué asco! Coges el palo de una
escoba del cuarto de la limpieza y lo metes bajo la cama. Engan-
chas al azar una de las bolsas y, sin saber muy bien qué hacer...
¡tiras fuertemente de ella, para sacarla al exterior! Entonces, lo
ves. Un ser, monstruoso, abyecto, mefistofélico, malvado, esper-
péntico, abominable, se agita enfurecido dentro, intentando salir.

Piensas en bombardear con un misil, no solo tu casa, sino todo el edificio. Pero es demasiado tarde. En una milésima de segundo, una figura de color oscuro, antenas, alas y patas con púas sale disparada, como un demonio, y comienza a correr por el suelo, primero de forma errática pero luego en la primera dirección fija a la que se le ocurre ir: a dónde estás tú. Intentas emitir el grito de auxilio más desesperado que has realizado en tu vida, pero solo consigues articular una palabra: «¡CUCARACHAAAAAA!».

Algunas personas pensarán que me estoy pasando, y otras creerán que me estoy quedando corto. Pocas cosas generan tanta aversión, terror y asco como las cucarachas, esos bichos del averno que para muchos son la esencia misma de la repugnancia, la asquerosidad, y que parecen existir en este mundo solamente para amargar nuestra existencia, pisar y contaminar nuestros alimentos tras haberse rebañado en decenas de alcantarillas llenas de caca y, por supuesto, cuando nos hallamos en medio de la batalla por expulsarlas de nuestra morada, generar un terrible crujido explosivo, pero blando y húmedo, al ser pisadas.

Pero ¿y si te dijera que la humanidad nunca hubiera llegado a desarrollarse tal y como lo ha hecho sin la ayuda de las cucarachas, hasta el punto de que, si estas nunca hubiesen existido, no estarías leyendo este libro? ¿Y esa cara de incredulidad que te veo? No, no te estoy gastando una broma de mal gusto, y te lo voy a demostrar.

VITALES PARA EL PLANETA... Y PARA LA HUMANIDAD

Ciertamente, cuando pensamos en cucarachas como escalofriantes entes que viven en la suciedad, estamos presenciando una historia distorsionada. Una visión que el propio ser humano ha escrito con su puño y letra o, mejor dicho, con sus acciones sobre el medio, modificando la naturaleza hasta el punto de hacerla en muchos casos irreconocible con respecto a su estado natural.

De las más de 7000 especies de insectos que han sido descritas por la ciencia en todo el mundo y que pertenecen al orden Blattodea, aquel que forman las cucarachas y las termitas, más de 4000 son, por decirlo de alguna manera, «cucarachas cucarachas», como esas que te imaginas cuando piensas en ellas. Sin embargo, existe una objeción. No todas pueden constituir plagas, ni viven en alcantarillas, ni son un problema para la seguridad pública por la transmisión de patógenos. Esas son una pequeña minoría. De hecho, más del 99 % de las especies de cucaracha no son sinantrópicas, es decir, que no viven en las ciudades adaptadas al entorno humano, comiendo desperdicios.

Llegados a este punto, es natural que pueda surgirte una duda razonable... ¿Qué hace entonces esa gran mayoría de cucarachas? Si te gusta exclamar la famosa frase «¡Ojalá se extingan todas las cucarachas del mundo!», vas a descubrir que, si esto ocurriera, habría consecuencias terribles. Directamente, no estaríamos aquí.

La principal función que las cucarachas realizan en multitud de hábitats alrededor del mundo es participar en los procesos de descomposición de la materia orgánica. Forman parte de ese diverso batallón de pequeños seres vivos que contribuyen al reciclado de nutrientes de los ecosistemas, como las lombrices, las bacterias, los hongos, los escarabajos, las hormigas y otros muchos organismos. Además, algo importante que tener en cuenta es que no están especializadas en algún tipo de materia en descomposición concreto, sino todo lo contrario... La dieta natural de nuestras queridas «cuquis» es muy amplia. Más si tenemos en cuenta la gran diversidad de especies que existe. Por poner algunos ejemplos, consumen desde vegetales, fruta madura y hojas secas hasta madera muerta o bichos en descomposición que hay en el suelo de los campos y bosques.

Por otra parte, las cucarachas conforman una parte fundamental de la dieta de muchos animales insectívoros que, seguro, te encantan, como pequeños mamíferos y reptiles o aves. Hacer desaparecer a las cucarachas sería catastrófico para estos grupos.

Es verdad, algunas —muy muy pocas— de estas especies se adaptaron a vivir con el humano desde hace siglos debido a que les hemos dado un entorno idóneo para su desarrollo a lo largo de la historia de nuestra sociedad. Generamos ingentes cantidades de desperdicios y, para colmo, disponemos de sitios calentitos y con muy pocos depredadores, desde alcantarillas y tuberías, pasando por basureros, zonas subterráneas, barcos y mercancías —gracias a las cuales estas especies se han expandido fuera de su rango de distribución original—, hasta, claro está, nuestros hogares. Vemos, por tanto, que lo que se debe hacer —y que realmente se hace— es controlar las poblaciones de aquellas especies que constituyen plagas para nuestras urbes, en lugar de desear la extinción de unos seres cruciales y mucho más complejos de lo que se piensa normalmente.

Espero haberte ayudado a que las cucarachas te caigan un poco mejor. Ahora que ya te he ablandado un poquito, es el momento de enseñar el as bajo mi manga para mostrarte que estos pequeños seres, además de permitirnos tener un maravilloso planeta, han provocado grandes cambios de forma directa en la historia de la humanidad. Y no, no hablo de transmitir enfermedades, sino de cosas buenas. Que sí, que te vas a quedar de piedra.

LAS CUCARACHAS COMO ORGANISMO MODELO

¿Que no crees que sea para tanto, dices? Eso piensas ahora. Porque... ¿y si te digo que muchos de los conocimientos y avances en medicina de los que disponemos hoy día no existirían si no fuera gracias a esos seres que tanto detestas? Madre mía, ¡vaya cara se te ha quedado! Pues agárrate fuerte, porque esto no ha hecho más que empezar... ¿Sabes lo que es un organismo modelo? Porque las cucarachas... lo son.

Un organismo modelo es aquella especie de uso muy extendido en la realización de estudios científicos por parte de equipos de investigación de todo el mundo, y cuyas características biológicas permiten extrapolar los resultados de esos estudios a otras especies parecidas que no son tan frecuentes o sencillas de mantener en cautividad o con las que no se permite experimentar, como los humanos. Normalmente, estas especies cumplen una serie de condiciones que las llevan a ser modelos. En primer lugar, son especies muy bien conocidas por los científicos, porque han sido estudiadas ampliamente en diversidad de disciplinas a lo largo de la historia de la ciencia moderna. En segundo lugar, resultan muy fáciles de obtener y cualquier grupo de investigación, independientemente de sus recursos económicos o situación particular, puede acceder a ellos de forma más o menos sencilla, bien recolectándolos del medio, o bien adquiriéndolos de un proveedor de materiales para investigación.

Esto trae muchas ventajas. Si todo el mundo usa al mismo bicho, los resultados entre estudios son comparables entre sí y diversos equipos de varios países en condiciones socioeconómicas diferentes no encuentran barreras tan grandes a la hora de compartir ciencia. Quién lo diría... ¡las cucarachas unen a la gente y permiten una mejor transmisión de la ciencia!

Por otra parte, los organismos modelo tienen otra característica importante: presentan bajos requerimientos en cuanto a cuidado y mantenimientos y son baratos de mantener. En cuarto lugar, estos organismos se pueden reproducir en cautividad de forma sencilla, por lo que, una vez se comienza a estabular un cultivo, puede mantenerse todo el tiempo que necesitemos de forma muy cómoda. Por último, y no menos importante, los ciclos de vida de estos animales son cortos o relativamente cortos, por lo que no necesitamos toda una vida humana para estudiar las diferentes etapas de desarrollo de la especie que usemos en nuestro estudio y, además, podemos criar rápidamente más. Si ya, para rematar, este organismo no es ni muy grande ni muy pequeño, mejor que mejor: al no ser ínfimo, es más sencillo trabajar con él, pero, al no ser enorme, podemos contar con un alto número de individuos en nuestras instalaciones de investigación.

Dicho de otra manera, las cucarachas tienen todos los puntos del mundo para ser uno de los mejores organismos modelo que te puedas imaginar. Comen de todo, y si además les das una buena dieta, proliferan que da gusto. El comportamiento social o gregario de la mayoría de las cucarachas, por añadidura, permite tener altas cantidades de individuos en un mismo tanque, de forma que es, si cabe, aún más sencillo mantener grandes densidades de estos insectos en un centro de investigación, porque no hace falta tener a cada una separada en su propia estancia de hotel. A ellas les gusta, como a nosotros, estar con sus colegas, de parranda. Además, contrariamente a lo que se piensa, si se mantienen en buenas condiciones, son animales muy higiénicos y limpios, aunque puedan sobrevivir y prosperar en los ambientes más espeluznantemente sucios que puedas imaginar. Es más, pueden sobrevivir largos periodos de tiempo sin comer o beber... y hasta sin cabeza.

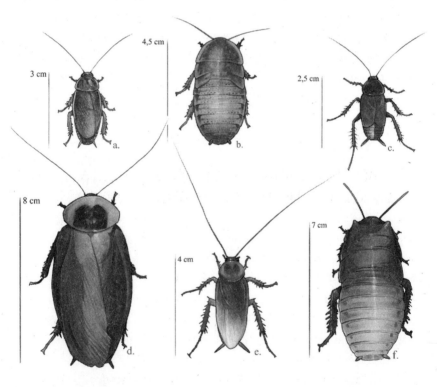

Diferentes especies de cucarachas usualmente utilizadas en investigaciones científicas: a) *Nauphoeta cinerea*, b) *Blaptica dubia*, c) *Blatta orientalis*, d) *Blaberus carniifer*, e) *Periplaneta americana*, f) *Gromphadorrhina portentosa*.

¿Y concretamente en qué disciplinas se usan las cucarachas como modelo —o al menos se las usa muy frecuentemente por sus increíbles aplicaciones—? Mejor habría que preguntarse en cuáles no, porque acabaríamos antes: podemos encontrar cucarachas en robótica, nutrición, neurobiología, toxicología, comportamiento animal, estudios de eficacia de pesticidas...

Algunas de las especies más usadas en estos campos son la cucaracha roja (*Periplaneta americana*), la cucaracha negra (*Blatta orientalis*) y la cucaracha rubia (*Blatella germanica*). Estas tres especies son cucarachas domiciliarias, es decir, pueden constituir plagas en las ciudades. Soportan todo tipo de condiciones adversas y son muy prolíficas; por tanto, ahí está la gracia, pues son muy fáciles de mantener. Aunque, realmente, cualquier cucaracha mantenida en cautividad es muy agradecida. Así, se conservan y usan en laboratorio otras muchas especies de cucarachas como las gigantescas *Blaberus craniifer* y *Blaberus discoidalis*, la cucaracha amanchonada (*Blaptica dubia*), la cucaracha moteada (*Nauphoeta cinerea*) o las acorazadas cucarachas silbadoras del género *Gromphadorrhina*. Sí, si te creías que solo había cucarachas marrón caca, de esas de las que se cuelan en casa, estabas muy equivocado.

LOS OJOS SON EL ESPEJO DEL ALMA...
Y LAS CUCARACHAS, DEL CUERPO

Especialmente en las ramas biomédicas, las cucarachas son de gran valor para dar una idea de cómo ciertos procesos biológicos funcionan en otros organismos o ciertos desequilibrios pueden afectarles. Llegados a este punto, puedes estar pensando: «¿Biomedicina? ¿Y, concretamente, en qué estudios podemos comparar a esos bichos con las personas? ¿Me estás llamando *cucaracha*?».

No, no, para nada, tranquilidad en las masas. Si llamo a alguien *cucaracha* siempre va a ser por la parte positiva. Que sí, convéncete, que la hay. *A priori*, parecería que somos animales muy diferentes, más teniendo en cuenta que las cucarachas no se parecen físicamente a nosotros y son un linaje muy antiguo, mientras que nuestra especie, a escala de tiempo geológico, apareció antes de ayer, como quien dice. Pensarás que la historia evolutiva que hemos sufrido es, por tanto, como la noche y el día. Concretamente, el grupo Blattodea apareció en el Jurásico en su forma moderna, pero su origen real es más primigenio aún y se remonta al Carbonífero —no habían aparecido ni siquiera los ancestros cercanos a los dinosaurios—; lleva habitando la Tierra más de 1100 veces lo que nuestra especie, *Homo sapiens*, lo ha hecho, pues esta aparece hace poco más de 300 000 años. Y, aun así, nos parecemos más de lo que crees.

Por ejemplo, hablemos del cuerpo graso. ¿Qué es? Un tejido que se encuentra en toda la cavidad celómica de las cucarachas y que tiene muchas funciones, entre ellas ser la fuente de circulación primaria de proteínas, lípidos y carbohidratos en el cuerpo del animal. También almacena el exceso de sustancias que se generan como producto de su metabolismo. Por si fuera poco, se encarga de desintoxicar al organismo de sustancias que de forma normal no se encontrarían en él, como, por ejemplo, químicos dañinos para el organismo. Dicho de otra manera, mucho más corta: este cuerpo graso no es ni más ni menos que el equivalente al hígado de los humanos. Además, los procesos por los que se generan los metabolitos que el cuerpo graso retiene son muy parecidos a los de los animales vertebrados como nosotros. Toma ya. Pues se nos abre una posibilidad para explorar cómo ciertos compuestos podrían afectar a las personas... sin usar personas.

Por otro lado, en las cucarachas, así como en otros insectos, encontramos unos órganos llamados túbulos de Malpighi, cuya función es limpiar la hemolinfa —líquido transportador análogo a la sangre humana— de los desechos que se producen debido al metabolismo, sales y otras sustancias indeseadas. Es decir, hacen las veces de riñones humanos. Ahí tenemos otro filón.

Otro ejemplo curioso donde podemos usar cucarachas como modelo biomédico lo hallamos comparando el cerebro de una cucaracha y el cerebro humano. Seguro que has oído alguna vez la palabra *neurotransmisor*. Aunque parezca un término difícil de comprender, los neurotransmisores no son más que compuestos que generan y posteriormente secretan las neuronas del cerebro de un animal para transferirse la información de unas a otras, o a algún tejido receptor, como puede ser una célula de tipo muscular. Algunos de los neurotransmisores más importantes del sistema nervioso humano son la acetilcolina, la dopamina o el GABA; neurotransmisores que, por muy increíble que te parezca, también podemos encontrar en el cerebro de una cucaracha. Sí, tal y como te lo digo. Somos tan diferentes, en apariencia, en tamaño, en forma y otras muchas características, que es difícil de creer, ¿verdad? Pero así es, ni más ni menos. Debido a ello, las cucarachas son ampliamente usadas como modelo en el campo de la neurotoxicología, una rama de la neurobiología dedicada a conocer las alteraciones que sufre el sistema nervioso de un organismo ante la presencia de determinados compuestos químicos.

Es de vital importancia conocer cómo los químicos pueden afectar potencialmente a los ecosistemas y la salud humana, y, al mismo tiempo, para el caso de químicos usados como plaguicidas, encontrar soluciones más sostenibles para el medio y que hagan efecto exclusivamente en el organismo diana. Dicho de otro modo, las investigaciones están centrando sus esfuerzos en hallar cada vez mejores plaguicidas que sean inocuos para cualquier organismo excepto para aquel que se quiere controlar. Si, por ejemplo, queremos encontrar un compuesto que afecte específicamente a una especie de insecto concreta, no nos gustaría que colateralmente fuera tóxico para los humanos u otros animales, o que contaminase las aguas o los ecosistemas terrestres, como ya ocurrió en el siglo pasado con diversas sustancias tales como el DDT. Y, en todo esto, las cucarachas nos echan un buen cable.

Hablando de cerebros... creo que sería interesante hablarte acerca de cómo los científicos estudiamos el sistema nervioso de las cucarachas como modelo para entender el envejecimiento. ¡No me digas que esto, de inicio, no suena fascinante!

Los insectos son animales muy usados en el estudio del envejecimiento, un proceso que no es más que la pérdida progresiva de un organismo para mantener el equilibrio de todos los sub-conjuntos que lo constituyen. Esto significa perder la capacidad de responder de forma adecuada a cambios internos que pueda sufrir un organismo o a cambios externos que puedan ocurrir en el entorno. Resulta que, debido al proceso de formación que las constituye, los cambios funcionales y también estructura-les que sufren las células nerviosas de las cucarachas puede ser relacionados con la edad de los individuos. Por ejemplo, gracias a las cucarachas y a otros insectos, sabemos que los cambios que se producen en el funcionamiento del cerebro debido a la edad están probablemente relacionados con el deterioro de la arquitec-tura interna del cerebro, en términos de cambios sufridos entre neuronas, y no con la pérdida de proteínas y masa que encon-tramos cuando comparamos un cerebro joven con un cerebro de un individuo de avanzada edad. Parece que este cambio no es debido al proceso de envejecer. Ocurre en cucarachas y ocurre en personas. Es increíble, pero se ha observado que en humanos ocurre algo similar: el cerebro también pierde peso con la edad y la cantidad de células disminuye. Y, de igual modo que en las cucarachas, esto no explica el deterioro funcional del cerebro.

Pero espera a que te cuente que el cerebro de las cucarachas da para mucho más que esto...

CUCARACHAS FARMACÉUTICAS

El coco de una cucaracha puede tener grandes recursos por apro-vechar. Bueno, para serte sincero, el cuerpo entero... Tanto, creo yo, que tal vez nos daría para abrir una farmacéutica, si tuviéra-mos medios. Ahora mismo, se está estudiando a las cucarachas como fuente de nuevas moléculas y sustancias bioactivas que tengan aplicaciones directas en la salud humana.

¿Puedes creerte que en el cerebro de las cucarachas presenta compuestos con una capacidad antimicrobiana tremendamente poderosa? Esto de encontrar nuevos y mejores antibióticos no es cosa baladí, teniendo en cuenta que los microorganismos patógenos con los que combate el ser humano están adquiriendo resistencia a los que normalmente usamos hoy día y se han convertido en un peligroso problema para la salud pública. Pero la historia no acaba aquí.

Otros trabajos recientes plantean que las cucarachas son una fuente potencial de probióticos para el ser humano. ¿Y dónde están esos probióticos, también en la cabeza? Pues no, hemos de irnos justo al lado opuesto del cuerpo de la cucaracha. Bueno, un poco antes, que no cunda el pánico. Viajemos justamente al intestino. «A ver, tampoco es muy agradable en comparación con lo otro que estaba pensado», dirás. Sin embargo, hay una razón específica: su barriga puede ser de gran ayuda para la nuestra. Concretamente, los probióticos pueden provenir de la propia flora intestinal de la cucaracha o de los metabolitos derivados de la actividad intestinal. Teniendo en cuenta lo resistentes que son estos animales, como hemos visto al comienzo de este capítulo, es de esperar que tengan una microbiota adaptada a estas condiciones extremas en que las cucarachas se desenvuelven, o que generen moléculas con actividad biológica que les permita soportar estas condiciones e incluso ser altamente resistentes a las infecciones o el cáncer.

CUCARACHAS CON DIETA BASURA

Hablando de comida... ¿sabes que otro tipo de estudios que se realizan con cucarachas tratan de observar cómo la nutrición afecta a su organismo? Por si no lo sabes, aquello que comes afecta a lo que eres y también a cómo te comportas. Y, si no comes bien, pues el cuerpo tiene que sacarte las castañas del fuego, compensado la mala alimentación de la mejor forma que encuentra. Si no, observa estos estudios como ejemplo. Si a las cucarachas machos de la especie *Nauphoeta cinerea* les damos dietas desbalanceadas, suertes de comida basura para las cucarachas —si es que esto existe para ellas—, resulta que existen consecuencias, concretamente en la reproducción.

Por si tienes curiosidad, estas dietas, que suelen usar en los estudios de geometría nutricional, se preparan en laboratorio. Pueden tener diferentes composiciones. Una de ellas se encuentra compuesta por proteínas (P) y por carbohidratos (C). Si jugamos con las proporciones P:C, conseguimos dietas más o menos desbalanceadas para un lado o para el otro. También podemos dar acceso de forma libre a ambas fracciones por igual. De esta forma, si aplicamos estos tratamientos a diferentes cucarachas por separado con un alto número de réplicas, podemos ver los efectos de su ingesta de una forma consistente.

Resulta que las cucarachas siempre intentan comer cerca del óptimo nutricional de la especie y de los requerimientos que necesitan en ese momento de su vida. Si no les queda otra que consumir dietas poco sanas para ellas, intentan apañárselas para que esto revierta en el menor daño posible y quedarse lo más cerca posible del óptimo. Aquí, claro está, también entra en juego la variabilidad existente entre los diferentes individuos que conforman una especie, pues no todos somos iguales.

Así, sabemos que, en *Nauphoeta cinerea*, la ingesta de proteínas y carbohidratos afecta a la fertilidad y al número de espermatozoides que producen los machos de la especie, pero no a la viabilidad de estos espermatozoides. Por otra parte, si a las cucarachas *Blaptica dubia* también les aportamos este tipo de dietas, los individuos cambian su comportamiento. Además, existen diferencias entre los efectos producidos en hembras y en machos: en experimentos realizados con la especie, mientras que las hembras parecían regular la ingesta de proteínas cuando se les aportaban dietas con altas proporciones P:C, los machos no lo hicieron. Estas mismas dietas hicieron que los machos se volvieran más temerarios, pues, si se les testaba en una arena de experimentación —un entorno cerrado, vacío, que dispone de un refugio para el individuo— después de haberlas comido durante varias semanas, se exponían mucho más y se pensaban menos las cosas, por decirlo de forma sencilla. Y, si esto no ocurriese en un laboratorio, sino bajo condiciones de estrés en

la naturaleza, tendría implicaciones no solo para estos individuos, sino para la colonia, pues recordemos que la mayoría de
las cucarachas son sociales. Vaya tela...

Está claro que los óptimos nutricionales para cada especie
animal van a ser muy diferentes, así como las proporciones y
los efectos que las dietas desbalanceadas puedan provocar. Pero
lo que podemos sacar en claro de todo esto es que, si todos los
animales funcionamos parecido, ya puedes ver, de forma experimental, por qué es tan importante comer bien sano...

Pero, oye, y hablando de comer... ¿Qué otros beneficios encontramos cuando «jugueteamos» con las cucarachas en el laboratorio pero de una forma más aplicada a la alimentación... directamente? —glups—.

LAS CUCARACHAS EN LA ALIMENTACIÓN HUMANA

Sí. Has leído bien. Por si acaso no lo sabías, he de advertirte de
que las cucarachas se comen, como otros muchos insectos, en
diversas culturas y lugares del mundo. No esperes, en cualquier
caso, a un tipo zampándose una «cuqui» que se ha encontrado en
el cubo de basura que está debajo de su casa. Existen granjas de
insectos, bien cuidados y limpitos, como las hay de otros animales como vacas o cerdos. Y bien nutritivas que son. Tal y como
dice la Organización de las Naciones Unidas para la Alimentación y la Agricultura (FAO), los insectos son el alimento del futuro,
pues contienen proteínas, vitaminas y aminoácidos de una calidad excepcional, y su crianza es mucho más sostenible que la del
ganado convencional. La realidad es que es imperioso hallar nuevas fuentes de comida para combatir la escasez de alimento; sin
embargo, hoy no voy por este camino. Porque, ¿y si te dijera que
algunas cucarachas producen una sustancia análoga a la leche de
los mamíferos, de una calidad nutricional extraordinaria, hasta el
punto de que se la considera el próximo superalimento del mundo?

Imagínate que este fuera tu desayuno del futuro, con cucarachitas fritas, harina de cucaracha y un litro de «cucha leche». ¡Que no, que es broma, que me estoy quedando contigo! O no. ¡Que sí! O no...

Diploptera punctata es una cucaracha muy peculiar. Entre otros países, habita en Australia, China, Estados Unidos (Hawái) Indonesia... y, a primera vista, se parece más a un escarabajo que a una cucaracha, de ahí que la conozcan como cucaracha escarabajo del Pacífico. Como otras muchas especies de su grupo, da a luz a sus crías, pues es ovovivípara. Pero lo maravilloso es que produce unos cristales de proteína que sirven para alimentar a sus retoños; unos cristales, a los que llamamos «leche de cucaracha», que contienen unas reservas energéticas tres veces superiores a las de la leche de vaca y otros rumiantes, y una composición la mar de completa. Obviamente, lo óptimo sería saber cómo sintetizar este compuesto en laboratorio y no ir ordeñando cucarachas por ahí, y descubrir si finalmente los humanos podemos alimentarnos de esta increíble sustancia.

Aunque, para completa, otra maravilla llamada «harina de cucaracha». Sí, tal como lo oyes. Es otro de los alimentos que se están estudiando como potencial supercomida del futuro. Su composición no tiene mucha historia: es literalmente harina hecha de cucarachas. El contenido que presenta, tanto en proteínas como en aminoácidos esenciales, ácidos grasos omega-3 y omega-9 y otras muchas sustancias beneficiosas, lo hace un alimento muy digno de ser tenido en cuenta en futuras investigaciones. Ya la han probado como enriquecimiento proteico en el pan de trigo. ¡Esto va en serio!

Para finalizar, me gustaría recalcar que todo lo que te he contado es tan solo la punta de un iceberg gigantesco. Puede que esa cucaracha que se te cuela por la ventana siga siendo igual de sucia y siga dando asco, pero hemos de cambiar nuestra percepción general sobre estos animales. Su indispensable rol en los ecosistemas y la infinidad de aplicaciones derivadas de su investigación que benefician a nuestra sociedad son argumentos de peso para darles una oportunidad, leer y documentarnos más sobre ellas y agradecer que estén aquí para... ¡permitirnos tener una estupenda vida!

FERNANDO CORTÉS-FOSSATI

11. LO BUENO, SI EFÍMERO,
DOS VECES BUENO

«Cuando las dinastías pusieron la grandeza del poder
por encima de la grandeza de la vida, la delgada tierra y
la tupida selva no bastaron para alimentar, tanto y tan
rápidamente, las exigencias de reyes, sacerdotes, guerreros
y funcionarios. Vinieron las guerras, el abandono de las
tierras, la fuga a las ciudades primero, y de las ciudades
después. La tierra ya no pudo mantener el poder. Cayó
el poder. Permaneció la tierra. Permanecieron los
hombres sin más poder que el de la tierra».
CARLOS FUENTES. *Los cinco soles de México*

—Nos han desangrado, los muy cabrones, nos han quitado todo
lo que teníamos. Y no solo a nosotros, sino a nuestros padres y
a los padres de nuestros padres.
    —¡Y a los padres de los padres de nuestros padres!
    —Sí...
    —¡Y a los padres de los padres de los padres de nuestros
padres! ¡Y...!
    —¡Vale, Stan! No desarrolles más el tema. Y a cambio, los
romanos, ¿qué nos han dado?
    —¡El acueducto!
    —¿Qué?
    —¡El acueducto!
    —Ah, sí, sí, eso sí nos lo han dado, eso es cierto, sí.
    —¡Y el alcantarillado!

—Ah, sí, el alcantarillado. ¿Te acuerdas de cómo olía antes la ciudad?

—Sí, de acuerdo, reconozco que el acueducto y el alcantarillado nos los han dado los romanos.

—¡Y las carreteras!

—¡Evidentemente las carreteras! ¡Eso no hay ni que mencionarlo, hombre!

—Pero, aparte del acueducto, el alcantarillado y las carreteras...

—¡La irrigación!

—¡La sanidad!

—¡La enseñanza!

Y así prosiguen durante un rato los asistentes a la asamblea del Frente Popular de Judea, enumerando más bienes y servicios de los que los romanos eran artífices, como el vino, los baños públicos o la seguridad ciudadana. Ante tal panorama, Reg, el insolente líder del Frente Judaico Popular (¿o era el Frente del Pueblo Judaico?) acaba sentenciando: «Bueno, pero, aparte del alcantarillado, la sanidad, la enseñanza, el vino, el orden público, la irrigación, las carreteras y los baños públicos, ¿qué han hecho los romanos por nosotros?». Seguramente te ha resultado fácil reconocer a qué hacen referencia las líneas anteriores. Efectivamente, se trata de uno de los pasajes más hilarantes de *La vida de Brian*, el famoso largometraje de los geniales Monty Python. A través de él, y bordando el arte del sarcasmo, este grupo de cómicos ingleses pone blanco sobre negro nuestra tendencia a olvidar qué o quién hace posible la existencia de todos esos recursos sobre los que se sustenta el bienestar humano, que obviamente no existen por arte de magia y, por tanto, pueden no estar ahí por los siglos de los siglos si no se dan las condiciones necesarias para su mantenimiento o renovación.

Ciertamente, este fragmento cinematográfico constituye una buena metáfora sobre lo que ocurre con aquellos bienes y servicios que proporciona la biodiversidad mediante el mantenimiento de procesos en los ecosistemas naturales que contribuyen de manera crucial al bienestar humano. Me refiero a aquellos que en la jerga que usan los profesionales de las ciencias ecológica y medioambiental son conocidos como servicios ecosistémicos.

Así, la enorme variedad de formas de vida que pueblan el planeta Tierra, desde microorganismos a grandes vertebrados, pasando por, entre otros, plantas y hongos, intervienen en una serie de procesos ecosistémicos que mantienen el planeta Tierra habitable para nuestra especie. Digamos que, de manera inconsciente, soportan un sistema que se rige por la economía circular.

Entre toda esa legión de organismos hay un grupo que, si bien es posible que te haya podido pasar inadvertido, a poco que prestes atención podrás detectar sin problema. Me refiero a los macroinvertebrados acuáticos, un grupo muy heterogéneo de invertebrados pertenecientes a numerosos filos animales (anélidos, artrópodos, moluscos...) y cuyo denominador común es que se pueden observar a simple vista, habida cuenta de que, generalmente, el corte que separa macro- de microinvertebrados se sitúa en los 0,5 milímetros. Muchos de estos macroinvertebrados proliferan en ríos, arroyos, lagos, lagunas, charcas, etc., y buena parte de ellos pertenecen a órdenes de insectos que se caracterizan por un ciclo de vida anfibiótico, es decir, presentan una fase juvenil acuática y una fase adulta terrestre. Es aquí donde encontramos a los protagonistas de este capítulo, los efemerópteros (orden Ephemeroptera), cuyos integrantes son comúnmente conocidos como efímeras, efémeras o cachipollas. Ojo, porque algún texto en castellano se puede referir a estos bichillos como «moscas de mayo» al ser esta la traducción literal de su nombre común en inglés: *mayflies*.

Vale, pero ¿qué han hecho los romanos por nosotros? Quiero decir, ¿cómo contribuyen los efemerópteros a mantener los procesos ecosistémicos que integran la sala de máquinas del planeta Tierra? Antes de entrar en harina, veamos algunas pinceladas sobre la biología y ecología de nuestros pequeños y formidables protagonistas.

VOLADOR DE UN DÍA

Comparado con órdenes de insectos hiperdiversos como Coleoptera (escarabajos) o Diptera (moscas y mosquitos), los efemerópteros constituyen un orden modesto en cuanto a número de especies, pues cuentan en la actualidad con algo más de 3300 descritas a nivel mundial. De estas, alrededor de la décima parte se encuentran en Europa y la fauna ibérica está constituida por 147 especies, de las cuales aproximadamente un tercio son endemismos ibéricos. No obstante, esta cifra está sujeta a una revisión continua. Por ejemplo, entre 2015 y 2019 se describieron más de 300 nuevas especies a nivel mundial. Los efemerópteros se hallan distribuidos por todo el planeta, con la excepción de la Antártida, y aparecen en prácticamente cualquier ambiente de agua dulce, si bien es cierto que son más abundantes y diversos en aquellos de carácter lótico (aguas corrientes), como ríos o arroyos. Son insectos pterigotas —un par de alas en el segundo y tercer segmento torácico— y hemimetábolos, es decir, presentan metamorfosis sencilla, por lo que a sus formas juveniles se les aplica el término *ninfa*.

Llegados a este punto, te estarás preguntado, querido/a lector/a, a cuento de qué viene el nombre de *efímeras*. La respuesta nos la da un aspecto muy particular de su biología: las formas aladas (llamémoslas «adultos» de momento) tienen una vida muy corta, que puede variar entre minutos y unas pocas semanas según la especie. Concretamente, la palabra que les da nombre procede del griego: *ephemeros* («de un día, de corta vida») + *pteron* («ala»). Tan breve es la vida de estos adultos que, si bien poseen piezas bucales y sistemas digestivos, estos no son funcionales, por lo que su papel se reduce únicamente a la dispersión y la reproducción. Por el contrario, la fase de ninfa acuática es mucho más prolongada, al menos en comparación con la brevedad de la fase alada terrestre. En muchas especies el ciclo de vida completo dura un año, si bien hay algunas que pueden desarrollar varias generaciones en un año y también otras cuyo ciclo puede durar de dos a tres años. Así, a vuela pluma, se podría decir que la efímera pasa el 99 % de su vida como ninfa acuática y el 1 % como forma alada terrestre. Curiosamente, la fugaz fase alada terrestre se divide en dos formas claramente diferenciadas: el subimago y el imago.

Y es que resulta que los efemerópteros se encuentran entre los insectos pterigotas más primitivos de cuantos existen hoy en día —su origen se remonta a hace unos 300 millones de años— y son el único grupo no extinto que presenta la fase de subimago, que no es ni más ni menos que una forma móvil y activa de transición entre la ninfa acuática y el adulto maduro.

Ciclo de vida de un efemeróptero: a) Ninfa acuática recién eclosionada; b) Crecimiento y desarrollo de la ninfa acuática; c) Ninfa al final de su desarrollo preparada para emerger; d) Subimago recién emergido; e) Fase alada terrestre (imago o adulto maduro sexualmente); f) Cópula de machos y hembras adultos; g) Hembra depositando el banco de huevos sobre el agua [modificado de Brittain & Sartori, 2009].

Cuando las ninfas emergen del agua como subimagos, estos permanecen durante un buen rato posados sobre la vegetación, piedras, etc., cerca del agua, hasta que terminan de madurar y se convierten en imagos que, ya sí, echan a volar dejando atrás su exuvia (la cutícula o exoesqueleto que los artrópodos abandonan tras una muda). Hay que resaltar que, en alguna especie muy concreta, el subimago es la fase terminal en hembras (como ocurre en los géneros *Dolania* y *Prosopistoma*) e incluso en ambos sexos (como sucede con algunas especies de la familia Palingeniidae).

«VIVE RÁPIDO, MUERE JOVEN Y DEJA UN BONITO CADÁVER»

Dice el refrán que lo bueno, si breve (efímero en este caso), dos veces bueno. Pero... ¿puede haber algo realmente atractivo en una vida tan breve? Algo no cuadra. ¿Qué nos estamos perdiendo? Pues ni más ni menos que uno de los aspectos más llamativos de este orden de insectos: las emergencias masivas. En la película *Llamad a cualquier puerta*, el actor John Derek dice una frase que se le suele atribuir erróneamente al actor James Dean y que posteriormente el movimiento punk adoptó como lema: «Vive rápido, muere joven y deja un bonito cadáver». Bien, toca ponerse en situación (ya sé que no es fácil, pero inténtalo): si eres una ninfa acuática que, unos cuantos meses después de eclosionar del huevo, ha llegado al final de su desarrollo y te queda un telediario, qué menos que una traca final de desbordante frenesí amoroso y reproductivo. Claro que, por otro lado, igual este tipo de eventos son demasiado estresantes. Ciertamente, no es fácil ponerse en la cutícula de una efímera.

Cuando uno solo dispone de unas cuantas horas como adulto plenamente maduro, esto es, apto para dejar las semillitas de la próxima generación y transmitir sus genes, es muy importante la sincronización en el tiempo y el espacio entre individuos de distinto sexo. Pues bien, en mayor o menor medida según la especie, las efímeras de cada población se sincronizan para emerger —abandonar el sistema acuático donde han vivido como ninfas para ingresar en el sistema terrestre como formas aladas— masivamente, todas al mismo tiempo, de manera que los machos fecunden a las hembras y estas dejen el banco de huevos en el agua justo antes de que se les agoten las reservas y mueran. Es decir, un evento similar al que podría darse si los asistentes al típico baile de graduación de las pelis estadounidenses mostraran la misma actitud de los que acudieron al festival de Woodstock que tuvo lugar en 1969 en el condado de Sullivan, en el estado de Nueva York. No obstante, hay que destacar que, en los efemerópteros, también se da un tipo de reproducción asexual, la partenogénesis, en la que no es necesario que las hembras sean fecundadas por el macho. Esta última variante reproductiva parece una buena estrategia si tu ciclo de vida te otorga muy poco tiempo antes de que el reloj del salón de baile anuncie las doce de la noche y, entre saludar a unos colegas por aquí y evitar a unos depredadores por allá, apenas te queda tiempo para conocer un compañero de cópula.

Las emergencias masivas no solo tienen sentido evolutivo desde el punto de vista de la sincronización poblacional que favorece la reproducción en especies con una forma adulta de vida tan breve, sino que asimismo son una respuesta a la presión selectiva que ejercen los depredadores. Y es que las efímeras son un jugoso bocado no solo para multitud de aves y mamíferos, especialmente murciélagos, sino también para anfibios y reptiles. Así, esas emergencias masivas consiguen saturar a los depredadores, que literalmente no dan abasto ante tal cantidad de presas. Yo me lo imagino, algo así, como esos gigantescos batallones de infantería que podemos ver en cualquier enfrentamiento bélico de cine, pero, claro, en este caso el de las efímeras sería el batallón de los buenos, porque aquí me estoy refiriendo a los que salen triunfantes del envite. De este modo, buena parte de los adultos de efímera pueden sobrevivir al ejército de depredadores que les aguarda en la ribera y reproducirse dejando un banco de huevos en el mismo lugar del que emergieron.

Bueno, no siempre es exactamente el mismo sitio, porque los imagos de especies fluviales tienden a dispersarse río arriba, remontando un pequeño tramo, para dejar los huevos aguas arriba de donde emergieron y así compensar la distancia que la corriente haya podido arrastrar a las ninfas río abajo durante su vida. ¡Qué cosas!

¿Y cuán masivas son las emergencias masivas? Muy masivas. Pero que mucho. En los últimos años ha comenzado a emplearse la información que generan los radares meteorológicos para estudiar los desplazamientos de grandes enjambres de insectos. Y es que, en días en los que el cielo estaba despejado, cuando no había la más mínima posibilidad de precipitación, se observó que estos radares producían señales similares a las que generan una lluvia o una nevada. Misterio a la vista. La resolución fue tan simple como descolgar el teléfono, llamar a alguien que estuviera en el lugar concreto donde el radar decía que estaba lloviendo a buen paso sin haber siquiera una nube y preguntarle qué veía. ¿Y qué era? Bingo: una enorme nube de insectos volando. Pues bien, un estudio publicado en 2020 que se apoyó en esta tecnología estimó que el enjambre de efemerópteros producto de un solo evento de emergencia masiva ocurrido en el tramo alto del río Misisipi y la parte occidental de la cuenca del lago Erie estaba compuesto por unos 88 mil millones de individuos pertenecientes al género *Hexagenia*. Esto se traduce en la liberación hacia el espacio aéreo, durante unas horas, de nada más y nada menos que unas 3000 toneladas de biomasa.

A día de hoy, está totalmente constatado que los movimientos estacionales de animales entre distintos hábitats son un mecanismo fundamental de transporte de energía, nutrientes y biomasa. Es lo que en ecología se conoce como subsidio de recursos, que en este caso serían subsidios acuáticos —aquellos que van de agua a tierra—. Parece que las efímeras sí que van a jugar un papel importante en el mantenimiento de algunos de esos procesos ecológicos que mueven la maquinaria del planeta Tierra. Toca abrir, ahora ya sí, el melón de los servicios ecosistémicos proporcionados por los efemerópteros.

SERVICIOS NO EFÍMEROS

La Organización de las Naciones Unidas para la Alimentación y la Agricultura (FAO) define los servicios ecosistémicos como la multitud de beneficios que la naturaleza aporta a la sociedad, y destaca que la diversidad de organismos vivos es esencial para el funcionamiento de los ecosistemas y, por tanto, para que estos últimos puedan prestar sus servicios. Como decía al principio, solemos darlos por sentado, asumimos que siempre han existido y ahí seguirán eternamente, pase lo que pase, sin reflexionar sobre los procesos que posibilitan su existencia y sin preocuparnos por su preservación. Y, aunque el valor de estos servicios es incalculable, ha habido algunos intentos por arrojar cifras: más de 100 000 millones de euros en 2014 según la FAO. Básicamente, estos servicios se clasifican en cuatro tipos fundamentales: de abastecimiento, de regulación, de apoyo y culturales. Y en todos ellos participan en mayor o menor medida los efemerópteros.

Los servicios de abastecimiento son aquellos beneficios materiales que los seres humanos obtenemos directamente de los ecosistemas, como alimento, agua potable o recursos genéticos. Por ejemplo, dados su alto contenido en proteína, minerales, vitamina B y aminoácidos esenciales y su bajo contenido graso, las efímeras adultas constituyen un componente importante de la dieta humana en numerosas culturas. Hasta en diez países se ha documentado su consumo y es particularmente relevante para los ribereños del lago Victoria, quienes las deshidratan y transforman en harina o pasta con la que elaboran pasteles y pan. Otros países donde también se ha documentado su consumo son Madagascar, Papúa Nueva Guinea, Indonesia o China. Las ninfas acuáticas también forman parte de la dieta humana en diversas culturas; por ejemplo, se sabe que, ya en el siglo XVII, los incas las comían tanto crudas como incorporadas en una salsa picante; actualmente, son consumidas por diferentes tribus de la India, tanto asadas como hervidas, para tratar problemas estomacales. Y no queda la cosa únicamente reducida a su consumo directo. Las efímeras producen quitosano, un biopolímero de aminopolisacáridos con actividad antifúngica, antihemorrágica y antimicrobiana, y cuyas propiedades antitumorales están siendo estudiadas. Además, en los últimos tiempos se vienen usando algunas especies como organismos modelo de experimentación, por parte de científicos de diferentes áreas, con el objetivo de expandir el conocimiento humano.

Los servicios de regulación incluyen aquellos beneficios que derivan de la regulación del clima, la purificación del agua o la polinización. En este sentido, las efímeras participan en los servicios de regulación que proporcionan aquellos ecosistemas en los que procesan, fragmentan y eliminan sustancias del agua durante su fase de ninfa acuática. La diversidad de estrategias alimenticias de las ninfas es muy notable; algunas obtienen su fuente de alimentación mediante el filtrado de partículas orgánicas finas, por lo que eliminan sustancias del agua cuando emergen como subimagos. Es posible que muchas de estas sustancias vuelvan al agua cuando los adultos mueran, pero algunas son retenidas en los sistemas terrestres aledaños a través de la depredación o la muerte accidental.

Turno para los siguientes servicios ecosistémicos: los de apoyo. Son aquellos necesarios para la producción del resto de los servicios ecosistémicos e incluyen básicamente el reciclado de nutrientes y la producción primaria. Aquí, la lista de servicios que proporcionan los efemerópteros es amplia. Las especies con ninfas excavadoras participan en procesos de bioturbación y bioirrigación al remover el sedimento y evacuar agua a través de sus madrigueras. Esta actividad, sobre todo en tramos medios y bajos de ríos, resuspende el sedimento, poniendo de nuevo a disposición de los productores primarios que viven en la columna de agua nutrientes esenciales como el fósforo. También contribuyen de diferentes maneras al reciclaje de nutrientes. Esto es especialmente relevante en aquellas ninfas que se catalogan como desmenuzadoras de acuerdo con su estrategia alimenticia, pues participan de forma esencial, por ejemplo, en el procesado de la hojarasca que llega al río procedente del bosque de ribera.

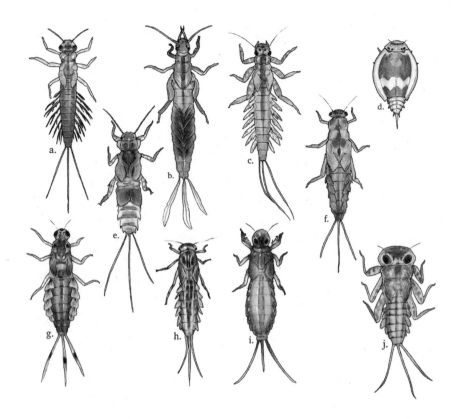

Variedad de ninfas de las familias más habituales en la península ibérica: a) *Leptophlebiidae*; b) *Ephemeridae*; c) *Potamanthidae*; d) *Prosopistomatidae*; e) *Caenidae*; f) *Ephemerellidae*; g) *Siphlonuridae*; h) *Baetidae*; i) *Oligoenuriidae*; j) *Heptageniidae* [adaptado de Tachet *et al.* 2010].

Además, su abundancia las convierte en una parte esencial de la dieta de muchísimas otras especies aparte de los seres humanos. Dentro de estas relaciones depredador-presa hay que destacar la contribución de las efímeras a la dieta de una gran variedad de peces de agua dulce de los cuales depende la subsistencia de muchísimas personas a lo largo y ancho del planeta, no solo como alimento, sino como motor de la economía local. Y es que, si bien algunos peces se alimentan de manera casual o incidental de efímeras, otros basan su dieta casi exclusivamente en ellas. Este hecho sitúa a las efímeras como un nodo clave del flujo de energía entre productores primarios y consumidores secundarios, tanto dentro de un único sistema acuático como entre sistemas acuáticos diferentes, por obra y gracia de los movimientos migratorios que se dan desde los cauces principales con aguas más cálidas y productivas hacia sus afluentes con aguas más frías y limitadas en nutrientes. Pero es que, además, las efímeras contribuyen de manera fundamental al subsidio de recursos desde agua hacia tierra, convirtiéndose en una pieza clave en los procesos de reciclado y transferencia de nutrientes y carbono. De hecho, la ingente cantidad de cadáveres que dejan tras de sí las emergencias masivas se ha llegado a usar como abono agrícola. Por si esto fuera poco, las ninfas acuáticas sirven como hábitat para otros organismos, constituyendo entidades conocidas como holobiontes. Así, se ha documentado que briozoos, protozoos, larvas de dípteros de la familia Chironomidae, hongos, nematodos, trematodos y, por supuesto, bacterias y arqueas viven en asociación con ninfas de efímeras.

Mención aparte merece el empleo de las efímeras como indicadores. Y no me refiero al típico indicador «si hay camiones en el aparcamiento, se come bien», sino a bioindicadores. Al igual que ocurre con otros insectos acuáticos, los efemerópteros —su fase acuática más concretamente— se han convertido en una importante herramienta para evaluar la calidad ecológica de las masas de agua. Esto es debido a que las efímeras cumplen los requisitos que debe atesorar un buen indicador, a saber, ser abundante y diverso tanto en sus rasgos biológicos como en los ambientes que ocupa, ser sensible a cambios en las condiciones ambientales y mostrar respuestas fácilmente predecibles ante estos, ser fácil de recolectar e identificar —al menos, a niveles taxonómicos elevados, como familia— y mostrar capacidad de bioacumulación de manera que permita trazar muchos contaminantes ambientales. De este modo, el seguimiento de las poblaciones de efímeras en su fase acuática tiene un valor muy aplicado tanto en la protección de la biodiversidad como en la de los recursos acuáticos y el propio suministro de agua potable.

Por último, las efímeras también contribuyen a numerosos servicios culturales, que son aquellos beneficios no materiales que incluyen valores estéticos, espirituales o religiosos; usos inspiracionales, educativos y recreativos; así como sensación de paz y herencia cultural. Por mucho que nunca hayas reparado en ello, el trasfondo cultural de las efímeras es innegable, especialmente en la cultura occidental. Hay referencias a ellas en textos escritos desde el siglo xviii, si bien ya llamaron la atención de Aristóteles y Plinio el Viejo. También han aparecido en numerosos poemas, como el titulado *A un viejo amigo*, en el que un pescador y una trucha esperan la emergencia de la primera efímera del año. Además, la palabra *mayfly* ha sido usada en campañas publicitarias, como alguna de una conocida marca de telecomunicaciones, y ha dado nombre a bandas musicales, cervezas, zapatillas deportivas o vehículos, especialmente aeronaves y barcos, entre ellos algunos de la Marina Real británica. Además, existen festivales que celebran la emergencia de las efímeras, como los que ocurren en diversas ciudades ribereñas del río Tisza, en Hungría, donde los enjambres de la enorme *Palingenia longicauda* ofrecen un espectáculo inigualable. De hecho, ciudades como Szeged o Szolnok lucen bonitos monumentos protagonizados por efímeras. Esta conexión con el arte también incluye la tradición de fabricar imitaciones de efímeras para su uso en la «pesca con mosca», de gran arraigo en poblaciones ribereñas. Hay que considerar aquí también los valores recreativos, entre los que encontramos la observación de fauna en los ecosistemas fluviales, fauna que, como el mirlo acuático o la lavandera cascadeña, basa gran parte de su dieta en los insectos acuáticos.

EL APOCALIPSIS DE LAS EFÍMERAS

Desgraciadamente, las efímeras tampoco escapan a un fenómeno que viene gestándose en las últimas décadas y que recientemente ha sido acuñado como *apocalipsis de los insectos*. El manejo y alteración de los caudales naturales de los ríos, que son vistos como meras tuberías de transporte de agua al servicio de los intereses económicos de los seres humanos; la introducción de especies exóticas con carácter invasor, el cambio climático o la contaminación —aunque es verdad que en zonas como la Unión Europea se ha corregido mucho en los últimos años, en bastantes zonas sigue siendo un enorme problema— se encuentran entre los principales determinantes de la pérdida de biodiversidad acuática. No es este un problema menor, pues los ecosistemas acuáticos continentales constituyen el compartimento más biodiverso del sistema Tierra. Por ejemplo, albergan el 9,5 % de las especies animales descritas, a pesar de representar únicamente el 2,3 % de la superficie del planeta. De hecho, son los ecosistemas que actualmente experimentan la mayor tasa de pérdida de superficie, multiplicando por tres la tasa de desaparición de hábitats forestales. También sufren la mayor tasa de extinción de especies al multiplicar casi por cuatro la de ecosistemas terrestres, estimándose en un 83 % el declive de sus poblaciones para el periodo 1970-2013. En lo que a efímeras se refiere, en el estudio mencionado unos párrafos más arriba —el que usaba radares meteorológicos para estimar abundancias y desplazamientos—, los datos muestran una mengua de hasta el 50 % de las poblaciones de *Hexagenia* en la parte alta del río Misisipi y la cuenca occidental del lago Erie en tan solo diez años. Otro estudio reciente, centrado en la especie *Palingenia longicauda* —la efímera de gran tamaño que protagoniza las espectaculares emergencias masivas en el río Tisza—, que es típica de los tramos medios y bajos de los grandes ríos europeos y que antiguamente se distribuía por prácticamente todo el continente, demuestra que esta ha perdido un 98 % de su área de distribución durante el siglo xx.

En la España peninsular tenemos una especie equivalente a *Palingenia longicauda* que también tiene preferencia por los tramos medios y bajos de grandes ríos. Se trata de *Ephoron virgo*, la cual antiguamente también protagonizaba impresionantes eventos de emergencia masiva de los que hoy apenas si quedan algunas reminiscencias en algunos tramos del Ebro, principalmente en su tramo medio a la altura de Tudela y en su tramo bajo, entre las localidades de Amposta y Tortosa. Por cierto, que, al mencionar las emergencias masivas de *Ephoron virgo* en el entorno de cascos urbanos, resulta obligatorio hacer referencia a otro gran problema que enfrentan actualmente las efímeras: la contaminación lumínica. Y es que las efímeras acuden a la luz de las farolas que iluminan puentes y paseos fluviales al confundirla con el reflejo del firmamento sobre la superficie del río, de manera que gran parte del banco de huevos queda depositado triste e inútilmente sobre el asfalto (ver portada del capítulo, inspirada en el trabajo del fotógrafo José Antonio Martínez sobre las emergencias masivas de *Ephoron virgo* en el puente de Tudela sobre el Ebro).

Vale, pero, aparte de constituir parte de la dieta humana en amplias zonas del planeta, de ser un recurso alimenticio básico para muchos peces de los que depende la alimentación de millones de personas, de servir como bioindicadores y organismos modelo en experimentación, de promover procesos de bioturbación y bioirrigación; de contener sustancias con interés médico, farmacéutico y fitosanitario; de participar de manera fundamental en el reciclado de nutrientes y carbono, de ser un eslabón esencial en las cadenas tróficas acuáticas, de protagonizar el transporte de nutrientes desde los sistemas de agua dulce hacia tierra, de constituir el hábitat de muchos microorganismos, de servir de inspiración en numerosas actividades artísticas y creativas, y de formar parte de la cultura y tradiciones de muchos lugares, ¿qué han hecho las efímeras por el mantenimiento de los procesos ecosistémicos y el funcionamiento del planeta que habita la especie humana? Quizás, solo quizás, deberíamos poner los medios necesarios para preservar los hábitats que alberguen a estos formidables insectos y así garantizar el mantenimiento de la abundancia de sus poblaciones y la conservación de su diversidad taxonómica, funcional y genética.

FÉLIX PICAZO

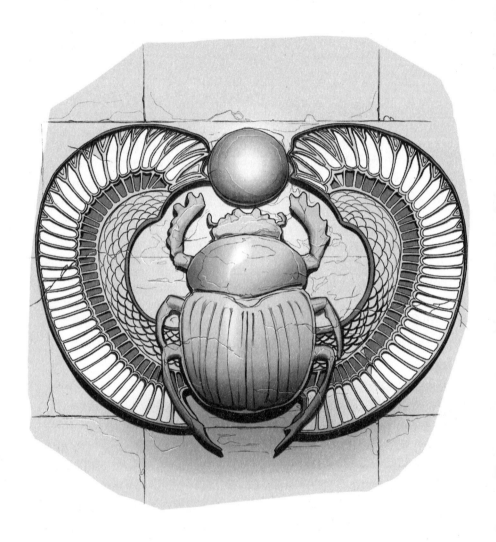

12. QUITANDO MARRONES

«Ya que hay 400 000 especies de escarabajos en
este planeta, y solo 8000 especies de mamíferos,
el Creador, si existe, debe tener una preferencia
especial por los escarabajos».
JOHN B. S. HALDANE

Vamos a llevarte a dar un paseo, déjate llevar... Imagina una
espléndida mañana con un precioso cielo; la temperatura es perfecta. Con solo un barrido de tus ojos puedes contemplar los
diversos colores que brindan un montón de especies diferentes de
plantas. Hay insectos volando, muy variados. Mariposas libando
flores, abejas trabajando duro en la polinización, libélulas con
sus ágiles vuelos cazando a otros pequeños artrópodos, carreteras de hormigas que avanzan en ambas direcciones cargadas de
valiosas piezas de alimento... Puedes observar también animales
grandes: corzos, e incluso ciervos; osadas de los jabalíes, algún
caballo y vacas pastando. Detente en esto: vacas pastando.

Pasear por algunas zonas, especialmente en las que hay una
activa ganadería en extensivo, significa encontrarte con decenas de vacas pastando libremente. Habrás evitado en muchas
ocasiones pisar una de sus boñigas. ¡Esos pedazos de boñigas
que pueden llegar a pesar hasta cinco kilos! Vaya, puede que de
repente hayamos roto tu idílico paseo, lo siento.

Pero es que piensa una cosa. Pongamos que una vaca hace
excrementos de unos tres kilos (para que no parezca que estamos exagerando), y no lo hace una vez al día, sino que repite
la acción diez veces. Y, además, las vacas pastan en grupos
numerosos; por poner un ejemplo, pensemos en un rebaño de

50 vacas: hacemos unos cálculos sencillos y... ¡sorpresa! En un solo día, tendremos 1500 kilos de excremento de vaca repartidos en una pradera. Si en vez de en kilos prefieres imaginártelo en área, vamos a ello: en un día, una vaca puede ocupar con excremento un metro cuadrado, por lo que, con nuestro rebaño de 50 vacas, habremos ocupado 1500 metros cuadrados en un mes (lo equivalente a unas seis pistas de tenis aproximadamente).

Afortunadamente, eso no ha ocurrido en tu paseo mental, y no es porque las vacas no hayan depositado sus... deshechos. No, claro que lo han hecho. Sin embargo, entre los insectos del entorno que has imaginado, existen unos escarabajos que se han especializado en comer y descomponer esos excrementos, trabajando para que tu paisaje se vea limpio y se encuentre sano.

CUANDO A UN ESCARABAJO LE DA POR COMER CACA

Acabas de darte cuenta de la gran importancia de estos escarabajos en los entornos naturales en los que viven (o, como a los biólogos nos gusta llamarlos, en los ecosistemas). Hemos puesto número a los excrementos que se acumularían en una pradera en tan solo un día. Ahora, piensa a largo plazo; piensa en todos los excrementos que se podrían estar acumulando en el mundo si no existiese ningún organismo especializado en la descomposición del excremento. Es más, piensa en todos los excrementos que se hubiesen acumulado en la Tierra desde que los grandes vertebrados tomaron la tierra firme. Y es que, sin estos pequeños seres, nuestro mundo no sería para nada como lo conocemos; de hecho, sería simplemente inhabitable.

Una imagen tan cinematográfica como emblemática es el montón de excremento de la película *Jurassic Park*. Posiblemente ahora te estés preguntando si, cuando los tricerátops, braquiosaurios, tiranosaurios o velocirraptores campaban por la tierra, ya había escarabajos que se alimentasen de sus cacas. Quizás sus excrementos no fuesen muy diferentes en tamaño a los de grandes mamíferos como los elefantes o los rinocerontes actuales. Sin embargo, la composición de sus excrementos contendría probablemente mucha más cantidad de ácido úrico (como ocurre en aves y reptiles), pues su sistema digestivo está conectado con el urogenital, acabando en la cloaca (de manera muy vulgar podríamos decir que estos animales hacen pis y caca a la vez); esto implica que sus excrementos salen mezclados con el resto de las sustancias que el cuerpo excreta y podría ser que, tal y como ocurre hoy en día, ese tipo de excremento no resultase del todo atractivo para los escarabajos que se alimentan de los excrementos, llamados escarabajos coprófagos. A día de hoy, estos están muy asociados a excrementos de mamíferos herbívoros. Así que, aunque es muy atractivo pensar en nuestros escarabajos coprófagos alimentándose de los excrementos de los dinosaurios, es probable que el inicio de la coprofagia en ellos esté asociado a los mamíferos del Cretácico inferior. No obstante, el debate no está cerrado y un artículo muy reciente sitúa a los primeros coprófagos ¡hace unos 115 millones de años!

Si se dan las condiciones necesarias, un excremento puede fosilizar y a ese fósil se le llama coprolito. A veces, también fosilizan huellas o marcas que dan información sobre rasgos del comportamiento. En algunos coprolitos se ha encontrado actividad de fauna coprófaga y, aunque a veces no está claro que tal actividad fuera producida por escarabajos, algunos icnofósiles de galerías y bolas de excremento fosilizada no dejan duda. En Sudamérica, se han encontrado este tipo de restos paleontológicos del Cretácico superior-Paleoceno al Pleistoceno y pertenecen al icnogénero *Coprinisphaera*; en ellos se pueden identificar los compartimentos en los que los escarabajos pupaban del estadio larvario al adulto. Así que, para no arriesgarnos con la fecha exacta en la que algunas especies de escarabajos comenzaron a tener una dieta coprófaga, podemos decir que estos pequeños seres llevan trabajando en la limpieza de excrementos, al menos, 80 millones de años.

MIL MANERAS DE... COMER

Aunque quizás hasta ahora no habías pensado en los escarabajos coprófagos de esta forma, lo cierto es que seguro que alguna
idea sobre ellos tenías. Los escarabajos coprófagos son los conocidos como escarabajos peloteros. Sí, esos pequeños bichines
a los que a veces se les ve rodando una bolita de caca de un
lado para otro. Pero ¿todos los escarabajos coprófagos, entonces,
transforman las boñigas en bolitas que se llevan rodando? La
respuesta rápida es que no. Aunque todos los escarabajos peloteros son coprófagos, no todos los coprófagos son peloteros (en el
sentido estricto de la palabra *pelotero*).

Hay tres maneras en las que estos escarabajos gestionan el
excremento, el cual usan para comer y para poner sus huevos.
Una de las maneras simplemente consiste en alimentarse directamente del excremento; para ello, cuando llegan a él, se introducen y en su interior se alimentan, encuentran pareja, ponen

Representación de los grupos funcionales de los escarabajos coprófagos:
endocópridos, dentro del excremento; paracópridos en las galerías
bajo el excremento; y telecópridos, rodando bolas de excremento.

sus huevos, y las larvas que salen del huevo pulularán por el excremento alimentándose de él. Hay otras especies que lo que hacen es construir galerías debajo del excremento en las que entierran pedazos de él que, como los anteriores, utilizarán para alimentarse, pero también para poner sus huevos. En este caso, los huevos son introducidos en el ápice de las bolas de reproducción, adquiriendo en algunos casos una forma de pera. Y el tercer grupo de especies son los famosos y reales peloteros: estos sí que desprenden la pelota de excremento del excremento original y se la llevan rodando varios metros hasta el lugar elegido para enterrarla; al igual que en el resto, esas pelotas servirán para la alimentación de los adultos o para poner sus huevos.

Estos tres grupos de especies con sus diferentes modos de tratar el excremento son lo que conocemos como «grupos funcionales». Estos grupos funcionales han ido recibiendo varios nombres a lo largo de la historia; los nombres más usados han sido: *residentes* o *endocópridos*, para el grupo que desarrolla todo su ciclo vital dentro del excremento; *tuneladores* o *paracópridos*, para los que hacen las galerías bajo el excremento; y *rodadores* o *telecópridos*, para los que ruedan la bola. Aunque, en los últimos dos años, se han propuesto nuevos términos que hacen referencia sólo a su comportamiento a la hora de comer (dejando de lado lo que hacen para poner sus huevos), como *epifágico, endofágico, mesofágico, hipofágico* y *telefágico*, si algún día te da por leer artículos sobre estos animales, te toparás con esa primera terminología que hemos comentado. Existe otro término que quizás puedas escuchar y es el de *cleptocópridos*, aunque estos son poco abundantes en las regiones templadas (y son más típicos en las regiones tropicales y subtropicales); quizás la propia palabra te esté dando una pista del comportamiento de estas especies, porque, sí, son escarabajos ladrones: utilizan las bolas creadas por otras especies para su propia alimentación y reproducción.

En cuanto a una taxonomía muy general, en España tenemos tres grandes taxones: los afodinos (subfamilia Aphodiinae), los geotrúpidos (familia Geotrupidae) y los escarabeidos (subfamilia Scarabaeinae), todos ellos pertenecientes a la superfamilia Scarabaeoidea, una superfamilia amplísima que engloba a muchas familias que nada tienen que ver con la coprofagia. Los afodinos albergan a los escarabajos de menor tamaño y se trata de especies endocópridas generalmente; en España tenemos unas 106 especies de esta subfamilia. Los geotrúpidos son especies de mayor tamaño, generalmente paracópridas; en esta familia solo tenemos unas 40 especies en España. Y dejamos para lo último a los escarabeidos porque en esta subfamilia tenemos muchísima diversidad en todos los aspectos: algunas especies no llegan al centímetro, mientras que otras especies alcanzan los mayores tamaños de especies coprófagas. Además, hay especies paracópridas y telecópridas, sumando un total de unas 54 especies en España.

Los escarabajos coprófagos son un grupo muy variado en tamaños (desde 1.5 mm a 7 cm), colores y estructuras. Aquí en España podemos encontrar incluso una especie de color rosa metálico (*Trypocopris pyrenaeus*) u otra con una mancha negra de patrón muy curioso *(Aphodius coniugatus)*; especies con cornamentas como las de un toro (*Onthopagus taurus*), con cuernos saliendo de la cabeza (*Copris lunaris*) o de lo que podría ser nuestra chepa (*Typhaeus typhoeus*), que en los escarabajos se llama pronoto y sería esa parte negra que en las mariquitas está entre la cabeza y la parte roja... Una enorme diversidad acompañada de gran variedad de formas y colores.

SERVICIOS COMUNITARIOS

Ya eres bastante experto en el tema de los coprófagos, así que seguramente te estarás dando cuenta de la cantidad de beneficios que esas prácticas que hemos descrito ahí arriba pueden tener para el entorno natural en el que estos insectos viven. A ese entorno natural lo vamos a llamar «ecosistema» y esos trabajos que desempeñan en él los vamos a llamar —*grosso modo*—, pues, servicios ecosistémicos.

Hemos dicho que, para alimentarse y poner sus huevos, algunos de estos escarabajos hacen galerías en el suelo y desprenden trozos de excremento que entierran (ya sea debajo del excremento o a cierta distancia). Pues bien, esto no es poca cosa. Ya al inicio comentábamos que la descomposición de los excrementos era crucial para que no nos comiera la mierda (perdonad por la expresión). Esa descomposición y reciclaje de las boñigas es el servicio más obvio. Pero piensa una cosa: ¿qué hacemos los humanos cuando queremos abonar o fertilizar nuestras tierras de cultivo? Utilizamos estiércol, que básicamente son excrementos y que le viene muy bien a las plantas por su alto contenido en nitrógeno y materia orgánica. Así que te estarás percatando de que, al enterrar sus bolas de excremento, de paso están fertilizando la tierra, con todas las ventajas que eso tiene para las plantas que crezcan en ese lugar.

Pradera en la que se aprecian las diferencias debidas a la presencia (arriba) o ausencia (abajo) de escarabajos coprófagos: acúmulo de excrementos, degradación de la vegetación, pérdida de pasto...

Algunos de los trozos de excremento que son enterrados contienen pequeñas semillas de las plantas que han ingerido, por ejemplo, las vacas, por lo que, al ser enterrados, es como si hubiesen sido plantadas. Hay estudios que muestran que esa movilización de nutrientes que se da gracias al trabajo de los escarabajos aumenta la biomasa vegetal y la altura de las plantas. Plantan, fertilizan, dispersan... estos escarabajos son unos jardineros excelentes. Además, para hacer las galerías, remueven el sedimento y descompactan la tierra, contribuyendo en los procesos de bioturbación (mezcla de partículas de sedimento por acción de los animales o plantas), lo cual es positivo también, puesto que airea y facilita que el agua de la lluvia pueda llegar a más profundidad y no quedarse «atrapada» en los primeros centímetros del suelo.

Asimismo, podemos decir que, aparte de jardineros, son médicos-veterinarios, pues no vamos a negar que el excremento también es la residencia de otros organismos que sí son perjudiciales para el ganado o incluso para nosotros mismos: moscas, gusanos, parásitos, hongos, protozoos... Sin embargo, si hay unos escarabajos que se encargan de remover, romper, enterrar y hacer desaparecer el excremento, se pueden romper esas condiciones que les resultan tan idóneas a esos seres que nos desagradan.

La presencia de escarabajos coprófagos en los ecosistemas sería el equivalente a tener una dieta saludable, hacer ejercicio y cuidar mucho los hábitos, porque la propia biología de las distintas especies hace que la salud y la calidad de los ecosistemas sean mejores.

DEIDADES, MITOS Y LEYENDAS

Como estás comprobando, el escarabajo coprófago no solo es un insecto muy importante y beneficioso, es también un insecto muy carismático y emblemático: se alimenta de aquello a lo que, *a priori*, nadie saca partido; realiza bolas de caca perfectas que pasea por el campo, desaparecen cuando se entierran y, encima, mejoran las condiciones de sus entornos naturales. Y todo esto no ha pasado desapercibido a lo largo de nuestra historia.

Hay al menos tres grandes historias que rodean a los escarabajos coprófagos. Una de ellas está relacionada con el dios egipcio Jepri (o Khepri). Este era un dios autocreado, símbolo de la vida eterna y la constante transformación. Jepri renacía cada mañana como la fuerza que impulsaba esa gran bola que era el Sol, un sol de la mañana que era símbolo de vida eterna. Sus representaciones más comunes son un hombre cuya cabeza es directamente un escarabajo y un escarabajo que empuja al sol por el cielo (en vez de a una bola de excremento). Por otro lado, esta mitología de Jepri está relacionada con una antigua creencia muy curiosa acerca de la sexualidad del escarabajo sagrado; parece que la gente más observadora de aquella época se dio cuenta de que los nuevos individuos de escarabajos coprófagos salían directamente de una bola de excremento y esto les hizo pensar que no existían las hembras: los nuevos individuos provenían del semen que los machos inoculaban directamente sobre la bola de excremento. Y, de hecho, hay relatos antiguos que comentan este hecho. Plutarco, que fue un historiador griego nacido allá por el año 40, escribió lo siguiente en uno de sus escritos: «... pues no hay escarabajo hembra, sino que todos son machos. Se perpetúan depositando el esperma en el excremento, que modelan en forma de bola, disponiendo así no tanto un medio de alimentación como un lugar de generación».

Por otro lado, tendríamos al escarabeo egipicio, el escarabajo sagrado. Este escarabajo, que a casi todos nos han regalado alguna vez como amuleto, está relacionado con Jepri, pues representaba al Sol naciente y era símbolo de la resurrección. El escarabeo se corresponde con alguna especie del género de escarabajo coprófago *Scarabaeus*, seguramente a la especie *Scarabaeus saccer*, de las que ruedan la bola de excremento y que podemos encontrar en España. Esta especie es bastante vistosa por su gran tamaño, pues puede llegar a medir hasta cuatro centímetros.

Y, por último, en la mitología griega tenemos a otro personaje relacionado con el escarabajo coprófago: Sísifo. Resulta que Sísifo fue castigado por los dioses con un castigo humillador, queriendo los dioses que viviera en una especie de sinsentido. Aquel castigo consistía en empujar una gran piedra redonda desde la base hasta la cima de una montaña; el problema era que, al llegar a lo alto de la montaña, la bola volvía a rodar hacia abajo, en lo que suponía un ciclo eterno. En España tenemos una especie, cuya distribución es europea y norteafricana, llamada *Sisyphus schaefferi* en referencia a Sísifo por el símil con el coprófago, dedicado toda su vida a empujar su bolita de excremento como hacía Sísifo con su piedra.

Tanto el renacer diario de Jepri como el empujar de la piedra de Sísifo representan la eternidad y la repetición de algo una y otra vez. Sería como en la película *El día de la marmota* pero llevado a la deidad. Parece que este tipo de escarabajos, los coprófagos, no pasaron desapercibidos en la Antigüedad y gozaron de un papel muy importante en la mitología.

«AÚN NO TE HAS IDO Y YA TE ECHO DE MENOS»

Tras este paseo por la mitología, nos damos cuenta de que estos escarabajos han gozado de gran reconocimiento e importancia ya en el pasado. Y además, ya también conoces la gran labor que realizan en los entornos en los que viven. Entonces, ¿qué pasa si tenemos un lugar donde hay ganadería —y, por ende, muchas vacas u ovejas— pero no hay escarabajos coprófagos? Pues que tenemos un grave problema, tanto ecológico como sanitario. Sanitario porque hemos dicho que en el excremento pueden crecer algunos organismos patógenos para otros seres vivos y ecológico porque, si no hay descomponedores de excremento, el excremento se acumula en las praderas y, bajo el excremento, el pasto muere. Así que no solo es que las praderas se conviertan en una guarrería, sino que toda la vegetación que queda bajo las boñigas se pierde, perdiéndose por lo tanto extensión de pasto y, en consecuencia, alimento para el ganado. Y, sin alimento, tarde o temprano, se pierde el ganado.

Allá por el año 1800, en Australia, ocurrió un desastre como el que hemos descrito. Cuando llegaron los colonos ingleses, introdujeron siete vacas y, en cuestión de dos siglos, la población se disparó a 30 millones. Esto no tendría que ser algo malo en principio, pero el problema fue que, al tratarse de un animal introducido, no había una fauna coprófaga especializada en ese tipo de excremento (a diferencia de las zonas en las que llevan viviendo miles de años). Y, como ya hemos comentado al inicio, siete vacas pueden echar a perder fácil y rápidamente una buena extensión de pasto (imagina millones de vacas). Hasta la introducción de esas vacas, los animales herbívoros más grandes que había en Australia eran marsupiales como los canguros, cuyo excremento, además, tiene unas propiedades muy diferentes al de las vacas (es mucho más seco y fibroso). Así que el excremento empezó a acumularse y el pasto fue desapareciendo, provocando una gran pérdida económica en la agricultura australiana. Por añadidura, como ya hemos explicado, se dio el caldo de cultivo perfecto para el desarrollo de plagas (concretamente de las moscas *Haematobia irritans exigua* y *Musca vetustissima*). Estas especies de mosca, que sí son nativas de allí, de repente encontraron las condiciones perfectas para multiplicarse en esos excrementos. De haber habido coprófagos, muchas de sus larvas no hubieran sido capaces de completar su ciclo y no hubiesen acabado siendo una plaga.

Seguro que se te está ocurriendo una posible solución: la introducción de especies coprófagas que sí fuesen capaces de descomponer el excremento vacuno. En 1963, se tomó la decisión de introducir más de 20 especies de escarabajos coprófagos especializados en excremento bovino (porque, sí, las especies coprófagas tienen sus preferencias a la hora de elegir tipo de excremento). Y esta solución al gran problema ecológico, sanitario y económico dio buen resultado (pero, ojo, la introducción de especies es una medida muy delicada y que puede conllevar un montón de daños colaterales si no se hace bien).

Hasta ahora, no habíamos mencionado la importancia económica de estos pequeños seres, pero es lógico que, si su ausencia causa daños en los ecosistemas, pérdidas de pasto o problemas médico-veterinarios, también habrá asociado un impacto económico para paliar esos problemas. Por otra parte, si fertilizan la tierra, dispersan semillas y mejoran la salud de los ecosistemas, nos estarán ahorrando parte del dinero que tendríamos que invertir si nosotros cargásemos al cien por cien con los gastos derivados del cuidado y mantenimiento del ecosistema. En 2006, unos científicos estimaron en 350 millones de dólares los beneficios que en un año aportaban los coleópteros coprófagos al sector ganadero en Estados Unidos; ese cálculo lo repitieron para la industria ganadera de Reino Unido en 2015, cifrándolo en 412 millones de euros. Por lo que, si aún quedaba alguna duda sobre la relevancia de los escarabajos coprófagos, esperamos que, al ver estos datos, ya no te quede ninguna al respecto.

¿QUÉ LES PASA A LOS ESCARABAJOS?

Ahora que les hemos dado la importancia que se merecen, quizás te esté preocupando su estado de conservación. Es posible que hayas leído u oído que los insectos no están pasando por el mejor momento de su larguísima historia de vida. Y así es en general, porque los insectos es una clase tan amplia que es imposible que haya una generalización que se cumpla para todos.

No hay duda de que nuestro planeta está sufriendo un montón de cambios de todo tipo: deforestación, fragmentación de hábitats, cambios en los usos del suelo, cambios en los patrones de precipitación, aumento de la temperatura, etc. Y, claro, tanto cambio en nuestro entorno afecta a todos los seres vivos, que se ven obligados a buscar estrategias para paliar los efectos de estos cambios. Pero, obviamente, encontrar esas estrategias no es algo que siempre sea posible para todas las especies y, por eso, en los últimos años han saltado las alarmas al comprobar que numerosas especies de insectos están en declive. Sin embargo, aunque el panorama no debe dejar de alertarnos, lo cierto es que también se ha puesto de manifiesto que, para algunas familias de insectos, no hay muchos datos, por lo que realmente ni siquiera sabemos cómo de bueno o malo es su estado. En cuanto a si los coleópteros coprófagos están pasando por malos tiempos, lo cierto es que sí (aunque también es cierto que, según el último informe de la Unión Internacional para la Conservación de la Naturaleza —UICN— para 74 especies de la región mediterránea, no hay datos suficientes como para poder evaluar su estado de conservación). Ya por la década de los años 60, con todos los cambios que se estaban produciendo en los usos del suelo y en la ganadería, se empezó a sospechar que las comunidades de coleópteros coprófagos debían verse afectadas de manera negativa. Y ya a principios de los 2000, algunos autores constataron que, en la península ibérica y en nuestros países vecinos, las comunidades y poblaciones de estos escarabajos estaban disminuyendo. Y es que el abandono del campo, y la industrialización y la intensificación de la ganadería (en contra del uso de una ganadería de tipo más extensivo), es algo que afecta de forma especial a los escarabajos coprófagos. Esto se suma a otra amenaza muy específica para los coprófagos: el uso de las ivermectinas.

Las ivermectinas son unas sustancias antiparasitarias que son inyectadas al ganado de manera rutinaria anualmente. Este tratamiento es preventivo, similar a lo que ocurre con la vacuna de la rabia que ponemos a los perros, estén o no enfermos. Lo que ocurre con este antiparasitario es que no es metabolizado completamente y se excreta en las heces, dejándolas contaminadas de esta sustancia. Algunas de esas sustancias duran en los excrementos incluso semanas, pues son bastante resistentes a la degradación. Cuando los escarabajos coprófagos se alimentan de estos excrementos contaminados, su fertilidad y su capacidad sensorial y locomotora se ven alteradas, causándoles trastornos subletales; eso significa que no causan una muerte directa en los individuos pero sí condicionan muy negativamente su actividad, afectando a esos servicios ecosistémicos que mencionábamos anteriormente. Además, si disminuye su fertilidad, eso supone que, generación tras generación, la población de cada especie va a ser menor, hasta poder llegar a desaparecer en algunas zonas.

Aunque los cambios en las prácticas ganaderas y el uso de productos químicos veterinarios afectan de manera muy directa a este tipo de fauna, no podemos olvidarnos del efecto que el cambio climático y el calentamiento global pueden tener asimismo sobre estos escarabajos. El aumento de las temperaturas se está acelerando y eso afecta a toda la diversidad biológica. Si las especies pueden, irán desplazándose en busca de sus condiciones de temperatura idóneas (colonizando zonas más altas o más norteñas); a consecuencia de esto, se puede asumir que el cambio climático está modificando la composición y los patrones de abundancia y riqueza de las comunidades de escarabajos coprófagos. Ahora que seguro que ya les has cogido cariño, ¿no vamos a hacer todo lo posible por frenar el avance del cambio global?

Como has podido comprobar, a lo largo del capítulo te he hablado del papel tan esencial que tienen estos insectos en la naturaleza, especialmente en las zonas con carga ganadera. Puede ser que, desde los inicios de los tiempos, el ser humano ya fuera capaz de ver que estos pequeños seres ejercían grandes cambios beneficiosos en la naturaleza. Así que regresemos al principio de este capítulo. Volvamos a pasear en ese paisaje perfecto e idílico. Volvamos a observar cómo se mantiene todo en perfecto equilibrio. Vuelve a hacer ese barrido con la vista y sí, ahí los ves, están trabajando para que nuestro mundo esté más limpio y más sano.

EVA CUESTA

13. JINETES DEL APOCALIPSIS

«La introducción de especies foráneas, pues, es
el tercer jinete de nuestro Apocalipsis ambiental
(responsable del treinta y nueve por ciento de las
extinciones en los cuatro últimos siglos)».
MIGUEL DELIBES DE CASTRO (*La naturaleza en peligro*)

Los muros de Troya eran infranqueables. Aquiles, el héroe
griego, había caído en combate y, a pesar de traer a Neoptólemo,
su hijo, los huesos de Penélope y robar el Paladio —las condiciones impuestas por los oráculos para tomar la ciudad—, los
nueve años de guerra transcurridos pesaban sobre las espaldas
de los aqueos. Afortunadamente, la naturaleza, siempre presta
a enseñar con su sabiduría a aquellas personas que saben escu-
charla, iluminó la mente de Calcante tras observar a un halcón
escondido cazar a una paloma que salía de su escondite. De esta
manera, el adivino, sugirió idear una estratagema para tomar la
ciudad de Troya sin necesidad de asaltar sus murallas.

Es a partir de aquí, y bajo las instrucciones de Odiseo —o Atenea, según la versión—, cuando el famoso presente griego toma
la forma de un colosal caballo de madera a través de las manos
de Epeo, el mejor carpintero del campamento. El plan era sencillo y eficaz, entregar la estatua equina como regalo a los troyanos
bajo la dedicatoria: «Con la agradecida esperanza de un retorno
seguro a sus casas después de una ausencia de nueve años, los
griegos dedican esta ofrenda a Atenea». Para cuando los troyanos festejaban su victoria en la guerra con la estatua dentro de las
murallas, de la escotilla camuflada en el flanco derecho del obse-
quio salieron guerreros aqueos que se hallaban escondidos den-

tro, en número suficiente como para abrir las puertas de la ciudad y que la fuerza invasora entrara y destruyera todo a su paso. Esta historia puede ser considerada una creación mítica o la descripción de una máquina de guerra transfigurada por la imaginación de los cronistas, pero nada de esto es relevante para lo que te quiero contar, como tampoco lo es que te plantees quiénes son los buenos o malos de esta película. Sin embargo, en los poemas homéricos, el pueblo griego se puede ver como un invasor, un adjetivo otorgado a aquellos seres vivos —o inertes en el caso de los virus— con la capacidad de invadir. Y, cuando se trata de invadir, inevitablemente asociamos este verbo a connotaciones negativas. No porque lo diga yo, la misma RAE contempla seis definiciones diferentes para este verbo y todas y cada una de ellas conllevan implícitamente efectos negativos derivados de la acción de invadir. Pongamos un ejemplo de esto: si, en un paseo por tu parque favorito, encuentras a una especie animal no nativa o autóctona que proviene de otro ámbito geográfico o ecológico diferente, podrías decir sin miedo a equivocarte que se trata de una especie exótica; ahora bien, para que a esa especie se le pueda asignar la etiqueta de invasora, debe haber conseguido establecerse y dispersarse en la nueva región produciendo alteraciones en los ecosistemas. Por tanto, me atrevería a decir que, para los troyanos, los aqueos eran exóticos e invasores.

OMNIPRESENCIA Y OTRAS FACULTADES

Uno de los mejores ejemplos de especies exóticas e invasoras de gran impacto para los lugares donde logran establecerse lo constituyen las hormigas. Estas son, junto con los demás invertebrados, en palabras del célebre entomólogo Edward O. Wilson, «las pequeñas cosas que mueven el mundo», aunque en esta ocasión Wilson no se refería a la capacidad de poner el mundo patas arriba, sino que, más bien, pretendía resumir de forma metafórica la gran importancia ecológica de los invertebrados.

Como componentes integrales de los ecosistemas terrestres, las hormigas establecen múltiples interacciones con otros organismos. Muchas especies de hormigas son dispersoras de semillas de numerosas especies vegetales e incluso se ha resaltado su labor como polinizadoras de diversas familias de plantas. Con los animales también se relacionan y no solo actuando como depredadoras o presas, sino que además establecen complejas relaciones con multitud de especies, como por ejemplo las relaciones mutualistas que se dan entre las hormigas y los insectos chupadores de savia o las relaciones hospedador-parásito establecidas para una amplia gama de organismos que sienten afinidad por las hormigas y viven asociados a estas. Estos ejemplos, conocidos como servicios de regulación, solo constituyen la punta del iceberg de todos los servicios ecosistémicos que las hormigas ofrecen por el simple hecho de compartir el planeta con los seres humanos. En los servicios de apoyo, también llevados a cabo por las hormigas, se destaca el papel de estas en la descomposición y el ciclo de los nutrientes, la renovación del suelo o la alteración de este con la construcción de los nidos subterráneos. Al facilitar la creación y el mantenimiento de microhábitats sostenibles para una plétora de otros organismos, las hormigas son componentes claves en múltiples biomas y se han ganado el merecido título de ingenieras de los ecosistemas.

No hay duda de que, con más de 15 000 especies de hormigas en la actualidad, la gran diversidad de estas es crucial para el buen funcionamiento y mantenimiento de muchos ecosistemas terrestres —porque no han conquistado el medio acuático, aún—, pero, si hay una característica de este grupo animal que determina la escala de su impacto, es la abrumadora cantidad de hormigas que habitan en el planeta, es decir, su abundancia y, por extensión, la cantidad de materia viva de hormigas presentes, su biomasa. Y es que las hormigas se encuentran casi en cualquier sitio, desde el nivel del mar hasta a más de dos mil metros de altitud, tanto en la naturaleza como en ciudades, en parques o en el mismo interior de los hogares. La omnipresencia de estos insectos ha llevado a ilustres estudiosos de las hormigas no solo a preguntarse a lo largo de la historia cuántas hormigas hay en el mundo, sino también a intentar hacer estimaciones de su peso global. El mismo Edward O. Wilson y Bert Hölldobler fueron los primeros en declarar: «Sumadas, todas las hormigas del mundo juntas pesan aproximadamente lo mismo que todos los seres humanos». Hoy por hoy se estima que existen veinte cuatrillones de hormigas sobre la faz de la tierra, ¡esto son 20 000 000 000 000 000 000 000 000 de estos ubicuos insectos correteando por aceras, caminos, landas, taludes; bajo piedras, dentro del suelo; hojarasca, flores, árboles, la encimera de tu cocina, el comedero de tu mascota y un largo etcétera! Y, además, también se sabe que todas las hormigas del mundo constituyen colectivamente doce megatones de carbono seco. ¿Conocías esta unidad de medida? Porque, desde luego, yo no, ya que no acostumbro a usarla a menudo en el supermercado. Te estoy hablando de, nada más y nada menos, doce millones de toneladas de carbono seco, aproximadamente el veinte por ciento de la biomasa humana —más numerosa y obesa por momentos— y más que toda la biomasa de mamíferos y aves silvestres juntos.

La ingente cifra de hormigas citada no se distribuye de forma homogénea por todo el planeta. Si bien están presentes en todos los continentes a excepción de la Antártida, según muestran los mapas de biodiversidad global de hormigas, hay mayor diversidad de hormigas en los trópicos húmedos, alcanzando su punto máximo en las regiones tropicales, unos patrones de distribución lógicos a los encontrados en los vertebrados. Estos centros de gran riqueza de especies, conocidos como puntos calientes, coinciden con el Amazonas, el Bosque Atlántico de Brasil, Mesoamérica, África central y el sudeste asiático. No obstante, hay que tener en cuenta que las estimaciones realizadas para conocer la distribución de la diversidad de hormigas están impulsadas principalmente por las distribuciones de aquellas especies que han conseguido extenderse por gran parte del planeta, ya que estas son las que aportan muchos más registros que aquellas especies de distribución más restringida. Y, mira por dónde, muchas de estas especies de hormigas de amplia distribución están consideradas nada más y nada menos que exóticas e invasoras.

LA OTRA CARA DE LA MONEDA

La mayoría de las especies de hormigas exóticas e invasoras son de pequeño tamaño, no son nada escrupulosas a la hora de elegir un sitio donde instalar sus nidos y, además, encuentran en las perturbaciones ambientales una oportunidad para establecer sus dominios. Cada uno de estos ingredientes son ideales para elaborar una buena receta de «ampliación de distribución» con ayuda del hombre y otros factores, además de facilitar el establecimiento de los nuevos lugares donde llegan y la posterior propagación por ellos.

Asimismo, aparte de las ya mencionadas, existen otras características biológicas y ecológicas que convierten a determinadas especies de hormigas exóticas en invasoras particularmente poderosas. Buen ejemplo de esto son las altas tasas de reproducción que presentan muchas de ellas por la coexistencia de varias reinas ponedoras de huevos en una misma colonia de hormigas o la facilidad para fundar nuevas colonias a partir de una reproducción no sexual, en la que no intervienen los machos. Otra característica es la gran capacidad que tienen determinadas especies para monopolizar los recursos ambientales y desplazar a las especies nativas; si alguna vez has oído a alguien hablar de lo guerreras que pueden llegar a ser las hormigas, probablemente se haya quedado corto. Las hormigas compiten entre colonias de la misma o de diferentes especies por el alimento, los lugares donde establecer sus nidos e incluso la mano de obra. Su política exterior bien la resumieron Bert Höldobler y Edward O. Wilson en su libro *Viaje a las hormigas* como una agresión incesante, una conquista territorial y una muerte genocida siempre que sea posible, pero es que, además, muchas de las especies que actúan como invasoras son singularmente agresivas. Un tercer y último ejemplo es la capacidad para no presentar agresividad e incluso cooperar entre diferentes colonias de la misma especie, es decir, la capacidad para formar supercolonias: un rasgo que le otorga a la especie en cuestión un plus en la fuerza necesaria para dominar sobre las demás especies de hormigas con las que comparten el hábitat.

Como resultado, en la actualidad, se encuentran más de doscientas cuarenta especies de hormigas exóticas con muchas de estas características que han establecido poblaciones fuera de sus áreas de distribución nativas. A muchas de ellas se las conoce como especies «vagabundas» y se distribuyen principalmente en ambientes bastante modificados por la actividad humana sin causar daños aparentes, o al menos que se sepa. El cambio de etiqueta de «exótica» a «exótica e invasora», a fin de cuentas, lo acaba determinando el tiempo empleado en el estudio del comportamiento de dichas especies en su área no nativa. De hecho, se han propuesto unas veinte especies más como potencialmente invasoras. No obstante, aparte de las vagabundas y de las potencialmente invasoras, otras especies de hormigas exóticas que han ampliado su rango de distribución sí que son capaces de producir daños fácilmente palpables. La lista de especies invasoras de la Unión Internacional para la Conservación de la Naturaleza (UICN) contempla diecinueve de estas especies de hormigas, de las cuales cinco figuran entre «las cien de las peores especies exóticas invasoras del mundo», compartiendo *ranking* con especies tan problemáticas y conocidas como el mosquito tigre asiático o el caracol gigante africano.

Siendo solo cinco las especies de hormigas que figuran en esta peculiar lista negra, me parece acertado citarlas y de paso ayudarte a ir familiarizándote con unos nombres un tanto particulares: la hormiga loca amarilla (*Anoplolepis gracilipes*), la hormiga roja de fuego (*Solenopsis invicta*), la hormiga cabezona africana (*Pheidole megacephala*), la hormiga argentina (*Linepithema humile*) y la pequeña hormiga de fuego (*Wasmannia auropunctata*). Hormiga loca, hormiga roja de fuego, hormiga pequeña de fuego..., nombres temibles para unas de las especies de organismos, no solo de animales, más destructivas del mundo. Pequeños seres que, en el peor de los casos o en el mejor de ellos, según se mire, ni siquiera llegan al centímetro de longitud, pero que pueden llegar a ser muy problemáticos debido a los impactos negativos que plantean en las especies nativas, los servicios ecosistémicos que antes mencioné, la salud humana y animal, la agricultura y la economía.

En relación con los impactos ambientales negativos, las consecuencias que entrañan las invasiones biológicas por hormigas también escalan a niveles tróficos más altos, afectando a artrópodos y vertebrados nativos como anfibios, reptiles, aves y mamíferos, disminuyendo las poblaciones de ciertas especies y, en algunos casos, llegando a producir incluso su extinción. Como consecuencia de las guerras establecidas entre colonias de hormigas de distintas especies, las hormigas nativas terminan siendo desplazadas, aquellas especies que, en equilibrio con el ecosistema, nos brindaban importantes servicios y dirigían de alguna manera la evolución de los distintos organismos con los que compartían el hábitat. Por lo tanto, el problema generado por la invasión termina arrastrando daños mayores en los ecosistemas, cuyas funciones quedan alteradas. La dinámica de la red alimentaria cambia, el ciclo de los nutrientes se altera, incluso disminuye la polinización, un servicio ecosistémico del que depende el ochenta y cuatro por ciento de los cultivos que conocemos; dicho de otro modo, más de cuatro mil

Obrera mayor de hormiga cosechadora (*Messor barbarus*) siendo atacada e inmovilizada por varias obreras de hormiga argentina (*Linepithema humile*).

variedades vegetales existen gracias a este servicio, el cual se ve en peligro por las invasiones de hormigas.

Quizás no te parezca tan relevante que la existencia de algunas especies de sapos —estudiados en la reserva biológica de Doñana— se vea amenazada por la presencia de la hormiga argentina, la cual no solo desplaza a las especies de hormigas autóctonas de las cuáles se alimentaban los sapos, sino que, además, es capaz de poner en riesgo la salud de los batracios juveniles rociándolos con iridomirmecina, un veneno que se absorbe por la piel y afecta a distintos órganos hasta producir la muerte. No obstante, quizás te parezcan más preocupantes los problemas provocados por la misma especie de hormiga que, introducida en los siglos XIX y XX en Azores y Madeira, fue la responsable de numerosas plagas en los cultivos agrícolas insulares porque las susodichas cuidaban de las plagas de los cultivos —los pulgones— como si fueran su propio ganado. Las hormigas argentinas protegían a los pulgones de sus depredadores naturales y parásitos a cambio de unas gotas de mielato azucarado que estos producían, lo cual derivó en un aumento de las plagas con el consiguiente impacto sobre las plantaciones. No te sientas culpable —o sí— por esta preocupación desequilibrada. Por lo general, al ser humano le tocan más de cerca aquellas catastróficas desdichas que le afectan de manera más inmediata. ¿Y hay algo más inmediato para el ser humano que la producción agrícola, los daños en infraestructuras o la propia salud humana?

Lo cierto es que las hormigas invasoras también afectan sustancialmente a los activos humanos y, por ende, a la economía en general. Otro ejemplo lo constituye la pequeña hormiga de fuego ya citada, la cual no solo siente afinidad por las secreciones de los pulgones que infestan los cultivos, sino que, además, tiene aguijón y no duda en usarlo frente a una posible amenaza, produciendo en los agricultores picaduras muy dolorosas y provocando el abandono total de muchas plantaciones. Asimismo, la hormiga cabezona africana y la hormiga de Singapur (*Trichomyrmex destructor*) pueden vivir perfectamente en lugares antropizados y son capaces de masticar cables, produciendo así graves daños sobre el equipo eléctrico que, en ocasiones, pueden desembocar en incendios. Las invasiones de hormigas exóticas traen, por tanto, no solo fuertes alteraciones en los ecosistemas invadidos, sino también costes económicos para el ser humano, incluidas pérdidas y gastos de gestión.

LOS COSTES DE NUESTRA NECEDAD

Permíteme que recurra de nuevo a citar el lenguaje universal —el dinero— para subrayar la magnitud del problema que plantean las hormigas invasoras. ¿Puedes hacerte una idea del coste económico provocado por el impacto de estas armas de destrucción masiva en sus áreas de invasión? Antes de que te pongas a hacer estimaciones, te adelanto que, casualmente, ya lo han hecho por ti y por mí, dado que recientemente salió publicado, en una revista científica de prestigio, un estudio internacional llevado a cabo por un equipo científico compuesto por investigadores de España, Australia, Francia, Marruecos, Italia, República Checa, India, Kuwait y Japón en el que se estimaban los daños ocasionados en veintisiete países por doce de las diecinueve especies de hormigas exóticas e invasoras catalogadas por la UICN. El estudio reveló que los costes alcanzan la cifra de nada menos que 46 000 millones de euros desde 1930 hasta la actualidad. Más del noventa por ciento de esos 46 000 millones de euros son costos asociados a los daños ocasionados, de los que los sectores agrícolas, públicos y de bienestar social son los principales afectados. Curiosamente, más del ochenta por ciento de los costes se concentran fundamentalmente en Australia y Estados Unidos, y están asociados únicamente a dos especies, debido a las picaduras que estas producen: la hormiga roja de fuego y la pequeña hormiga de fuego. El resto del gasto total lo constituyen los costes de gestión que se invierten *a posteriori*, es decir, para controlar la invasión, mientras que los destinados a medidas preventivas, como la detección temprana, son escasos.

Varias obreras de la hormiga cabezona africana (*Pheidole megacephala*) mastican un cable, produciendo un cortocircuito.

El cálculo pudo llevarse a cabo gracias a la información de InvaCost, la primera base de datos que compila los costes económicos asociados con invasiones biológicas en todo el mundo. Sin embargo, solo 9400 millones de euros fueron obtenidos de los gastos observados y registrados por InvaCost. El resto del dinero fueron costes asociados a gastos que no se habían tenido en cuenta pero que pudieron estimarse para las áreas invadidas donde no se habían cuantificado los gastos y para los costes proyectados en el futuro. Hacer este tipo de estimaciones espaciales y temporales es de suma importancia para aumentar la visibilidad y conciencia de la gravedad del asunto, puesto que, hasta la fecha, los informes sobre los importes económicos estaban sesgados y solo se habían fundamentado, principalmente, en la evaluación de los gastos de la gestión para controlar las invasiones y en los costes asociados a algunas especies de hormigas invasoras más populares por su gran impacto, como la hormiga roja de fuego.

Sin ir más lejos, en España, los pocos datos de costes de hormigas invasoras registrados se fundamentan en gastos de investigación sobre las hormigas que invaden las islas Canarias y en costes de control de la hormiga del jardín (*Lasius niger*) en propiedades privadas. Pero ¿seguro que se han contabilizado todos los daños en propiedades privadas? ¿Y qué pasa con aquellos gastos en investigación que no han podido ser contabilizados porque las administraciones no los han registrado? Ejemplo de ello son los pagos en las aduanas, con los que el estudio no contó, donde se revisan los cargamentos con objeto de detectar e impedir la entrada de especies invasoras. Y suerte que, en España, todavía no se han extendido hormigas invasoras que causan daños a la salud pública, y digo «extendido» porque haberlas, haylas, ya que en 2018 se documentó la primera población europea de la pequeña hormiga de fuego en una urbanización de Marbella (Málaga) donde ya se alzaron las quejas de los particulares por las picaduras.

Y, por si todo esto fuera poco, tenemos a los demás componentes del cambio global pisando fuerte y potenciando el daño causado por estas pequeñas invasoras. Menos mal que, contrariamente a las expectativas generales, el cambio climático y las especies de hormigas invasoras no actuarán sistemáticamente de manera conjunta. Las invasiones de hormigas probablemente seguirán siendo un problema global importante, especialmente donde las invasiones coincidan con los puntos críticos de biodiversidad; aun así, un clima adecuado seguirá siendo un requisito previo para el establecimiento de las especies invasoras en nuevas regiones del mundo. En general, es poco probable que el cambio climático potencie el aumento de las invasiones de hormigas, pero cierto es que algunas especies se beneficiarán de un clima más favorable para ellas, lo que repercutirá, por lo tanto, en una mayor propagación.

CABALLOS DE TROYA

Sea como fuere, el daño ya está hecho —y se sigue haciendo—; ahora bien, ¿cómo hemos llegado a este punto? ¿Cómo han conseguido estos invasores tan destructivos llegar a todos los confines de la Tierra, extendiendo sus áreas de distribución?

Como habrás podido comprobar en el relato troyano, las historias de invasión son complejas. No basta con ofrecerle un viaje gratuito a una colonia de hormigas invasoras. Una buena dispersión es el resultado de las tres fases temporales en las que se da. Durante la fase de salida, la primera, el aspecto clave es el número de individuos de la especie que abandona su área de distribución nativa (o invasora); este nivel de salida no solo va a determinar la presión que ejercerán los invasores, sino también el éxito de la invasión: no es lo mismo que se transporte un puñado de obreras estériles que una colonia completa con la reina o las reinas ponedoras de huevos. Es la segunda fase, la de transporte, la que va a determinar la distancia y dirección a la que se van a dispersar las hormigas desde su área de origen; en una dispersión mediada por el hombre, esto va a depender de las diferentes actividades humanas y distintas redes de transporte. La tercera fase es la de llegada, la más estudiada por el hombre porque también es la más fácilmente observable; la calidad del confinamiento donde estaban transportadas las hormigas va a influir en buena medida en la probabilidad de escapar de su cautiverio. Además, para que se dé una invasión deben establecerse múltiples introducciones independientes y, asimismo, también deben darse introducciones secundarias en las que las poblaciones invasoras ya establecidas sirvan como fuentes de donde salen los propágulos invasivos, un fenómeno conocido como «efecto cabeza de puente».

No obstante, aquí no solo he venido a hablarte del pecado, sino también del pecador: el ser humano, ya que la expansión global de las distintas especies de hormigas invasoras ha sido influenciada en gran medida, pero de manera diferente, por los principales eventos de la historia humana reciente. Me estoy refiriendo concretamente a las olas históricas de globalización, las guerras mundiales y las pérdidas generalizadas de la actividad económica mundial. Aunque es extremadamente difícil proporcionar evidencias de introducciones tempranas de hormigas invasoras, se puede afirmar que, con mucha probabilidad, las hormigas invasoras han sido transportadas de forma accidental por la humanidad, a lo largo y ancho del planeta, desde que se establecieron las rutas comerciales de larga distancia. Buen ejemplo de esto se encuentra en la aparición como invasora global de la hormiga de fuego tropical (*Solenopsis geminata*) cuando las rutas comerciales españolas conectaron el Nuevo Mundo con Europa y Asia, allá por el siglo xvi.

La década de 1850 trajo consigo el comienzo de la Segunda Revolución Industrial y, con ella, el desarrollo de mejores redes de transporte y tecnología. Esto propició los movimientos humanos y, con ellos, el medio necesario para que muchas especies invasoras pudieran invadir nuevas zonas en todo el mundo. Curiosamente, un estudio llevado a cabo con treinta y seis especies de hormigas reveló que las invasiones por parte de estas aumentaron rápidamente hacia finales del siglo xix. Posteriormente, la Primera Guerra Mundial, la crisis económica de 1929 y la Segunda Guerra Mundial trajeron consigo una disminución en las tasas de invasión, hasta que, después de la década de 1970, los niveles de aperturas nacionales superaron a los que había antes de las guerras, repercutiendo en un aumento en el comercio internacional y, de nuevo, favoreciendo las tasas de invasión por parte de las hormigas.

Por lo tanto, se deduce que las dinámicas de invasión de las hormigas siguen las dos olas de la globalización moderna, aquellas que definen la historia mundial reciente. La primera ola (1850-1914) se caracterizó por llevar a cabo intercambios entre países europeos y sus antiguas colonias, mientras que en la segunda ola (1960-actualidad) se dan intercambios más equitativos entre países y el surgimiento de nuevos poderes económicos. En resumen, y sin ánimo de lucir mis dotes sobre la historia de la humanidad, las cuales brillan por su ausencia, quédate con la copla de que, desde hace doscientos años, las invasiones biológicas están muy relacionadas con la apertura general de la compra, venta e intercambio de productos. De hecho, en un estudio en el que se siguieron las rutas de noventa y siete productos básicos de seis regiones del mundo a los Estados Unidos, los investigadores revelaron que el tráfico de estos productos estuvo fuertemente asociado con los orígenes geográficos de los movimientos de hormigas exóticas.

A estas alturas te estarás preguntando de qué tipo de comercio te estoy hablando y cuáles son los productos en los que viajan gratuitamente nuestros aqueos de seis patas. Pues justamente me estoy refiriendo al comercio general, al agrícola y al de plantas y frutas, que influyen en apreciadas mercancías tales como madera, árboles y otras plantas vivas, bulbos, raíces, flores ornamentales, hortalizas, raíces, tubérculos, frutas y nueces comestibles e incluso la piel de cítricos o melones. Pero no creas que todos los tipos de cargas conllevan el mismo riesgo de ser infestadas, ni siquiera todas las especies invasoras viajan en el mismo tipo de mercancías. Por ejemplo, las hormigas interceptadas en Australia se han encontrado principalmente en plantas vivas, madera, verduras y frutas, mientras que las interceptadas en Taiwán se asocian más frecuentemente con la madera. Estas diferencias pueden ser el reflejo de las desigualdades en las políticas de bioseguridad de los diferentes países, aunque también hay que tener en cuenta las características propias de cada especie y de las mercancías importadas.

Además, no se debe olvidar que, en la actualidad, existe otro tipo de comercio potencial que puede ayudar a muchas especies de hormigas a expandir sus áreas de distribución a lo largo y ancho del planeta bajo la etiqueta de exóticas e invasoras. Estoy aludiendo al comercio de mascotas, el cual se ha convertido en un negocio global multimillonario con decenas de millones de animales comercializados. Y dentro de este negocio en auge, las hormigas también tienen cabida. De hecho, tener hormigas como mascotas es algo que se viene haciendo por interés didáctico o por el mero placer de su observación desde hace décadas. No obstante, el comercio de especies exóticas es harina de otro costal, por lo que, volviendo a un tema que nos atañe, ¿crees que la expansión de la distribución de las especies invasoras por el comercio ocurre porque, con el tiempo, las especies de mascotas tuvieron más oportunidades de convertirse en invasoras o porque las especies invasoras tienen un mayor éxito comercial? Recientemente, y gracias, entre otras cosas, a las redes sociales, se sabe que las especies de hormigas exóticas e invasoras están sobrerrepresentadas en el emergente comercio de hormigas como mascotas, al igual que lo están las numerosas especies exóticas e invasoras de mamíferos, aves, reptiles, anfibios y peces. Esto mismo está constatado por un reciente estudio en el que se utilizaron más de 37 000 publicaciones de Instagram para identificar los países involucrados en el comercio de mascotas y reflejar la composición de las especies con las que se comercia y el éxito comercial de estas. Entre las especies comercializadas, las hormigas invasoras estaban sobrerrepresentadas. Quizás sea pronto para decir que el comercio de hormigas exóticas está fomentando las invasiones por parte de las hormigas, pero, si algo se saca en claro de todo esto, es que el comercio de mascotas favorece específicamente a las especies invasoras. Es más, las especies de hormigas con el mayor éxito comercial tienden a estar más distribuidas y tienen requisitos de hábitat más generalistas; mira por dónde, características asociadas con la invasión.

Y es que gusta lo exótico, lo que normalmente no se tiene tan al alcance de la mano, y digo «tan» porque, a estas alturas, casi todo se consigue en un abrir y cerrar de ojos, al tiempo de un clic y recibiéndolo en casa por un sistema cualquiera de paquetería. A las personas les gusta recrear atmósferas que sugieren el atractivo de lo inesperado y las tierras lejanas. ¿Por qué conformarse con criar en cautividad a una inofensiva colonia de hormigas cosechadoras (*Messor barbarus*), autóctonas y abundantes en la península ibérica, si existe la oportunidad de hacerse con una colonia de la exótica hormiga cepo (*Odontomachus monticola*) de los bosques húmedos asiáticos, cuyo cierre mandibular es uno de los movimientos animales más rápidos registrados? Es aquí donde debo y quiero dar un tirón de orejas para ir terminando, pero solo a aquellas personas que se sientan identificadas.

Creo que he expuesto suficientes motivos como para que se tome una mayor conciencia de los riesgos relacionados con el comercio internacional de especies de hormigas como mascotas. Para los hispanolectores, con más de doscientas cincuenta especies autóctonas de hormigas en la península ibérica e islas españolas, con una biología y comportamiento singulares a la vez que alucinantes, ¿qué necesidad hay de criar especies de otros lugares remotos arriesgándose a poner en peligro los ecosistemas y, por ende, nuestra vida?

No te dejes engañar por este presente griego de apariencia agradable, pero de terribles consecuencias. No hay que olvidar que somos los seres humanos los que propagamos por todo el mundo, mediante el comercio, astutos, engañosos y peligrosos caballos de Troya que guardaban en su interior los invasores más destructivos y extendidos en todo el mundo, responsables, junto con otras especies de organismos invasores, del treinta y nueve por ciento de las extinciones en los cuatro últimos siglos; en palabras del ilustre biólogo Miguel Delibes de Castro, el tercer «jinete del apocalipsis ambiental» desatado sin querer —o queriendo— por nosotros mismos. Nuestra historia cambió la vida de unos pequeños seres que a la vez siguen cambiando y marcando nuestra historia y la de nuestro planeta.

J. Manuel Vidal-Cordero

14. ¡MÁS MINÚSCULOS, MENOS PESTICIDAS!

«El estudio de la entomología es, por consiguiente,
de la mayor importancia en la agricultura moderna,
y muy equivocados viven los que no ven en estas
pacientes investigaciones de muchos sabios sino
estudios teóricos de poca importancia práctica».
Los insectos auxiliares de la agricultura, 1913

Pienso en las primeras tribus sedentarias de la historia, allá por
el Neolítico, y puedo imaginarme a uno de nuestros ancestros
sentado delante de las plantas que ahora tenían que comenzar,
en cierta forma, a cuidar para cosechar. Observando para aprender. Descubriendo cómo había polillas cuyas orugas competían
por la obtención de ese alimento, pero también cómo las libélulas
se llevaban entre las patas a esas polillas para comérselas. Hace
más de 10 000 años, alguien ya se dio cuenta de que había insectos que nos ayudaban en el mantenimiento de nuestras plantas
y, por tanto, en la obtención de mejores flores, hojas, tallos, frutos
y raíces. A partir de ahí, la convivencia se volvió más estrecha.

El primer registro por el que tenemos constancia del manejo
intencionado de insectos en el control de plagas es del siglo III,
cuando en China empleaban hormigas depredadoras (*Oecophy-
lla smaragdina*) en los cítricos, incluso colocando cañas atrave-
sadas de un árbol a otro para que pudieran moverse con facilidad. Ya en la Edad Contemporánea, toda la sabiduría aprendida
y aplicada durante siglos se ha difuminado en solo unas cuantas
décadas. El uso irracional y abusivo de pesticidas nos ha llevado
a una situación en la que no solo se ha favorecido el declive de

los insectos, sino que también se nos ha alejado de ellos y de su conocimiento. Sin embargo, precisamente son los propios insectos auxiliares y demás organismos beneficiosos los que nos pueden ayudar a reducir esa dependencia y obsesión por los pesticidas. La historia está plagada de ejemplos en los que el trabajo de estos minúsculos ha evitado el uso de pesticidas.

LOS QUE AUXILIAN, PIDIENDO AUXILIO

Llamamos insectos auxiliares o beneficiosos a los que nos ayudan en el mantenimiento y cuidado de nuestras plantas, cultivadas o no. Por ejemplo, mediante la depredación y el parasitismo de otros que las dañan y pueden llegar a generar plagas. A esto lo llamamos control biológico, un servicio ecosistémico generado por la interacción entre especies —no sólo de insectos— y que es clave para la estabilidad y conservación de nuestro entorno.

Nos obsesiona calcularlo y monetizarlo todo para justificar la existencia de algo y darle importancia o no en función a su valor económico. Es muy complejo calcular el costo de los servicios ecosistémicos, pero lo hacemos. Su valorización nos da una idea de lo que tendríamos que poner de nuestro bolsillo para sustituir su deterioro y pérdida. En el caso del control biológico, se ha estimado un valor anual por encima de los 91 mil millones de euros a nivel mundial. Para que te hagas una idea del orden de magnitud, según el Centro de Investigaciones Económicas y Empresariales, la economía mundial llegó a esa cifra por primera vez en 2022. Parece que esa cantidad de bichejos minúsculos que pasan desapercibidos en la huerta, el parque o el bosque hacen un valiosísimo trabajo. Sin embargo, están en problemas.

En los últimos años, se han ido sucediendo estudios que ponen de manifiesto su alarmante declive. Los resultados varían en función del estudio, pero una de las razones principales está clara para todos: el cambio en el uso del suelo y la intensificación agraria, junto con el uso de pesticidas. Uno de los más recientes señala una reducción del 50 % en su abundancia y del 27 % en el número de especies según las características del territorio, llegando en las zonas más afectadas al 63 % y 61 % respectivamente. La intensificación agraria que se inició durante el siglo XIX fue propiciada por una mayor disponibilidad de pesticidas, que nos ha llevado al abusivo uso de hoy día. La banalización y normalización del uso de sustancias como los herbicidas ha hecho que no solo sean un problema generado en áreas agrícolas: también, en nuestra red de carreteras, donde se aplican productos como el glifosato en miles de kilómetros de arcén, además de en nuestros pueblos y ciudades, donde parques, jardines, calles y solares no están libres de su uso innecesario e incluso temerario, por una cuestión de salud pública. En la última década, sólo en Europa se ha vendido una media anual de 330 millones de kilos en pesticidas (kilogramos de materias activas de insecticidas, acaricidas, fungicidas, molusquicídas, herbicidas y reguladores de plantas) y algunos años se han superado los 350 millones. Además, a esto hay que añadir un porcentaje no regularizado correspondiente al mercado negro y que la OECD calculó en 13,8 % para 2021. Los pesticidas ayudaron a aumentar el tamaño de la superficie de cultivo, facilitando el monocultivo, sustituyendo labores culturales y tareas manuales y mecánicas para el control de plagas y hierbas. Con la tecnificación en su aplicación, se normalizaron los tratamientos por calendario y su aplicación en la totalidad de la superficie. En consecuencia, el medio agrario se ha ido simplificando, se ha perdido diversidad vegetal en las áreas de cultivo, se han eliminado áreas naturales colindantes, lindes, setos, riberas... prácticas que han llegado a ser consideradas labor cultural habitual en el proceso de homogeneización del área cultivable.

Esta pérdida de biodiversidad ha favorecido a los fitófagos asociados a los cultivos, quienes encuentran en ellos su hábitat, ven cubiertas sus necesidades y, además, tienen mayor facilidad para adquirir resistencia a los químicos. En cambio, ha ido en detrimento de multitud de otros organismos, como los depredadores y parasitoides, quienes presentan mayor sensibilidad y además tienen otras necesidades, como presas alternativas cuando no las encuentran en el cultivo, otros alimentos en forma de néctar o polen y lugares donde refugiarse, donde reproducirse. De modo que el control biológico y las medidas culturales que lo propiciaban quedaron bajo mínimos frente al control químico. Los insectos y demás organismos auxiliares, entre los que también se hallan polinizadores y descomponedores, quedaron relegados al ostracismo junto con el resto de los minúsculos. Pero la aplicación de pesticidas no solo afecta al lugar donde se produce. A través de la deriva, evaporación, infiltración o escorrentía, llegan a zonas tanto colindantes como lejanas, viéndose afectados quienes allí se encuentren. Esto no suele traducirse en una muerte directa, pero sí en un amplio catálogo de efectos como desorientación, comportamientos anormales, inanición, infertilidad y otros que llevan a una muerte indirecta, comprometiendo a poblaciones de insectos lejos de la maquinaria de tratamiento.

Potenciar el control biológico por conservación es restaurar nuestro entorno y minimizar el uso de pesticidas. Es aplicar agroecología, estudiar y entender la importancia de las infraestructuras ecológicas en torno a los cultivos. Si algo hemos de aprender de todo lo vivido en los últimos 200 años es que contar con los insectos auxiliares es lo más inteligente que podemos hacer para mejorar nuestra salud y bienestar. Ahora nos toca devolverles el favor, ahora nos toca auxiliarlos.

MÁS ALLÁ DEL TRAJE ROJO CON LUNARES NEGROS

Hay un minúsculo mundialmente considerado como icono en la cultura popular que, siendo insecto, genera un sentimiento amable y opinión positiva. De amplia distribución y fácil de ver, es especialmente valorado por amantes de las plantas cultivadas en jardines y huertas, al librarlas de los molestos pulgones, evitando así la necesidad de aplicar sustancias tóxicas. A su imagen se la relaciona con lo verde, lo ecológico, lo sostenible o cualquier otro término que se te ocurra ambientalmente *friendly*. Se trata de la mariquita representada en rojo con puntos negros, a imagen y semejanza de la conocida *Coccinella septempunctata* o mariquita de siete puntos, muy común en Europa. O de otras parecidas como *Hippodamia convergens*, distribuida por toda América. Pero el conjunto de las mariquitas o coccinélidos —como se denomina a estos pequeños escarabajos de la familia Coccinellidae— va más allá de este aspecto y de estos dos colores; es sorprendentemente más diverso.

Son en torno a 120 especies las que tenemos identificadas en la península ibérica, 250 en Europa y unas 6000 en todo el mundo. De entre ellas, además de rojas, las hay granates, naranjas, marrones, amarillas e incluso rosas con manchas de formas variables, negras y blancas. También abundan las que son negras en su totalidad o aquellas sobre las que predomina el color oscuro. Por lo que no todas son llamativas, ni en cuanto a coloración, ni en cuanto a tamaño, ya que algunas apenas superan el milímetro de longitud, como las del género *Stethorus*. Pongamos tres ejemplos de mariquitas poco llamativas, que además nos sirven para comprobar cómo estos pequeños y afables escarabajos forman parte de la historia del control biológico.

A finales del siglo XIX, en California, se empieza a considerar el control biológico aplicado como disciplina científica, importando y probando con éxito agentes controladores procedentes de los lugares de origen de las nuevas plagas exóticas que iban apareciendo ante el avance e implantación de cultivos como los cítricos. A esta importación, ensayo y suelta se la denominó control biológico clásico. Tras el éxito americano, multitud de países siguieron sus pasos. Fue en 1908 cuando, desde la Comunidad Valenciana, se hizo la primera solicitud para importar a un coccinélido, llamado *Rhizobius lophantae* —negro, con el pronoto marron rojizo—, con el fin de controlar a los diaspinos o piojos de California que afectaban a cítricos y plantas ornamentales. Los resultaros fueron dispares: realizaron un buen control de contención y mantenimiento con un nivel bajo de presencia, pero se mostraron ineficaces con uno alto. Posteriormente, a primeros de los años 20, se importa otra mariquita llamada *Rodolia cardinalis* (también, por sus sinónimos, *Vedalia cardinalis* o *Novius cardinalis*) —granate con grandes manchas negras—. El objetivo en esta ocasión era el de controlar otra cochinilla, conocida por la acanalada (*Icerya purchasi*, familia Margarodidae), que también había entrado recientemente y que estaba causando estragos en los cítricos. El resultado fue demoledor: esta mariquita limpió literalmente de cochinilla acanalada los árboles y se expandió fácilmente, aclimatándose a la zona mediterránea y la costa atlántica sur. Aquí empleábamos cianuro —con todo lo que supone eso— para el control de plagas como las cochinillas. *Rodolia cardinalis* demostró que podía sustituirlo en el control de la cochinilla acanalada.

Otro ejemplo exitoso de control biológico clásico que se produjo a continuación se inició en 1927 con el coccinélido *Cryptolaemus montrouzieri* —negro, con el pronoto anaranjado—.

Una mariquita *Rodolia cardinalis* dando cuenta
de cochinillas acanaladas (*Icerya purchasi*).

Este se introdujo como depredador de la cochinilla algodonosa (*Planococcus citri*, familia Pseudococcidae) y, casi un siglo después, sigue siendo una especie que se emplea en la protección de cítricos, frutas, hortalizas y plantas ornamentales para el control de nuevas especies de cochinillas algodonosas, a las que se enfrentan miles de personas que producen nuestros alimentos y cuidan nuestros jardines. Gente anónima en lugares anónimos. Aunque también podemos constatar su empleo y consideración en ubicaciones tan emblemáticas como el majestuoso invernadero «the Palm House» del Real Jardín Botánico de Kew en Londres, donde libra de cochinillas chupadoras de savia a multitud de delicadas plantas, incluido un ejemplar de cícada considerado la planta en maceta más antigua del mundo.

En definitiva, tres especies de mariquitas depredadoras nativas de Australia, al igual que las plagas que controlan, que iniciaron el control biológico clásico en España y que a día de hoy han ahorrado una cantidad incalculable de pesticidas. Pero, lejos de la controversia que puede suscitar la importación de agentes de control biológico, contamos con mariquitas nativas que forman parte del complejo depredador que mantiene libre del exceso de *chupasavias* a nuestros bosques, jardines y cultivos.

Las mariquitas están muy presentes en nuestro entorno tanto urbano como forestal y agrario. Su amplia distribución, la variabilidad de presas y la diversidad de hábitats requeridos hacen de los coccinélidos buenos bioindicadores. Donde vivo, es frecuente encontrar a inicios del verano, sobre los olmos de las calles, a la mariquita rosada (*Oenopia doublieri*) alimentándose del pulgón amarillo del olmo (*Tinocallis saltans*), aunque, después de quince años, se ven menos conforme han intensificado la poda en ellos y han sido sustituidos por otras especies. Hace poco, estuve en una finca agroecológica de aguacates en Tenerife donde, en apenas un par de horas y en unos cuantos metros cuadrados, pudimos observar hasta seis especies de mariquitas —*Chilocorus canariensis, Delphastus catalinae, Exochomus nigripennis, Harmonia axydiris* (especie catalogada exótica invasora), *Hipodamia variegata* y *Nephus sp.*—, que suponen un 12,5 % de las especies citadas en las islas Canarias —hay cuarenta y ocho—; la mayoría se estaban alimentando de la cochinilla del aguacate (*Nipaecoccus nipae*), manteniendo niveles tolerables en una finca con baja intensidad de pesticidas y una buena conservación de infraestructuras ecológicas.

Son ejemplos de cómo la gestión de nuestro entorno más inmediato dará mayor o menor cobijo a estos pequeños escarabajos beneficiosos, que forman parte de ese complejo de organismos que nos proporciona un entorno más saludable y que ayudan a que las frutas y hortalizas que comemos también lo sean, al evitar la proliferación de sustancias tóxicas en forma de plaguicidas. A partir de ahora, cuando veas una mariquita, acuérdate de que hay muchas más allá del traje rojo con lunares negros. Y, aunque no las veas, seguro que están más cerca de lo que crees.

EL BUENO, EL FEO Y EL... BUENO

Los organismos auxiliares o beneficiosos, entre los que se encuentran insectos y ácaros, pueden parecerte bonitos o feos, pero nunca malos, porque ninguno de ellos supone peligro o riesgo alguno para nosotros. Todo lo contrario, son depredadores y parasitoides que, en cualquier caso, aterrorizarán a sus presas y hospederos —otros insectos y ácaros—. Sin embargo, tenemos incrustado en el subconsciente un temor irracional hacia ellos en general o algunos en particular.

Es escuchar las palabra *chinche, ácaro, avispa* o *mantis* y automáticamente se activan mecanismos de defensa ancestral en forma de zapatazo, carpetazo o rociada interminable de espray insecticida como si no hubiera un mañana. La connotación negativa atribuida a esos términos está muy arraigada en la sociedad. Basta con echar un vistazo al diccionario de la RAE para comprobar, por ejemplo, cómo las chinches son unas chupasangre y las avispas pican causando escozor e inflamación. La fama de unos pocos afecta al resto, que son muchísimos. Hay ejemplos para contrarrestar esta situación y mostrar que, lejos de ser un incordio, son toda una ayuda. Uno muy significativo es el de las chinches de las flores, también conocidas comúnmente como *Orius*, género al que pertenecen. Las más famosas dentro de la familia Anthocóridae por su papel en la historia reciente del control biológico de plagas.

La agricultura intensiva de finales del siglo XX en España, especialmente vinculada a invernaderos, fue una importante fuente de contaminación y controversia que derivó en escándalos por residuos pesticidas. Y, lo menos aireado, en multitud de intoxicaciones anónimas de quienes trabajaban en el campo. Aunque el control biológico era una estrategia que se llevaba trabajando desde los 80 de forma decidida, aún era algo muy residual y puntual, impulsado por gente a la que se consideraba más *freak* que profesional en el ámbito agrario. Uno de los problemas que se encontraba el avance del control biológico era el uso regular e indiscriminado de organofosforados como el metamidofos o isofenfos-metil, organoclorados como el endosulfan y neonicotenoides como el imidacloprid, cuya alta toxicidad y cuyos persistentes residuos impedían que los ensayos y experiencias llegaran a ningún sitio. En definitiva, todo bicho viviente caía fulminado. Sin embargo, el mercado europeo fue evolucionando y volviéndose cada vez más exigente y, llegado el siglo XXI, se empezaron a prohibir pesticidas tan problemáticos como los dos organofosforados citados. Pero los problemas seguían sucediéndose y alertas europeas como la de 2006, por residuos del prohibido isofenfos-metil en pimientos procedentes de los invernaderos de Almería, fueron un punto de inflexión para el control biológico. Se aprovecharon la coyuntura y la investigación y conocimientos generados durante años, junto con la experiencia previa realizada en zonas de producción de Murcia. Esto se materializó en que una chinche depredadora se impuso en la sustitución de los químicos para el control de plagas tan problemáticas como el trip en pimiento. Hoy día, *Orius* —la especie *Orius laevigatus* es la que se comercializa y emplea para realizar sueltas en los cultivos por estar mejor adaptada a este ambiente, pero es una especie europea que está presente en el medio natural junto con otras igualmente depredadoras como *Orius albidipennis, Orius niger* y

Orius majusculus—, en combinación con el ácaro depredador llamado *Amplyseius swirskii* (familia Physoteiidae), hace del control biológico la mejor de las estrategias en el manejo del trip y otras plagas en cultivos de invernadero, alimentándose de sus huevos, larvas y adultos a lo largo del desarrollo del cultivo.

De la misma manera, podemos poner otro ejemplo similar con avispas. Pero no de la primera que se te viene a la cabeza, sino de avispas minúsculas de apenas unos pocos milímetros. Avispillas que pasan totalmente desapercibidas, que no son sociales ni construyen panales. Totalmente inofensivas para nosotros, causan estragos en las poblaciones de pulgón. Son las avispillas Aphidinas (*Aphidius colemani, Aphidius matricariae, Lisyphlebus testaceipes, Binodoxys angelicae* o *Praon volucre*, entre otras), de la familia Braconidae y la subfamilia Aphidiinae, y forman parte de lo que se denominan avispas parasíticas. No son depredadoras, sino parasitoides generalmente de otros insectos, y suponen tres cuartas partes de los organismos auxiliares empleados en agricultura y jardinería. Estas también llevan mucho I+D+i sobre sus alas y, desde los años 90, están disponibles comercialmente; se sueltan cada año millones de ejemplares en cultivos de hortalizas protegidos. Estas avispillas no pican a los humanos ni a ningún otro animal que no sea un pulgón. Una vez localizan una planta con algunos de estos insectos chupadores de savia, los revisan uno a uno y les inyectan un huevo; el pulgón queda parasitado, desarrollándose la larva en su interior; de cada uno saldrá una avispilla que repetirá nuevamente su ciclo. Así, libran de modo totalmente inocuo a las plantas de estos molestos insectos.

Estos son ejemplos de entomología aplicada en cultivos protegidos mediante lo que se denomina control biológico por inundación, empleando de forma activa insectos en sustitución de tratamientos químicos. Sin embargo, también los encontramos en el exterior, pues estos insectos y ácaros autóctonos se seleccionaron de nuestra entomofauna auxiliar por su efectividad y por lograrse su cría masiva en cautividad. No obstante, el servicio ecosistémico de lo que hoy denominamos control biológico generado por la interacción de las especies es más viejo que el primer homínido; en el parque, en tu jardín o en tu huerta puedes observar, además de a estas chinches o avispillas beneficiosas, otros insectos que, si bien no tienen un papel tan importante en el control de plagas a nivel individual o específico, forman parte de ese complejo de organismos benéficos cuyo papel comunal es fundamental en la regulación de los *comeplantas*. Este es el caso de las mantis, de las que tenemos en torno a catorce especies ibéricas; un insecto que no goza de la simpatía del público. ¿Cuantas habrán caído a golpe de escobón o palazo? Sin embargo, las mantis son inocuas, no poseen veneno y no suponen riesgo alguno; son depredadoras natas hasta que mueren. De modo que lo único que hacen es comer insectos que van desde mosquitos y moscas hasta polillas, mariposas, grillos, saltamontes, cucarachas y todo aquel bicho que se les ponga a tiro. Así que, cuantas más tengamos cerca, mejor para nuestras plantas.

Hasta aquí, algunos ejemplos de minúsculos que sufren la mala fama generalizada y que, con todo, en unos casos son usados directamente —incluso comercializados— en sustitución de productos químicos para el control de plagas de cultivos y en otros forman parte de la comunidad de insectos auxiliares presentes en el ecosistema o agroecosistema y que, igualmente, son claves para minimizar el empleo de pesticidas y el mantenimiento de la salud de las plantas y la nuestra, ayudándonos a producir alimentos más sanos en un entorno más saludable.

INVASORAS BIENVENIDAS

Nuestra historia está plagada de primeros encuentros con criaturas de lugares lejanos que, una vez llegan a nuestras tierras, deciden quedarse y, en la mayoría de los casos, liarla parda. Centrándonos en nuevas plagas de cultivos para la península ibérica, podemos citar algunos ejemplos de los últimos 20 años, evitando repasar los siglos anteriores para no colapsar este libro: pulguilla de la patata (*Epitrix similaris*) citada en 2004, polilla del tomate (*Tuta absoluta*) citada en 2006, drosófila de alas manchadas (*Drosophila suzukii*) citada en 2008, cochinilla de Sudáfrica (*Delottococus aberiae*) citada en 2009, avispilla del castaño (*Dryocosmus currispilus*) citada en 2012, cochinilla pulvinaria (*Pulvinaria polygonata*) citada en 2019 y trip dorado (*Scirtothrips aurantii*) citado en 2020. En lo que llevamos de siglo, favorecidas por el comercio global y el cambio climático, se han intensificado las primeras citas de estos pequeños insectos que están causado verdaderos estragos en cosechas, generando astronómicas pérdidas económicas. Aunque también han provocado un alto coste medioambiental debido a que, para el control de nuevas especies dañinas, suelen emplearse materias activas de alta toxicidad y con mayor frecuencia de aplicación. Pero esta es la historia de la llegada de una especie que ha sido bienvenida y que ejemplifica el poder de los insectos auxiliares en el control biológico de plagas.

En 2012 se citó en España por primera vez un pulgón llamado *Ericaphis scammelli* sobre el cultivo del arándano. Los pulgones en arándano suelen manejarse bien y presentan buen control biológico; resulta clave el papel de las avispillas parasitoides Aphidinas. El seguimiento durante los dos primeros años no arrojó motivo de preocupación: se centraba en los brotes verdes sin afectar a la fruta; su ciclo se concentraba desde la mitad de primavera a inicios de verano y presentaba un buen control biológico en primavera por parte de insectos depredadores, principalmente el mosquito depredador (*Aphidoletes aphidimiza*). Pero, en 2014, hubo un punto de inflexión: su ciclo se alargó y, favorecido por el aumento de la temperatura media, llegaba a estar presente casi durante todo el año sobre el cultivo; su virulencia aumentó y también la melaza, que empezó a generar problemas por perjudicar el crecimiento de la planta además y estropear los frutos, por favorecer la proliferación de hongos. La temperatura y la baja humedad no favorecen al mosquito depredador, su principal verdugo, pues disminuyen su eficacia; asimismo, al adelantarse los veranos, se veían muy afectados por los tratamientos estivales contra otras plagas como el trip. Y lo que más llamaba la atención: ninguno de los parasitoides presentes en nuestra entomofauna le afectaba, a diferencia de a los demás pulgones presentes en el arándano. Debido a la situación, el Ministerio de Agricultura, Pesca y Alimentación autoriza desde el 2016, de forma excepcional y provisional, entre los meses de marzo y junio, el empleo de Lambda cihalotrin, un insecticida de la familia de los piretroides de alta toxicidad: un *matatodo*, como dice un amigo mío. Pero el monitoreo y seguimiento de este pulgón no cesó y se analizaron todas las opciones en campo en cuanto a su control biológico, ya que la irrupción del piretroide mencionado afectaba a la gestión biológica del resto de las plagas.

En el año 2020 se observan en Huelva lo que parecen ser ejemplares de *Ericaphis scammelli* parasitados a través de la presencia de momias. Este es el nombre que se les da coloquialmente a los pulgones parasitados por las avispillas Aphidinas, que adquieren forma globosa, quedan inmóviles y tornan a un color gris o marrón papiro. Estas momias se analizaron debidamente y resultaron ser de una avispilla parasitoide llamada *Aphidius ericaphidis* (familia Braconidae, subfamilia Aphidiinae). Una nueva especie para la península ibérica originaria de Canadá, lugar en el cual fue descrita por primera vez en el año 2011.

Curiosa la postura que adquiere la avispilla *Aphidius ericaphidis* a la hora de parasitar a los pulgones verdes del arándano.

Era en realidad un parasitoide específico de este pulgón y, en cuestión de meses, controló de forma extraordinariamente asombrosa las poblaciones sobre el cultivo de arándano, hasta el día de hoy. Lo mejor es que, debido a ella, desde el 2020 no se ha vuelto a autorizar el uso del Lambda cihalotrin para el dichoso pulgón. ¿Y cómo llegó esta avispilla hasta Huelva, donde se identifica? Pues como las demás. En un mundo global, el material vegetal —como las personas— va y viene en cuestión de horas. Ya se citó previamente en 2017 en Centroeuropa. Y ha terminado en la principal zona de producción del arándano de Europa, donde quizás también se encontrará la mayor concentración de este pulgón que es su principal hospedero.

Yendo a favor de la naturaleza nos irá mejor, y, para ello, debemos aliarnos con nuestros minúsculos. Los insectos auxiliares han demostrado que, contando con ellos, podemos lograr una menor dependencia de los pesticidas. Son tiempos de reivindicación, obligados por el desastre medioambiental en el que vivimos inmersos. Hago un esfuerzo y vuelvo a acordarme del Neolítico, de ese ancestro sentado delante de la planta que le interesaba y que hizo del tiempo y la observación la mayor fuente de conocimiento entomológico y botánico, que fue trasladándose oralmente de generación en generación, hasta que comenzaron a dejar plasmados mediante caracteres los hitos naturalistas que íbamos generando en el cuidado de nuestras plantas. Ahora dejemos la inmediatez y el aislamiento de la natura en la que vivimos y de la que dependemos. Reivindiquemos más investigación, divulgación y recursos hacia los elementales minúsculos. Así reivindicamos vida. Vida para para ellos, pero, sobre todo, vida para nosotros. Por ello, ahora más que nunca, «¡más minúsculos, menos pesticidas!».

JESÚS QUINTANO SÁNCHEZ

15. LA OCTAVA PLAGA

«Y subió la langosta sobre toda la tierra de
Egipto, y se asentó en todo el país de Egipto
en tan gran cantidad como no la hubo
antes ni la habrá después».
Éxodo 10:14

Una langosta degustando una hoja puede parecer una imagen
inofensiva e incluso apacible. Sin embargo, si juntamos millones
de ellas, la escena se transforma en algo sobrecogedor. Un enjambre, capaz de ensombrecer el Sol, abalanzándose sobre la tierra
para devorar cultivos, dejando tras su marcha un yermo. No es
de extrañar que, ante semejante prueba de poder, estos insectos
hayan encontrado un hueco entre los relatos de la humanidad.

Su cameo más famoso aparece narrado en el Éxodo, cuando
Moisés se convierte en el catalizador de la ira divina hacia Egipto
ante la negativa del faraón a dejar marchar al pueblo hebreo.
Aquí, las langostas ocupan el octavo lugar de diez plagas, una
selección de calamidades que incluye aguas sanguinolentas,
hordas de otros insectos y ranas, enfermedades, una tormenta
de granizo y fuego, tinieblas y la muerte de los primogénitos.

*   *   *

¿PERO LAS LANGOSTAS NO VIVÍAN EN EL MAR Y TENÍAN PINZAS?

Las langostas y saltamontes son acrídidos, una familia de insectos perteneciente al orden de los ortópteros (donde también encontramos a los grillos). A lo largo de la Tierra, podemos contabilizar miles de especies de dicho grupo, las cuales habitan desde zonas tropicales hasta desérticas. Aunque tan solo un pequeño puñado, aproximadamente una veintena, son capaces de conformar enjambres y, por tanto, sus nombres han acabado en la lista de amenazas para los cultivos. De todas ellas, la langosta del desierto (*Schistocerca gregaria*), la cual hallamos en Europa, Asia, África e incluso Australia, ocupa el primer puesto.

Según la Organización de las Naciones Unidas para la Alimentación y la Agricultura (FAO), la langosta del desierto es la «plaga migratoria más destructiva del mundo». Veamos algunos datos que certifican este rotundo calificativo.

El tamaño de sus enjambres varía entre menos de un kilómetro cuadrado y varios cientos de ellos. Si nos adentramos en una de dichas hordas, contabilizaremos alrededor de 40 u 80 millones de ejemplares adultos por kilómetro cuadrado. También debemos tener en cuenta que estamos tratando con una criatura polífaga, o lo que es lo mismo, su menú incluye una gran variedad de tipos de plantas, así como la práctica totalidad de estas: hojas, brotes, flores, frutas, semillas, tallos y cortezas. Teniendo en cuenta que una única langosta puede consumir en un día una cantidad de comida igual a su propio peso, las cifras arrojadas por la acción de millones de voraces mandíbulas resultan abrumadoras. Tal y como indica la FAO, «un enjambre del tamaño de París [105,4 km²] podría comer la misma cantidad de comida en un día que la mitad de la población de Francia [aproximadamente 30 millones de personas]». Y otro dato más: nuevamente según la FAO, los mayores enjambres tienen la capacidad de afectar a «un área tan grande como 29 millones de km² o el 20 % de la superficie terrestre de la Tierra», por lo que suponen una amenaza para el 10 % de la población mundial.

Hablemos ahora del ciclo vital de la langosta del desierto. Generalmente, esta especie vive en entornos semiáridos o áridos. Aquí las hembras encuentran sus suelos preferidos, los arenosos, para poner alrededor de un centenar de huevos, los cuales envuelven en una vaina protectora que depositan a una profundidad de entre 10 y 15 cm. Transcurridas un par de semanas, emergerá la nueva generación en forma de ninfas sin alas. Obviamente, dicho hogar también se caracteriza por una lluvia escasa, aunque, de forma recurrente, las condiciones ambientales suelen resultarles más favorables. Es en esos momentos cuando la población de langosta, según explican en la FAO,

Las langostas del desierto (*Schistocerca gregaria*) depositan sus huevos bajo el suelo a una profundidad de entre 10 y 15 cm.

puede crecer de forma exponencial a un ritmo de «20 veces después de tres meses, 400 veces después de seis meses y 8000 veces después de nueve meses». En efecto, llegados a este punto nos enfrentamos a un enjambre migratorio que solo tiene un objetivo: devorar vegetación.

Aprovechando los vientos a favor, estos artrópodos recorren grandes distancias a un ritmo de hasta 150 km al día. Por ejemplo, en 1869, un enjambre surgido en África occidental aterrizó en Inglaterra, mientras que, tras una plaga ocurrida en la misma región en 1987, las langostas fueron registradas en las costas del Caribe.

¿CÓMO SE FORMA UN ENJAMBRE DE LANGOSTAS?

A principios del siglo XX, un misterio rondaba las mentes de algunos entomólogos: ¿por qué aparecían y desaparecían de manera repentina los enjambres de langostas? Dada su capacidad de destrucción, diversas naciones habían recurrido a la entomología como remedio para combatirlas. Este era el cometido de Boris Petrovich Uvarov, quien, entre 1912 y 1915, fue el director de la Oficina Entomológica de Stávropol, ciudad situada al suroeste de Rusia, donde investigó métodos de control efectivos contra la langosta migratoria (*Locusta migratoria*) o la langosta marroquí (*Dociostaurus maroccanus*). Durante esos años, gracias al trabajo de campo realizado en el Cáucaso, Uvarov vislumbró la respuesta al enigma. Pero su idea era tan revolucionaria que decidió no publicarla.

En 1915, el siguiente destino de Uvarov fue Tiflis, actual capital de Georgia, donde se convertiría en el director de la Oficina de Protección Fitosanitaria. Sin embargo, tras el inicio de la guerra civil rusa en 1917, la región entró en un periodo convulso donde los nacionalismos, los conflictos y los problemas económicos se volvieron la norma. En ese tiempo, Uvarov seguiría frecuentando las salas académicas, impartiendo conferencias sin remunerar, mientras ganaba algo de dinero vendiendo tartas caseras en la plaza del mercado. Por fortuna, su camino se cruzó con el de Patrick A. Buxton, entomólogo médico británico, quien le sirvió de contacto para iniciar una nueva etapa profesional en Londres. De esta forma, en 1920 comenzó a trabajar en el Imperial Institute of Entomology, donde, entre otras labores, debía identificar los insectos enviados desde todos los rincones de la Commonwealth of Nations.

Uvarov también aprovechó la etapa en Londres para desempolvar su vieja idea. En 1921 publicó un artículo donde proponía una «nueva teoría sobre la periodicidad y las migraciones de las langostas», la cual se resumía en la siguiente observación: la especie *L. danica*, considerada una langosta solitaria, era en realidad una variación morfológica de *L. migratoria*, conocida por sus voraces enjambres. Es decir, aunque la morfología, la coloración y el comportamiento de ambas eran completamente distintos, se trataba de la misma especie que podía transmutar entre las formas solitarias o gregarias. La demostración empírica consistió en la eclosión de langostas *dánicas* entre los huevos de migratorias y viceversa. Gracias a este descubrimiento, unido a su prolífica trayectoria entomológica, Uvarov es considerado como el padre de la acridología, la ciencia que se dedica al estudio de saltamontes y langostas. Las investigaciones de nuestro protagonista perseguían un principio básico: cualquier proyecto donde se pretenda controlar una plaga de insectos, debe asentarse en un conocimiento profundo de su biología. Así que, siguiendo este consejo, la comunidad científica ha atesorado una ingente cantidad de información para responder a una pregunta: ¿cómo se forma un enjambre de langostas?

En la novela de Robert Louis Stevenson, el distinguido doctor Jekyll se transforma en el maléfico señor Hyde tras tomar una poción. De forma similar, una apacible langosta solitaria puede convertirse en el integrante de un enjambre voraz. Los ejemplares adultos solitarios de *Schistocerca gregaria* presentan una coloración marrón, la cual resulta muy útil para camuflarse en el entorno. Dado que viven en regiones secas, los momentos con lluvias relativamente abundantes se traducen en un mayor crecimiento de la vegetación y, por tanto, en un incremento en la población de langostas. Sin embargo, si posteriormente tiene lugar un periodo de sequía, las langostas tenderán a congregarse allí donde aún quede algo de comida. Es en estas circunstancias cuando cambian de *look*. En la fase gregaria, los adultos lucen con color amarillo, sus alas son más largas, presentan un mayor metabolismo e incluso su cerebro sufre modificaciones. La clave de este increíble suceso parece estar en una molécula. Conforme tiene lugar el hacinamiento, los individuos solitarios comienzan a percibir la presencia de sus congéneres mediante el olfato, la vista y el tacto; estos estímulos ponen en marcha una serie de carambolas neurofisiológicas, entre las cuales destaca un aumento en los niveles de serotonina: dicho neurotransmisor, al igual que el brebaje de Jekyll, es el desencadenante de la transmutación. Diversos estudios en laboratorio han comprobado que, tras inyectar serotonina a las langostas, la transformación se produce en apenas dos o tres horas. En caso contrario, cuando se bloquea la producción de este elemento, la modificación no tiene lugar.

Obviamente, el cambio de color, tanto en las ninfas como en los adultos, no es una cuestión de gustos, sino que cumple un propósito. Durante la fase solitaria, las langostas son una parte importante de la cadena trófica al ser el alimento de una gran variedad de animales, desde aves hasta otros artrópodos. Así que congregarse por millones supondría invitar al banquete a bocas indeseadas. La solución consiste en desarrollar olor y sabor desagradables, los cuales están asociados a cierta toxicidad, durante la fase gregaria. Por tanto, la coloración más llamativa es lo que en biología se conoce como una señal aposemática. Un cartel de advertencia para los potenciales depredadores, cuyo papel a la hora de controlar la población de insectos se verá superado por la multitud o la indigestión.

Si afinamos un poco más el análisis, veremos que la transformación está orquestada por miles de genes, cuya expresión varía según la fase del individuo. Además, las ninfas heredan la condición de sus progenitores, lo cual indica que, en esta historia, la epigenética también es importante. Otro factor relevante parece ser el papel ejercido por los microorganismos simbiontes —es decir, la microbiota— de las langostas. Concretamente, diversas investigaciones han puesto el foco sobre la bacteria intestinal *Weissella cibaria*. La población de dicha especie es insignificante en las entrañas de las langostas solitarias; por contra, crecen hasta ser dominantes en las gregarias. Por este motivo, una hipótesis plantea que las bacterias están implicadas en la transmisión de la fase, ya que la microbiota es traspasada desde las madres a sus retoños. Además, este jugador pone sobre la mesa un nuevo enfoque fascinante. Desde el punto de vista evolutivo, un enjambre de langostas ofrece a *W. cibaria* millones de huéspedes donde propagarse y continuar su linaje; ¿acaso estas bacterias tuvieron algo que ver en el cambio de comportamiento de sus anfitriones? De momento, tendremos que esperar a futuras investigaciones para poder encajar las piezas del puzle.

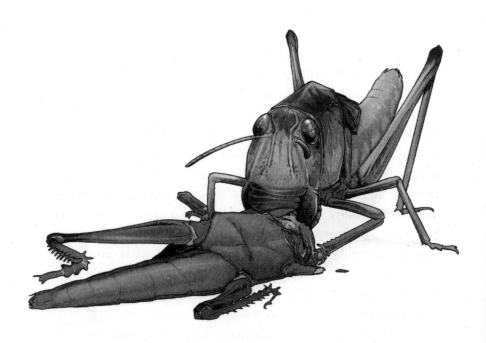

¿Podría el comportamiento caníbal de las langostas
explicar la formación de un enjambre?

Sin embargo, una cosa es entender cómo se forma un enjambre y otra es responder a por qué evolucionaron las langostas hacia este rasgo. Una hipótesis, desarrollada por investigadores del Instituto Max Planck, sugiere que la respuesta se halla en el comportamiento caníbal de estos insectos. Almorzar congéneres es algo común entre los acrídidos, aunque, durante la fase solitaria, dicha costumbre no supone un gran problema. La cosa cambia en las grandes congregaciones —las cuales, recordemos están motivadas por la falta de alimento—, donde podría imperar una lógica macabra: si no hay comida, puedo darle un bocado a quien esté a mi lado. Por este motivo, las langostas comienzan a moverse siguiendo un patrón en el que visualmente controlan quiénes están delante y se alejan, mientras que los toques en su abdomen les indican quiénes están detrás y se acercan. Los individuos despistados que no siguen la corriente tienen un mayor riesgo de ser devorados. Finalmente, el enjambre emerge gracias al movimiento ordenado, evitando la amenaza del canibalismo y garantizando la supervivencia de la especie.

SE COMERÁN TODO, EXCEPTO LAS HIPOTECAS

En julio de 1874, un enjambre de langostas sobrevoló el estado de Nebraska, destruyendo cultivos y sembrando consternación entre sus habitantes. La horda, compuesta por aproximadamente 12,5 mil millones de ejemplares y con un peso total estimado de unos 25 millones de toneladas, afectó a un área de 514 374 km². Según el *Guinness World Records*, este evento supuso la mayor concentración de insectos jamás registrada. Aunque resulta más sorprendente saber que el protagonista de esta historia, calificado por la prensa del momento como el «gran enemigo del granjero», se extinguió hace más de un siglo.

En el siglo XIX, diversas plagas de langostas arrasaron los cultivos de Estados Unidos, devorándolos a su antojo. Las crónicas nos hablan sobre la llegada de enjambres compuestos por millones de insectos, los cuales ocultaban el Sol como si fueran humo denso y producían un sonido similar al de un furioso viento. Las langostas se colaban incluso en el interior de las casas, donde se alimentaban de la ropa. A las pocas semanas, el desconcierto reinaba entre los ciudadanos al comprobar que los odiados insectos habían desaparecido. ¿Desde dónde venían y a dónde iban? Aunque el respiro era efímero. Al año siguiente, tenía lugar la eclosión de los huevos depositados en el suelo y las ninfas emergían, marchando como un ejército, para reclamar lo poco que se hubiera recuperado. En una ocasión, los cadáveres aplastados impidieron la circulación del ferrocarril porque las vías estaban engrasadas con sus fluidos. Algunas localidades se quedaron sin agua potable, debido a que los artrópodos muertos habían contaminado los pozos. Según un chiste de la época, las langostas se comerían «todo lo que había en las granjas excepto las hipotecas». Por supuesto, los colonos trataron de combatirlas, con poco éxito, prácticamente usando todo lo que tenían a mano: fuego, alquitrán, queroseno, trementina, pólvora, cal, estricnina, insecticidas, escobas, trituradoras, aspiradoras u oraciones. Tampoco servía de nada cubrir las plantas con sábanas, cajas o barriles. En Texas pagaban a los niños cinco centavos por cada libra de langostas que recogieran, mientras que en Nebraska, si tenías entre 16 y 60 años, estabas obligado por ley a eliminarlas si no querías pagar una multa de diez dólares.

Ante la catastrófica situación, el Gobierno decidió tomar cartas en el asunto. En 1877, el Congreso creó la Comisión Entomológica de los Estados Unidos, cuyo cometido principal era estudiar la manera de detener las langostas. El proyecto estaba compuesto por un grupo de entomólogos capitaneados por Charles Valentine Riley. Tiempo atrás, en 1868, Riley había trabajado como entomólogo estatal de Misuri, donde puso en marcha la redacción de informes anuales sobre los insectos nocivos y beneficiosos que medran en la región. Nuestro protagonista opinaba que la lucha contra las plagas estaba viciada por prácticas obsoletas y folclore, lo que habría de ser sustituido por una base científica real. Precisamente, en 1871 pudo demostrar la valía de dicho enfoque. La filoxera había irrumpido en Europa, especialmente en Francia, poniendo en jaque la producción de vino. Riley sospechó que el diminuto pero destructivo insecto causante de la enfermedad fue inadvertidamente introducido desde Estados Unidos debido a la importación de plantas americanas. En colaboración con el botánico Jules-Émile Planchon y viticultores franceses, propuso injertar las vides europeas en americanas, ya que estas últimas eran resistentes a la filoxera. Fue un gran acierto de la entomología agrícola.

La trayectoria de Riley era suficiente aval para influir en el Congreso y catalizar la formación de la Comisión. En pocos años, lograron reunir una gran cantidad de información sobre la biología, ecología o manejo de la langosta, fraguando así un conocimiento real sobre el tema. Por ejemplo, la Comisión desmintió que los grupos de ninfas fueran dirigidos por individuos reinas o que los adultos siguieran las indicaciones de una langosta guía. También calcularon que, entre los años 1874 y 1877, los enjambres provocaron al oeste del Misisipi daños que ascendían a 200 millones de dólares.

En 1866, el entomólogo Benjamin Dann Walsh asignó un nombre científico a la indeseable especie: *Melanoplus spretus*. Su epíteto específico, *spretus*, significa «despreciado» porque su existencia había sido inadvertida por los naturalistas. Aunque en esos momentos su origen, es decir, el hábitat natural, era un misterio. Los entomólogos de la Comisión asumieron el reto y partieron hacia el oeste, como si fueran exploradores viajando en ferrocarril o a caballo, para mapear la distribución de *M. spretus*. Así lograron documentar dónde estaba su hogar, designado como la «zona permanente», a la vez que delimitaron cuál era el trazado de sus migraciones. Los insectos provenían de valles situados en las Montañas Rocosas, una cordillera que recorre el oeste de Estados Unidos hasta el sur de Canadá. De forma periódica, conformaban enjambres que se dirigían hacia las Grandes Llanuras americanas, donde los estadounidenses se afanaban por hacer prosperar la agricultura.

Riley estuvo a la vanguardia en sus propuestas para combatir insectos nocivos. En uno de los informes de la Comisión, defendió que sus compatriotas incluyesen langostas en el menú. Tras quitarles las cabezas, patas y alas, estos artrópodos podían cocinarse para hacer un estofado «con algunas verduras y un poco de mantequilla, pimienta, sal y vinagre» que, según aseguró, resultó ser un «excelente fricasé». Este interés por la cocina iba mucho más allá de la curiosidad gastronómica ya que, como él mismo reconoció, igualmente pretendía ser una solución ante el hambre padecida por muchas familias. Posteriormente, en la década de 1880, Riley también destacaría como uno de los padres del control biológico, tras trabajar en la introducción de la mariquita cardenal (*Rodolia cardinalis*) frente a la plaga de cochinilla acanalada (*Icerya purchasi*), la cual afectaba a los cítricos de California. Aunque eso es otra historia.

Regresemos a las langostas de las Montañas Rocosas. El punto álgido de sus enjambres tuvo lugar durante la década de 1870. Después, la especie comenzó a languidecer hasta desaparecer por completo. Los últimos ejemplares vivos fueron registrados el 19 de julio de 1902, cuando el entomólogo Norman Criddle halló un macho y una hembra en Manitoba, al sur de Canadá. Dicha pareja acabaría formando parte de la colección de historia natural del Instituto Smithsonian. Desde entonces, un rumor empezó a recorrer los salones de la entomología. ¿Dónde estaban las langostas? ¿Acaso se habían extinguido de forma tan repentina como aparecían sus enjambres? A principios del siglo XX, la respuesta afirmativa parecía bastante evidente. En esos momentos, ver un bisonte, animal diezmado por la caza y recluido en exiguas regiones, era considerado como una llamativa anécdota. Tropezar con una langosta de las Montañas Rocosas habría sido un hecho insólito. ¿Cómo pudo extinguirse una especie cuyas congregaciones merecían el calificativo de plaga bíblica? Se cree que *M. spretus* sucumbió ante la destrucción de su hábitat, debido a la introducción del arado, el riego de cultivos, la ganadería y la minería. En efecto, las actividades humanas desbarataron e inundaron los suelos donde depositaban sus huevos, mientras que los nutritivos pastos fueron arrasados por el ganado. Trágico e irónico destino.

Además del recuerdo y los ejemplares conservados en colecciones científicas, lo poco que perdura de las langostas de las Montañas Rocosas son sus momias congeladas. El glaciar Grasshopper, situado en las montañas Beartooth en Montana, tiene aproximadamente 0,32 km de largo y 0,40 km de ancho; en este pequeño reino de hielo se hallan, desde hace cientos o miles de años, decenas de millones de langostas enterradas en una fría mortaja. Gracias al estudio de su ADN, se descartó la sospecha de que *M. spretus* fuese la forma migratoria de otra especie. Definitivamente podemos catalogarlas, al igual que a los mamuts cuyos cuerpos yacen en Siberia, como fantasmas de una Tierra pasada.

DESIERTOS, CICLONES, GUERRAS Y LANGOSTAS

Rub' al Khali, nombre que significa «cuadrante vacío», no es un sitio amable para la vida. Este desierto, situado al sur de Arabia, se expande a través de aproximadamente 650 000 km² compartidos por Arabia Saudí, Yemen, Omán y Emiratos Árabes Unidos. El lugar destaca como la extensión de arena continua más grande del mundo y presenta no solo altas temperaturas, sino también una notable aridez que lo convierte en una de las zonas más secas del planeta. Además de una colección de dunas, poco encontraremos aquí salvo unas codiciadas reservas de petróleo. Sin embargo, es precisamente en este escenario inhóspito y deshabitado donde comienza nuestra última historia.

En mayo de 2018, el ciclón tropical Mekunu tocó tierra en Arabia. A diferencia de la gran mayoría de tormentas, Mekunu no se debilitó al llegar a la costa, sino que atravesó Omán y descargó fuertes lluvias sobre Rub' al Khali. Estas precipitaciones crearon, en medio de la nada, lagos desérticos donde se fraguó la combinación ideal para las langostas del desierto (*Schistocerca gregaria*): suelos arenosos, humedad y vegetación. La aridez del entorno debería haber limitado la explosión poblacional, pero, en octubre del mismo año, el ciclón Luban les concedió otro inesperado apoyo. En pocos meses nacieron varias generaciones de langostas, las cuales migraron a Yemen, donde, debido a la guerra civil yemení, resultó imposible realizar un seguimiento de la plaga. Para junio de 2019, los artrópodos ya se habían expandido al este, cruzando el golfo Pérsico e internándose en Irán, desde donde continuaron su camino hacia Pakistán e India. Meses después, en diciembre, otro ciclón llamado Pawan emergió frente a las costas de Somalia y sus vientos facilitaron el vuelo de los insectos al oeste. Finalmente, alcanzaron el Cuerno de África.

La plaga de langostas que tuvo lugar entre 2019 y 2022 fue, según la FAO, una de las más destructivas registradas en África oriental. A principios de 2020, enormes enjambres de langostas, cuyas nubes abarcaban 60 km de longitud y 40 km de ancho, invadieron rápidamente el norte y el centro de Kenia. Este país sufrió el brote más devastador en los últimos 70 años. Por otra

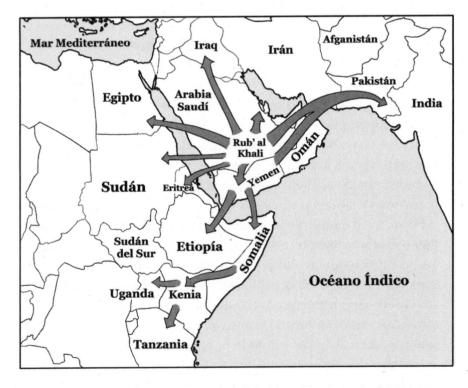

La plaga de langostas ocurrida entre los años 2019 y 2022 comenzó en el desierto Rub' al Khali, desde donde se expandió hacia varios países de Asia y África.

parte, Etiopía y Somalia también afrontaron la peor infestación en los últimos 25 años. En total, alrededor de 23 naciones, tanto africanas como asiáticas, se vieron afectadas. La situación más preocupante se concentró en el Cuerno de África, donde más de 80 millones de personas ya padecían una grave inseguridad alimentaria, causada por sequías e inundaciones que provocaron la devastación de los cultivos y la muerte del ganado. Los conflictos internos, como la presencia del grupo terrorista al-Shabaab en Somalia o la guerra en Tigré (región de Etiopía), complicaron aún más el escenario. Además, durante dicho periodo, se sumaron los impactos de la pandemia de COVID-19 y la invasión rusa de Ucrania, eventos que limitaron el suministro de comida y combustible a nivel mundial.

Desde 1975, el Servicio de Información de la Langosta del Desierto de la FAO sigue la pista de estos artrópodos 24 horas al día, los 7 días de la semana y 365 días al año. Mediante este sistema, los países implicados comparten información sobre la población y las condiciones meteorológicas. Aquí es fundamental el uso de satélites, los cuales proporcionan datos del clima, la humedad del suelo y la vegetación, logrando así identificar las áreas propicias para las puestas de huevos. De esta forma, los Gobiernos se adelantan a las plagas, inspeccionando los lugares delimitados y poniendo en marcha estrategias de control si fuera necesario. En la actualidad, dichos métodos incluyen plaguicidas convencionales, principalmente organofosforados, aunque también se emplean bioplaguicidas como el hongo entomopatógeno *Metarhizium acridum*, organismo que actúa solo sobre acrídidos. Sin embargo, este enorme despliegue puede ser engullido por el vórtice geopolítico, tal y como ocurrió en el último evento, ofreciendo una oportunidad para las langostas.

Existe un nuevo riesgo que asoma desde el horizonte. ¿Qué papel tuvo el cambio climático en la plaga de 2019-2022? Atribuir un único suceso al calentamiento global es un ejercicio que no se debería tomar a la ligera, dada la multitud de factores implicados. Pero en el entorno científico se ha apuntado a lo siguiente: sabemos que el papel de los ciclones fue crucial en este evento, mientras que la fuerza de dichas tormentas depende en gran medida de la temperatura alcanzada en la superficie marina; aproximadamente el 90 % del calor generado por los humanos ha sido absorbido por los océanos, provocando el incremento de grados centígrados en dicho entorno. La correlación, aunque sea un hilo sutil, parece evidente: océanos más calientes, ciclones más intensos, mejores condiciones para los insectos y enjambres voraces. Permítanme dibujar otro hilo: mayores sequías, inestabilidad social, conflictos armados y nubes de langostas cruzando fronteras.

Sin duda, la factible alianza entre el cambio climático y las plagas, no solo de langostas, es un factor que no debemos menospreciar, conforme nos adentramos en un mundo cada vez más cálido. *Homo sapiens*, con su compleja y enorme civilización, ha demostrado ser uno de los jugadores más influyentes de la Tierra. Aunque, correteando bajo nuestros pies o volando sobre nuestras cabezas, existen otras especies que se hacen notar entre los gigantes. Por muy pequeñas que sean, estas criaturas también proyectan una sombra intimidante.

ÁNGEL LEÓN PANAL

16. RAPACES DE SEIS PATAS

«Cuando te das cuenta del valor de la vida, uno se preocupa menos por discutir sobre el pasado y se concentra más en la conservación para el futuro».

DIAN FOSSEY

Es verano. El sol brilla con fuerza desde lo más alto. Hace mucho calor, pero una suave brisa y unas oportunas nubes que tapan el sol de vez en cuando ayudan a soportar las altas temperaturas. El zumbido de los insectos, el viento acariciando la vegetación y el canto de algunas aves inundan el paisaje con una melodía relajante.

Es cierto que algunos animales necesitan asolearse para controlar su temperatura corporal, pero todos tenemos un límite y sobrepasarlo no es nada aconsejable. Así que la evolución ha equipado a los seres vivos con distintas estrategias para resistir las horas más calurosas del día y, hoy, todas se ponen a prueba.

Algunas criaturas se esconden bajo tierra, en el hueco de algún tronco o entre la vegetación más baja. Los animales más grandes optan por descansar a la sombra de alguno de los pocos árboles que hay, pese a que, a mediodía, apenas proyectan una discreta sombra bajo sus ramas. Pero el lugar donde parece que todos prefieren refrescarse es la charca. Una pequeña masa de agua que permite la vida y la pone en riesgo al mismo tiempo. Un espacio vital para especies acuáticas, aéreas y terrestres. Zona de paso para algunas y hábitat permanente para otras, todas obligadas a encontrar un equilibrio y poder sobrevivir.

En la charca parece que impere la paz y se respete el acceso libre a la fuente de vida. Una convivencia aparentemente pacífica entre rivales. Cada uno a lo suyo, pero, en realidad, todos están pendientes de todos. Siempre alerta por lo que pueda ocurrir, porque en la naturaleza las cosas pueden cambiar en cuestión de segundos. Hacen bien...

Entre la vegetación, se agazapa uno de los depredadores más voraces. Un cazador implacable, veloz y certero. Pocas presas escapan de sus ataques y hoy no va a ser menos. El calor no es acuciante y, en este momento, la charca está especialmente repleta de presas potenciales. Un escenario que merece ser aprovechado.

Desde la discreción de su posición espera acechante. No tarda en escoger al que será su próximo bocado. Su formidable vista ya ha fijado su objetivo y el ataque es inminente.

Con una velocidad asombrosa, se abalanza sobre su presa. Apenas hay persecución. Con sus potentes extremidades agarra a su víctima y la muerde con fuerza para evitar que escape. Todo ocurre muy rápido. Todo acaba muy rápido.

Estamos ante una guerrera. Una máquina de cazar. Un depredador insaciable y estratega. Un animal de elegantes movimientos y con un toque mágico.

Es verano, a mediodía. Hace calor y estamos ocultos observando una escena de caza en una charca en mitad de... ¿dónde estamos? ¿Es la sabana africana? ¿Es un ñu despistado el que ha acabado devorado? ¿Es una leona nuestra guerrera?

Podría ser. Pero no.

La escala del espectáculo es algo más pequeña, aunque no menos interesante. Todo lo contrario.

Es verano, a mediodía. Hace calor y estamos ocultos observando una escena de caza en una charca de casi cualquier lugar del planeta. La presa es un mosquito. Nuestra voraz guerrera... es una libélula.

CAZADORAS DE ÉXITO

La leona es una muy buena cazadora, pero solo consigue matar a su presa en 4 de cada 10 intentos. El guepardo es algo más certero y lo logra en 6 de cada 10. En los océanos, los tiburones, sorprendentemente, tienen algo menos de suerte y solo triunfan en la mitad de sus ataques. Las rapaces, ágiles cazadoras del aire, tienen un éxito variable en función de su presa: los insectos, los anfibios y los reptiles son quienes caen con mayor facilidad en sus garras, hasta en el 80 % de los intentos. ¿Qué pasa con las libélulas? Estas «rapaces» de seis patas sí son supercazadoras. Son depredadoras oportunistas con una tasa de éxito de hasta un 97 %, es decir, capturan casi todas las presas que se proponen. Su técnica de caza es prácticamente infalible.

De las más de 5500 especies de odonatos que existen en el mundo, unas 3000 son libélulas (suborden Anisoptera) y todas ellas tienen un menú muy parecido. Se alimentan de pequeños insectos voladores que capturan en pleno vuelo y entre sus presas preferidas se encuentran moscas, polillas, abejas, mariposas, también libélulas y, cómo no, mosquitos.

Se calcula que, en un día, una libélula puede consumir un quince por ciento de su peso corporal y, a veces, mucho más. Según algunas investigaciones, pueden capturar de treinta a cientos de mosquitos en una sola jornada. Para los humanos son seres completamente inofensivos, pero pueden ser la peor pesadilla para cualquier pequeño insecto... y la última, porque son ¡auténticos insecticidas naturales!

La libélula adulta es la forma del insecto que más conocemos; sin embargo, es la etapa más breve de su ciclo vital: como mucho, un año. La mayor parte de su vida la pasa como ninfa acuática y, desde el momento en que sale del huevo, anhela y busca presas en o bajo la superficie del agua con un apetito insaciable, igual que su contraparte adulta.

Habitualmente, las ninfas se mueven poco durante el día y se mantienen ocultas bajo el limo o entre la vegetación acuática, preparando una emboscada. Cuando una presa se pone a tiro, lanzan su labio inferior como un resorte y la capturan en menos de una décima de segundo. Algunas especies tienen incluso ganchos en el borde frontal del labio para impedir que la víctima pueda escapar. No me extraña que los creadores del extraterrestre de la película *Alien* encontraran en este aterrador aparato bucal la inspiración para diseñar su monstruo.

La noche anima a las voraces ninfas a salir de sus escondites y caminar por el fondo en busca de más presas. Aunque son bastante rápidas caminando o nadando, poseen un mecanismo de hiperimpulso que les ofrece una ráfaga de velocidad extra. Se impulsan hacia adelante expulsando un buen chorro de agua por el orificio anal. Un *sprint* que asegura la caza.

Como las ninfas son acuáticas, sus principales presas también lo son. Larvas de mosquitos, otros insectos acuáticos, gusanos, renacuajos o pequeños peces son algunos de los ingredientes que conforman el menú de estas criaturitas.

Las ninfas tienen un aparato bucal muy característico, con un labio inferior modificado, denominado «máscara», que mantienen plegado bajo la cabeza y que proyectan de forma repentina para capturar las presas.

El apetito voraz de las libélulas, tanto en su forma adulta como en la juvenil, no solo nos puede parecer fascinante, sino que nos beneficia. Estas cazadoras de éxito mantienen a raya a las poblaciones de mosquitos, esos insectos también anfibióticos, con estadios juveniles acuáticos y adultos terrestres, que no solo nos pueden tener en vilo una noche entera de verano, sino que en algunas de sus especies se revelan como principales vectores de enfermedades potencialmente mortales, como la malaria, el zika, y no te digo nada más porque no quiero hacerte *spoilers* de uno de los próximos capítulos del presente libro.

Nuestra primera guerra a gran escala contra los mosquitos comenzó con productos químicos. Los insecticidas, como el DDT, se popularizaron rápidamente desde principios del siglo XX como si de una poción mágica se tratara. Todo se rociaba y nos creímos vencedores de la guerra, pero solo fue el triunfo de una batalla. ¿Te suena la frase «demasiado bueno para ser verdad»? El milagro químico no tardó en revelarse como una pesadilla más que una bendición. Los mosquitos y otras plagas comenzaron a desarrollar resistencia y el efecto mágico de los insecticidas desapareció. Además, estos productos químicos empezaron a acumularse en los ecosistemas, en los animales y plantas no objetivo, en los alimentos... en las personas. Se nos olvidó, como tantas otras veces, que los humanos somos parte de la naturaleza y que luchar contra ella es luchar contra nosotros mismos.

De los errores, algunos aprenden. Así que se han realizado esfuerzos para controlar los mosquitos vectores con técnicas menos agresivas, más sostenibles y ecológicamente responsables. Una de las mejores armas para lidiar con los problemas es recurrir a los amigos y, en esta ocasión, no hay mejor amigo que el mayor enemigo de tu enemigo: las libélulas.

Gran cantidad de investigaciones de laboratorio han comprobado que especialmente las ninfas de libélula tienen un gran potencial para controlar las poblaciones de mosquitos con la depredación en sus etapas inmaduras. Dentro de los contenedores experimentales de las investigaciones, una sola náyade de libélula puede comer en promedio de cuarenta larvas de mosquito al día, lo que equivale a una reducción de la población de larvas de mosquito de un 45 % diario. Pese a los esperanzadores resultados en condiciones controladas, aún hay camino que recorrer para considerar a las libélulas como agentes de control biológico en el campo, sobre todo en entornos urbanos y en condiciones salvajes. Si se fuerza la suelta e introducción de ninfas en entornos conflictivos de puestas de mosquitos, de acuerdo. Pero, en condiciones naturales, no está asegurado que las larvas de las libélulas coexistan siempre con las de los mosquitos, pues no tienen las mismas exigencias ambientales. Las ninfas requieren una masa de agua más duradera, con más oxígeno y libre de contaminantes, a diferencia de las larvas de mosquito, que pueden vivir en aguas temporales, estancadas y de poca calidad. Además, en su hábitat natural, la oferta de presas para las libélulas es más diversa que las provocadas en el laboratorio, donde solo se les ofrecían larvas de mosquito y se ha visto que, si hay otras opciones, las prefieren.

Aunque las ninfas de libélulas demuestran que son una buena arma de control biológico contra los mosquitos vectores y que se pueden realizar sueltas intencionadas para lograrlo, en condiciones naturales no pueden con todo ellas solas. Se trata de un trabajo en equipo entre distintas especies depredadoras. Arañas, escarabajos, anfibios, peces... el conjunto de los depredadores naturales que cohabitan en los humedales y otros hábitats acuáticos son una de nuestras mejores bazas para hacer frente a la proliferación de mosquitos vectores de enfermedades. Y, para que ese ejército pueda cumplir su misión, debemos restaurar y proteger los espacios naturales donde habitan.

Entonces, ¡aúpa las libélulas y su batallón antimosquitos!

SI TE HACE OJITOS, ESTAS PERDIDO

Hace unos años estuve en el Pantanal, el humedal más grande del mundo. Se extiende a lo largo de Bolivia, Brasil y Paraguay y es un edén de biodiversidad única. Guardo muchísimos recuerdos de los días que estuve allí, desplazándome a caballo porque estaba todo anegado y era inviable moverse de otro modo. Pero también recuerdo la enorme cantidad de mosquitos que acribillaban a Chocolate, mi precioso corcel. Él me llevaba y yo le espantaba los molestos insectos, aunque yo tampoco me libraba. Ni la ropa, ni los mil ungüentos disuasorios me evitaron las picaduras.

Una de las actividades que más disfrutaba hacer era ver el amanecer desde una torre de vigilancia y escuchar el despertar de los animales. Los mosquitos también asistían a la cita y yo les servía de desayuno. Pero, en cuanto empezaba a clarear, llegaban las preciosas libélulas. Mis ojos eran incapaces de apreciar los detalles de lo que estaba ocurriendo. Se movían demasiado rápido. Lo que sí podía apreciar era que, en pocos minutos, los mosquitos se habían esfumado. Los que no acabaron en las fauces de estas implacables depredadoras supongo que decidieron buscar otra víctima a la que desangrar.

Su exitosa técnica de caza se debe a una serie de adaptaciones extraordinarias que han tenido tiempo de perfeccionar desde que aparecieron en el planeta. Según los paleontólogos, la libélula es uno de los insectos más antiguos. Ya revoloteaban antes de los primeros dinosaurios. Aunque las especies actuales son bastante más pequeñas que sus antepasados, que podían alcanzar la friolera de 70 centímetros de envergadura alar, han logrado coronarse como las depredadoras actuales más mortíferas del reino animal. Y, en los amaneceres del Pantanal, yo era testigo de ello y lo celebraba con alivio y fascinación.

Uno de los secretos de su éxito es la vista, su sentido más desarrollado. Casi toda su cabeza está ocupada por dos grandes ojos esféricos compuestos, formados por hasta 30 000 unidades visuales u omatidios, que proporcionan una imagen en mosaico y un campo visual que alcanza casi los 360 grados, con tan solo un pequeño punto ciego detrás de su cabeza. Son sensibles a una cantidad de colores inimaginables para nosotros gracias a sus más de once tipos distintos de opsinas, las proteínas sensibles a la luz (e incluso hasta treinta según la especie), mientras que los humanos solo tenemos tres y gozamos de una limitada visión tricromática (los colores que vemos son una combinación de rojo, azul y verde). Así que los amaneceres que compartíamos no los veíamos del mismo modo.

Las libélulas pueden ver casi todo lo que ocurre a su alrededor, pero lo más sorprendente es su capacidad para detectar objetos en movimiento —como un mosquito volando—, procesar la información percibida a una velocidad asombrosa y reaccionar de forma casi inmediata. Dan caza a su objetivo en un simple pestañeo humano. Una habilidad así es un caramelo para la ciencia.

Queremos que la tecnología «vea», identifique objetos e interactúe con su entorno inmediato. Anhelamos cámaras con amplios ángulos de visión sin distorsiones y un enfoque nítido a cualquier distancia. No creo que te sorprenda si te digo que el secreto que andamos buscando podría estar en la estructura de los ojos de las libélulas y en su cableado neuronal. Actualmente hay cientos de investigaciones en marcha intentando crear dispositivos inspirados en la visión de estos insectos, lo que supondría un avance increíble, por ejemplo, en los sistemas de vigilancia, en la calidad de los endoscopios, en la seguridad de nuestros coches o en la tecnología de los vehículos sin conductor. También para ayudar a personas con discapacidad visual mejorando los ojos biónicos o, incluso, para restaurar la visión en casos de ceguera intratable, no al estilo *Minority Report*, sino mediante dispositivos compuestos por cámaras conectadas a unos implantes electrónicos colocados en la superficie del cerebro.

No debemos pasar por alto que las libélulas no solo ven muy bien, sino que reaccionan muy rápido a lo que están viendo y sus movimientos son muy certeros para dar caza a su objetivo. Así que sus grandes ojos y sus tres ocelos solo son el principio de una obra maestra de la evolución. El siguiente episodio ocurre en su cerebro.

Se ha demostrado que las libélulas son los únicos animales invertebrados que poseen células cerebrales de atención selectiva, es decir, la capacidad de concentrarse en una única presa e ignorar cualquier distracción. Un ejemplo clásico es el llamado *efecto cóctel*, en el que un asistente a una fiesta puede atender selectivamente a una sola voz entre el estruendo de muchas otras. Pues imagina que esa «fiesta» tiene lugar en la torre donde yo me deleitaba con los amaneceres del Pantanal y los asistentes son los cientos de mosquitos. Imagina a una osada libélula que decide asistir a esa fiesta, sin esperar a ser invitada, con la clara intención de darse un banquete a costa de los allí presentes. El único inconveniente es que solo puede atrapar a uno de los «invitados» a la vez. Así que, igual que con el *efecto cóctel*, debe seleccionar a una, y solo una, presa e ignorar temporalmente las demás.

Cuando ha fijado el objetivo, se lanza volando a toda velocidad, capturándolo al vuelo. Si la presa es pequeña, la atrapa directamente con la boca, pero, si es grande, utiliza sus potentes patas, equipadas con espinas y articuladas a modo de cesta. Esa posición no le permite caminar, pero es ideal para evitar que sus presas escapen. Una vez atrapada, la libélula le tritura las alas o se las arranca con sus dentadas mandíbulas para inmovilizarla y luego devorarla.

En un principio se creía que las libélulas perseguían a sus presas, reaccionando a sus movimientos para darles caza como hace un misil que persigue un blanco. Pero estudios recientes han demostrado que estos insectos alados realizan complicados cálculos mentales para predecir la trayectoria de su presa y atraparla con mayor precisión. Gracias a su agudeza visual y a unos reflejos excelentes, en un lapso de milisegundos, las libélulas calculan la distancia a la que se encuentra su presa, la velocidad a la que se mueve, y predicen dónde estará en un futuro inmediato para interceptarla en ruta. No es extraño que los neurobiólogos estén entusiasmados con el descubrimiento y vean en ellas un modelo ideal para estudiar comportamientos complejos.

Sin embargo, algunas presas no se quedan de alas cruzadas y maniobran activamente con la intención de evadir a sus perseguidoras. Pero es raro que se libren. El cuerpo y la cabeza de las libélulas se mueven de forma independiente. Mientras su cuerpo maniobra ágilmente para alcanzar su objetivo a pesar de inesperados cambios de trayectoria, su cabeza mantiene siempre a su presa en el punto de mira.

Allí donde ponen el ojo... hincan el diente.

ACRÓBATAS DEL AIRE

La palabra *libélula* viene del latín científico *libellula*, forma diminutiva de *libella*, que significa «nivel», «balanza», haciendo referencia a la capacidad de estos insectos para mantenerse en equilibrio en el aire. Y es que, si algo sobresale por encima de las demás habilidades de estos insectos de vívidos colores, son sus rápidas y precisas acrobacias, ejecutadas a toda velocidad en el aire.

Vuelan hacia adelante y hacia atrás, suben, bajan, giran bruscamente, paran de repente, se quedan suspendidas en el aire durante largo tiempo y aceleran hasta los 98 km/h. Estas asombrosas hazañas acrobáticas son posibles en parte por la anatomía de sus alas, la pieza más evidente de su maquinaria para el vuelo. Poseen dos pares de grandes y largas alas, rectas y pecioladas, que pueden mover de manera independiente; son fuertes y flexibles, de consistencia membranosa y recorridas por una compleja red de venas que les dan rigidez. En los extremos hay una celdilla especial —a veces densamente coloreada— llamada «pterostigma», que actúa como peso para ayudar a planear y evitar que el ala ultrafina vibre durante el vuelo. Unos potentes músculos anclados en la base de las alas son los que controlan la forma y el ángulo y son los responsables del impulso de vuelo, de la exquisita coordinación entre las cuatro alas y de los largos viajes sin fatiga.

Me atrevería a afirmar que ningún animal puede igualar la maestría de las libélulas en el vuelo y que nuestra tecnología tampoco. La admiración que sentimos por su espectáculo aéreo es un enorme ejercicio de humildad.

A principios del siglo xx había una tremenda obsesión por la conquista del aire y no es de extrañar que al primer prototipo de helicóptero lo apodaran «Libélula». Lo que quizá te sorprenda es que el nombre completo de ese primer helicóptero fue «Libélula española», porque nació en España producto del inventor Federico Cantero Villamil junto con Leonardo Torres y Juan de la Cierva. Sin embargo, los avatares de la historia truncaron los planes del triplete ingeniero y condenaron a su aeronave a no volar nunca. Fue el ingeniero Igor Sikorsky quien logró desarrollar con éxito un helicóptero y, el 14 de septiembre de 1939, despegó en su primer vuelo. El mismo Sikorsky reconoció haberse inspirado en la mecánica de vuelo de las libélulas para desarrollar sus aparatos, intentando emular las maniobras de vuelo de estos insectos, además de imitar su forma corporal.

Hoy en día, el vuelo de las libélulas sigue siendo objeto de estudio e inspiración, incluso para la NASA. Los drones, por ejemplo, son pequeños aparatos voladores sin tripulación que, a grandes rasgos, podemos describir como helicópteros miniaturizados y una clara muestra de biomimetismo basado en estas acróbatas del aire. Estos pequeños dispositivos voladores teledirigidos, altamente eficientes y de movimientos precisos y complejos, no solo pueden convertirse en atractivos juguetes, sino que pueden servir para tomar fotografías en lugares de difícil acceso y ser una herramienta clave, por ejemplo, en operaciones de rescate después de un desastre natural. Dispositivos con un diseño muy similar a una libélula que nos pueden ayudar a salvar vidas.

Pero la mayoría de los drones actuales son toscos y derrochan energía, si los comparamos con las libélulas y otros insectos voladores. Es por esa razón que hay quien intenta convertir a una libélula en un dron con vida, en un cíborg con control remoto. Se trata de una micromochila con paneles solares para operar con total autonomía, acoplada a una libélula modificada genéticamente para poder controlar sus neuronas de dirección mediante señales lumínicas. Un experimento innovador también aplicable a otros insectos y que los convertiría en pequeños operarios de vigilancia, de entrega de pequeñas cargas (las libélulas pueden cargar el doble de su propio peso), o en máquinas de polinización. Imagina un ejército de libélulas robotizadas controladas desde la distancia para operaciones de reconocimiento o un enjambre de abejas guiadas para polinizar en masa. ¿Y una cucaracha *cyborg* mochilera? Sería una aliada increíble para encontrar supervivientes en lugares inaccesibles.

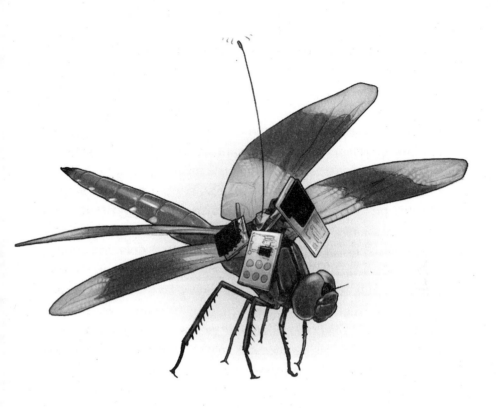

Las libélulas *cyborg* son el resultado de la fusión de alta tecnología con insectos vivos. Vuelan por control remoto.

El sector militar también tiene a las libélulas en el punto de mira. Por una parte, como futuros fichajes en operaciones especiales, pero también para aplicar su «magia» en su tecnología. En ocasiones, las libélulas son capaces de crear un tipo de ilusión óptica, una estrategia llamada *camuflaje de movimiento*; es decir, hacen creer a sus presas que están estacionarias cuando en realidad se acercan a su víctima. Esto lo logran manteniéndose posicionadas entre un punto fijo en el paisaje y la presa, gracias a su increíble vista, sus cálculos mentales y su poderosa maquinaria de vuelo. Un truco que el ejército podría aplicar a una futura generación de misiles antiaéreos. Uf, que miedo...

ALAS QUE CURAN

Aunque el abdomen también juega un papel crucial en el vuelo de las libélulas (ayuda al equilibrio, la estabilidad y la maniobrabilidad), sin las alas no se elevarían. Si estas estructuras son tan importantes, una de las preguntas que me planteo es cómo las cuidan. Las aves dedican gran parte de su tiempo a acicalar sus plumas; las peinan, las limpian, las ordenan, las desparasitan... ¿y las libélulas? ¿Cómo mantienen sus alas en óptimas condiciones para seguir reinando en el podio de los depredadores del reino animal?

Dada la velocidad que alcanzan en sus ataques o en sus vuelos de defensa ante rivales o depredadores, las alas de estos insectos están sujetas a tensiones externas, impactos mecánicos y deformaciones durante millones de ciclos de vuelo. Así que no es extraño que sus alas resulten dañadas. Lo que se ha comprobado es que la eficiencia de su vuelo no se ve afectada a pesar de tener una de sus cuatro alas rotas o, incluso, si les falta una de ellas al completo. Sin embargo, las alas de los insectos no son tan frágiles como parecen. Todo apunta, por una parte, a que las venas mejoran la resistencia a la fractura estructural de las alas, deteniendo el avance de las fisuras antes de que alcancen un tamaño crítico. Sería algo similar a lo que ocurre con los barcos, donde el casco se divide en compartimentos para evitar que la nave se hunda. ¿Por qué no hay más venas y así evitar problemas? Por el peso. La proporción entre membrana y nervaduras es la óptima para tener unas alas fuertes y ligeras. Un sueño que persiguen los diseñadores de alas artificiales que sufren desperfectos por desgaste mecánico, sobre todo al mejorar las baterías y alargar tiempo de vuelo.

Por otra parte, investigaciones muy recientes han encontrado el mecanismo genético que no solo promueve la formación del ala, sino que también la regenera en caso de daño. Una región genómica que regula la expresión de la proteína *wingless*, que también alerta a las células sanas para que se dividan y puedan regenerar el tejido. Los investigadores descubrieron asimismo que, si el mecanismo regulador de la proteína quedaba activado, las células no dejaban de dividirse, dando lugar a continuos crecimientos tumorales y malignos. La regeneración y los tumores parecen ser dos caras de la misma moneda.

Tenemos que dar tiempo a la ciencia para saber si el estudio genómico de las libélulas aporta soluciones a patologías humanas. Pero lo que ya podemos celebrar es cómo nos pueden ayudar en la lucha contra las infecciones. Cada año mueren en el mundo más de 700 000 personas debido a una infección bacteriana resistente a los antibióticos. Encontrar formas no químicas de eliminar las bacterias se ha convertido en una prioridad y resulta que los insectos han hallado un método muy efectivo para que sus alas estén libres de estos microorganismos. Estudiando la superficie de las alas de las libélulas se ha descubierto que están cubiertas de diminutos nanopilares que destruyen las bacterias al contacto, estirándolas, rebanándolas o desgarrándolas. Aunque es una nanoestructura difícil de imitar, los científicos han logrado desarrollar superficies con patrones similares y efectos bactericidas de eficacia todavía variable. En un futuro podría ser, por ejemplo, el nanodiseño de la superficie de los injertos de hueso y salvar miles de vidas.

Parece una fantasía, pero resulta que las libélulas tienen unas alas que podrían curarnos y sus ojos podrían ser la clave para mejorar los nuestros, o para sustituirnos allí donde no podemos acceder. Su vuelo quizá esconde el secreto de la eficiencia energética en la conquista del aire; su infalible técnica de caza y su hambre voraz podrían ser la solución al control de vectores de enfermedades. Entonces, ¿no deberíamos cuidarlas un poco?

Creo que, como mínimo, tenemos que evitar la alarmante degradación de las zonas húmedas donde viven. Para el resto, ya ves que no nos necesitan para nada.. Se las arreglan perfectamente sin nosotros. Pero... cuando sea verano, a mediodía, y, a pesar del calor, te quedes embelesado observando cómo estos pequeños seres dan caza a sus presas en una charca de casi cualquier lugar del planeta... quizás ahora, después de todo lo que te he contado, te preguntes: «¿Y nosotros podemos vivir sin ellas?».

EVELYN SEGURA

17. DOMADORES DE ORUGAS

«A la gente no le importará la conservación
de los animales a menos que piensen que
los animales valen la pena».
SIR DAVID ATTEMBOROUGH

El día estaba claro y la mar en calma. Agotados y presos en
aquella isla, decidieron poner fin a su cautiverio y padre e hijo
se pusieron manos a la obra. Comenzaron articulando un esque-
leto rígido al que unieron una gran cantidad de plumas con
cera de abeja. Dédalo advirtió a su hijo Ícaro que no volase muy
bajo, pues las plumas que cubrían sus alas se empaparían con
la bruma marina, pero tampoco muy alto, pues el calor del sol
podría derretir la cera haciéndole caer al mar.

Una vez el trabajo estuvo acabado, comenzaron su huida de
Creta. Ícaro, tras haber cruzado ya varias islas, y fascinado por
la sensación de libertad que le brindaban sus nuevos apéndices,
comenzó a ascender en contra de las indicaciones de su padre.
Poco a poco, por acción del sol, sus alas empezaron a reblan-
decerse, haciéndole perder altura hasta que finalmente cayó al
mar. En recuerdo de su hijo, Dédalo, bautizó la tierra cercana a
donde Ícaro sucumbió con el nombre de Icaria. Llegado a Sici-
lia, Dédalo fue recibido por el rey Cócalo, quedó bajo su protección y construyó un templo al dios Apolo en el que colgó sus
alas como ofrenda.

A estas alturas te estarás preguntando qué tiene que ver la
mitología griega con los insectos y, más concretamente en este
capítulo, con las mariposas. Si bien, *a priori*, podrían ser dos
temas inconexos, resulta que una gran cantidad de los nombres

científicos que tienen las mariposas provienen del griego y su mitología es uno de los cajones recurrentes para los descriptores de las distintas especies a la hora de elegir los nombres de estos interesantísimos seres. En algunos casos se relacionan con su belleza, tamaño o fuerza. *Menelaus, helena, priamus o hercules* son epítetos específicos de distintas especies de insectos que engrandecen sus características positivas. Sin embargo, hay todo un género de mariposas que han sido el centro de multitud de leyendas negras populares y que no solo en sus nombres anuncian el mal augurio, sino que, además, llevan la muerte tatuada en la espalda. Te hablo de *Acherontia*, un género que presenta solo tres especies y las tres portan en el tórax la representación de una calavera humana. Estas tres especies son *atropos, lachesis y styx* y te aseguro que estos nombres no están puestos al azar.

Las tres especies de *Acherontia* (*A. atropos, A. lachesis* y *A. styx*) representando a las tres moiras mientras deciden su siguiente muerte.

Acherontia proviene de Aqueronte o Aquerón, que en la mitología griega era uno de los cinco ríos que cruzaban el inframundo, únicamente surcado por Caronte, el barquero que llevaba las almas de una orilla a la otra. Como no podía ser de otra manera, el total de las tres especies debían llevar una temática similar y las nombraron *atropos* y *lachesis* en representación de dos de las tres moiras que decidían el destino de cada alma. En este caso, *lachesis* medía el hilo de la vida y decidía cómo y cuándo cortarlo, mientras que *atropos* se encargaba del horrible trance de cortar dicho hilo con sus tijeras; finalmente, *styx* hace referencia a la laguna —o el río— Estigia, que constituía la gran masa de agua que separaba el mundo de los vivos del de los muertos y formaba parte de los cinco ríos que discurrían por el inframundo.

DE LA SELVA A TU ARMARIO

Después de los himenópteros y los coleópteros, los lepidópteros o mariposas son el grupo de insectos mejor representados en nuestro planeta. Actualmente existen descritas unas 165 000 especies y su característica principal es, como la de cualquier insecto, presentar el cuerpo dividido tres, en cabeza, tórax y abdomen. En el tórax cuentan con dos pares de alas y tres pares de patas. Como rasgo diferenciador, las mariposas poseen escamas en sus alas, que las recubren y las adornan con toda la gama de colores imaginables; de ahí el nombre de «lepidópteros», que proviene del griego *lepis* («escamas») y *pteron* («alas»). Pero en la naturaleza nada es blanco y negro y encontramos ejemplos de lepidópteros cuyas alas son total o parcialmente transparentes como el ninfálido tropical *Greta oto*, que carece de escamas, o la endémica *Heterogynis andalusica*, típica de los desiertos del sur de España; en este caso, la hembra directamente no presenta alas, pero, además, este interesante endemismo también carece de patas y cabeza: la hembra se reduce a un saco de huevos que incuba en su interior hasta que sus larvas nacen atravesando su fina capa de quitina y da a luz, si me permites la expresión, como si de un alien se tratase.

Llegados a este punto, ahora te preguntarás... «¿Y qué función tiene una especie que no tiene cabeza, patas ni alas y cuya única función es la de dar a luz a una nueva generación?». Pues bien, todas las especies tienen su labor en el ecosistema donde viven. Algunas son grandes migradoras y polinizadoras, como los esfíngidos, capaces de recorrer miles de kilómetros. Dentro de esta familia tenemos, por ejemplo, a *Macroglossum stellatarum*, una especie que polinizan numerosas plantas huésped, como la *Viola cazorlensis*, que, de hecho, únicamente es polinizada por esta especie. Imagina el gran valor que tiene este pequeño lepidóptero, que solo él es capaz de sostener la existencia de toda una especie de planta. Podría pasarme horas explicándote, ejemplo tras ejemplo, las diferentes interacciones entre las mariposas y otros organismos, pero quería poner en valor una que, presumiblemente, es la que tiene mayor peso después de la polinización: la acción de las mariposas como consumidores primarios y alimento de secundarios. En su fase larvaria, las orugas se alimentan de plantas y, tanto en este estado como en su fase adulta, tienen el rol de presa de multitud de depredadores, algunos de ellos estrictamente insectívoros y otros facultativos, pero en cualquier caso forman parte de la dieta de infinidad de especies animales: peces, reptiles, anfibios, aves, mamíferos e incluso otros insectos.

Además de la importancia intrínseca de estos animales en el ecosistema y de su valor especie por especie, el ser humano ha encontrado en ellos un valor económico desde muy antiguo. Para su adecuado manejo, el hombre ha ido alterando y modificando artificialmente algunas especies de animales: ganado ovino, bovino, caprino, equino, y así un sinfín de especies de vertebrados; sin embargo, los insectos nos lo han puesto más difícil y, de entre todos, algo más de un millón de especies descritas, solo dos se pueden considerar especies domesticadas, es decir, que han sufrido cambios físicos o comportamentales y que además aprovechamos para suplir una necesidad.

Por un lado, tenemos la abeja de la miel o *Apis mellifera*, perteneciente al orden Hymenoptera, de la que el compañero Ignasi ya te habló en un capítulo anterior. La otra especie de insecto domesticada por el hombre es el gusano de la seda (*Bombyx mori*), esta sí, dentro del orden *Lepidoptera*. Es en este momento cuando los verdaderos domadores de orugas toman las riendas de la especie y consiguen extraer uno de los tejidos que, incluso a día de hoy, más se cotizan en todos los mercados del mundo.

Aunque es difícil de datar en una fecha exacta, se cree que el descubrimiento y uso de la seda comenzó en el siglo XVII a. C., que es la época de la que datan las tumbas reales de la dinastía Shang, en las que se encontraron los fragmentos más antiguos de este material. Confucio escribió que el origen de la seda se dio al caer un capullo de esta especie en una taza de té caliente de la emperatriz Leizu: al ir a sacarlo, el capullo comenzó a deshilarse y, en ese momento, la joven tuvo la idea de tejerlo. Desde entonces, Leizu formó parte de la mitología china como la diosa de la seda. Historias aparte, su uso permaneció bajo secreto durante muchos siglos entre las fronteras chinas, considerándose un tejido de lujo en todo Occidente hasta nuestros días.

Una de las características de *Bombyx mori* más interesantes para el uso en sericicultura es la pérdida, en los adultos, de la capacidad de volar. Este hecho facilita el manejo durante su cría y la hace idónea para la producción de seda.

Como te venía contando, fueron muchos los siglos en los que China guardó el secreto del origen de tan bello tejido, y comerciantes de todo el mundo conocido por aquel entonces viajaban durante meses de Occidente a Oriente con el fin de hacerse con este material. A este entramado de rutas comerciales se le dio el nombre de Ruta de la Seda debido a su gran importancia.

Finalmente, el secreto se propagó por Occidente y, junto con los avances técnicos y el conocimiento de nuevas especies productoras de este fino hilo, en Europa se consideró el uso de al menos tres de esas nuevas especies en la industria textil. Estas son *Samia cynthia*, *Antheraea pernyi* y *Antheraea yamamai*. Comenzaron a criarse en Europa por su facilidad de cría y por una propiedad que las hacía muy atractivas: podían volar y crear poblaciones naturales en países occidentales. El hecho de introducir especies foráneas en ecosistemas autóctonos, que hoy nos parece una idea descabellada, no era tal en la época y fueron varios los puntos donde se introdujeron estas especies por todo el continente.

La industria de la seda perdió fuerza y la cría de estas especies dejó de ser rentable; fue abandonada hacia el último cuarto del siglo xx. Hoy en día, aún se pueden encontrar poblaciones tanto de *Samia cynthia* como de ambas *Antheraea* en el continente europeo. En España, hasta finales del siglo xx se podía hallar *Samia cynthia* en Barcelona y, aunque actualmente ya no encontramos este satúrnido en la ciudad catalana, sí que se ha registrado una población de *Antheraea pernyi* en la isla de Mallorca como vestigio de los antiguos domadores de orugas.

DOMADORAS DE HORMIGAS

Que la naturaleza es cruel es algo que supongo que sabrás a día de hoy, pero la crueldad es un concepto completamente humano. Los machos de *Mantis religiosa*, por ejemplo, corren grave peligro de ser devorados por las hembras justo después de la cópula, y a veces durante, ya que para estas son un aporte de proteínas crucial de cara a la producción de huevos. No es difícil ver estos rasgos, a nuestros ojos crueles, en multitud de escenas en el campo, pero lo que nosotros, como seres humanos, percibimos como un acto cruel e insensible, la naturaleza lo toma como una estrategia de supervivencia. Una de estas estrategias es la usada por nuestra próxima protagonista, la mariposa *Phengaris arion* u hormiguera de lunares.

Se trata de una especie de la familia *Lycaenidae*, mariposas de pequeño tamaño, normalmente azules y que habitualmente, como su propio nombre indica, se relacionan con distintas especies de hormigas. Por lo general, la interacción con las hormigas por parte de las orugas de la familia *Lycaenidae* se basa en una relación de mutualismo, en la que las hormigas obtienen un líquido azucarado que las orugas secretan por un órgano especial, ubicado al final del cuerpo, llamado glándula de Newcomer. Durante este proceso las larvas obtienen protección extra por parte de las hormigas y las hormigas «ordeñan» a las larvas para obtener su azucarado alimento. Sin embargo, la mariposa *Phengaris arion* va un poco más allá y pasa de tener un rol mutualista con las hormigas a convertirse en un parásito dentro del hormiguero.

El ciclo comienza cuando la hembra adulta coloca un huevo sobre su planta nutricia, el orégano (*Origanum vulgare*) preferentemente. La larva eclosiona unos diez días después de la puesta y, mediante un orificio en el cáliz, comienza a alimentarse de las flores. Transcurrido un mes aproximadamente, la oruga ya se encuentra en su cuarto y penúltimo estadio antes de hacer la crisálida, habiéndose alimentado hasta ahora exclusivamente de la flor del orégano. Llegado a este punto, la estrategia cambia y la larva empieza a liberar un aroma muy familiar para las hormigas de una especie concreta, la *Myrmica sabuleti*, tan familiar que la oruga de *Phengaris* «huele» igual que la reina de esta especie de hormiga, por lo que, en un acto de repatriación *real*, varias de las integrantes del hormiguero se llevan a la oruga al interior de la colonia, donde esta seguirá dos estrategias.

En el mejor de los casos para las hormigas, la larva de la mariposa demandará alimento por parte de las hormigas haciéndolas creer que es su hambrienta reina; esto lo llevará a cabo mediante la liberación de la citada feromona, hasta que consiga pupar en el interior de la cámara real. En el peor de los casos, *Phengaris arion* pasa a convertirse en un parásito, un organismo que, gracias al uso de la química, confunde a sus hospedadoras llevándolas a la cámara de las larvas y las crisálidas dentro del hormiguero y, una vez allí, comienza a alimentarse de ellas hasta completar su desarrollo.

Durante todo este proceso, la oruga debe mantener un flujo de feromonas constante o, de lo contrario, las hormigas podrían descubrirla y acabaría muriendo devorada.

Larva de la especie *Phengaris arion* siendo cuidada por el resto de la colonia de hormigas de la especie *Myrmica sabuleti*.

Finalmente, y transcurrido el tiempo suficiente, la mariposa emerge de su crisálida en territorio enemigo; la feromona que antes la camuflaba ahora ya no funciona, pues el antiguo órgano que presentaba la oruga ya no existe en su nuevo cuerpo: ahora es momento de correr, pues se encuentra bajo tierra en uno de los lugares más vigilados del hormiguero. Si todo va bien, la mariposa, ahora sí, adulta, sale del hormiguero y estira sus nuevas alas en una brizna de hierba cercana para comenzar un nuevo ciclo.

Podríamos tildar todos estos comportamientos como crueles desde un punto de vista humano: orugas que engañan a hormigas para comerse a su descendencia mientras estas piensan que las primeras son sus reinas; pero no se puede negar que, como estrategia de supervivencia, son sobresalientes.

BON APPÉTIT

Al principio del capítulo te contaba la influencia de una sola especie de mariposa en la economía mundial, pero... ¿y si te dijera que hay otro lepidóptero que, solo en Botsuana, mueve algo más de siete millones de euros al año?

El uso de insectos como alimento cada vez está más aceptado en las culturas occidentales; tenebrios, langostas y grillos comienzan a verse en algunos supermercados con más o menos éxito entre la población. Sin embargo, en otras culturas, la entomofagia es una forma habitual de alimentarse en determinadas épocas del año en función de la disponibilidad del alimento, y su peso específico dentro de la dieta de los seres humanos de determinadas partes del mundo es alto.

Estoy seguro que hay otros ejemplos a lo largo y ancho de nuestro planeta y te animo a dar con ellos; de hecho, algunos los habrás ido encontrando en el presente libro, porque, si este libro tiene un objetivo principal, ese es el de darte a conocer cómo unos *bichos* aparentemente insignificantes, y muchos de ellos despreciados por nuestra sociedad, han marcado nuestra historia como especie. Pero en este capítulo te voy a contar quizás el ejemplo más conocido de auténticos domadores de orugas que, como si de otro tipo de ganadería se tratase, manejan y utilizan a estas como fuente de alimento durante una buena parte del año y que las han hecho parte de su dieta y de su cultura. Te hablo, cómo no, de la mariposa u oruga del mopane.

Se trata de una especie de la familia Saturniidae, denominada *Gonimbrasia belina*. Es una mariposa de gran tamaño, unos 12 o 15 centímetros de envergadura. En estado adulto no se alimenta, por lo que toda su energía la obtiene de las reservas que un día ingirió como oruga. Por todo esto, no es difícil sospechar que se trata de una oruga suculenta y esto, sumado a que no se trata de una especie tóxica para el ser humano, en la zona sur de África, la ha convertido en un alimento recurrente para la población. Se estima que, solo en Sudáfrica, se comercializan 1600 toneladas de orugas anualmente.

A diferencia de como ocurría con el gusano de seda, que existen granjas donde se cultiva de manera intensiva, las orugas del mopane se crían en la naturaleza y la recolección es típicamente artesanal. Las orugas se recogen en su último estadio y se vacían sus intestinos para, posteriormente, secarlas, freírlas o hacerlas en conserva.

Apartándonos un poco del tema de las mariposas, existen muchos otros órdenes de insectos que se usan habitualmente como alimento en distintas partes del mundo.

En algunas partes de México es típico consumir chapulines fritos aderezados con jugo de lima o chile. El término *chapulín* proviene del náhuatl y significa «insecto que rebota como pelota de hule», curiosa descripción para nombrar a los saltamontes.

En Colombia, las hormigas culonas, especie del género *Atta*, son un manjar que forma parte de la gastronomía popular. Se suelen servir fritas y comerse como si fueran *snacks*.

Suri es el nombre que se les da a las larvas del coleóptero *Rhinchophorus palmarum*, una especie originaria de Sudamérica y que se consume típicamente en Perú. Su preparación, generalmente, se lleva a cabo ensartando dichas larvas en una especie de brocheta y cocinándolas a la brasa.

Como ves, el uso de insectos en la gastronomía no cuenta sólo con algunos ejemplos aislados y está más extendido de lo que nosotros pensamos. Me dejo atrás las brochetas de alacranes y tarántulas o las chinches de agua fritas del sudeste asiático, pero, de seguir, este capítulo sería un libro de cocina y no de divulgación sobre los artrópodos. ¿Y tú, te animarías a probar alguno de estos manjares?

TOCANDO EL CIELO

¿Qué pensarías si te dijese que todo lo que te he contado anteriormente (el gusano de seda, la mariposa que domaba a las hormigas, las orugas del mopane y un sinfín de especies más) se encuentra en peligro? Este no es un peligro como los que acostumbramos a afrontar. Hasta ahora, una especie estaba en peligro porque alterábamos su hábitat o se abusaba de la caza y la pesca, por poner dos ejemplos bien conocidos. En esos casos, la solución solía ser «sencilla», evitar esas actividades para que la especie se recuperase. Por muy difícil que pudiera ser, la solución se podía llevar a cabo. Sin embargo, el problema climático al que nos enfrentamos como planeta, además de hacerlo de manera irrefrenable, afecta a todas las especies en mayor o menor grado, por lo que no es un problema puntual sino global.

De todas las especies afectadas, los insectos son el grupo que podemos observar más fácilmente gracias a su papel como bioindicadores. Esto es posible ya que estos animales están muy bien adaptados a sus distintos hábitats pero son muy sensibles a los cambios: por lo tanto, la menor de las fluctuaciones en la temperatura, la humedad, etcétera, se observa en su comportamiento de forma inmediata.

Uno de los ecosistemas más sensibles a los cambios climáticos que estamos observando es el de alta montaña. Y te preguntarás: «¿Y qué tienen de especial las montañas?». Pues bien, por poner otro ejemplo, las montañas tienen un factor limitante que es la altitud. Cada cumbre tiene una altura concreta que permite la existencia de determinadas especies a cada intervalo de altitud. En la península ibérica, los árboles no crecen a más de 2300-2400 metros sobre el nivel del mar. Es en estos ecosistemas alpinos donde habitan nuestros siguientes protagonistas, un grupo de lepidópteros de la familia *Papilionidae*: las mariposas apolo.

Este grupo de especies se encuentra distribuido por todo el hemisferio norte y, por norma general, a lo largo de grandes cadenas montañosas o cumbres aisladas de gran altitud. Como habrás podido deducir, la temperatura es un factor limitante para estas especies y, en lugares relativamente cálidos, como el centro y sur de Europa, necesitan ascender para encontrar temperaturas más bajas y poder cerrar su ciclo biológico. En el norte de Europa, gracias al clima frío que presentan las zonas bajas, la apolo se puede observar incluso al nivel del mar.

En cadenas montañosas como el Himalaya, las mariposas del género *Parnassius* pueden volar por encima de los 5000 metros; esto las convierte en las mariposas que vuelan a mayor altitud del planeta.

Como te venía contando, el cambio climático nos afecta a nosotros como especie, pero sobre todo a organismos con menor nivel de adaptabilidad. Dentro de los organismos que se ven sacudidos por estos cambios se hallan los afectados de manera positiva, como insectos termófilos típicos de zonas desérticas, subdesérticas y subtropicales, que pueden verse favorecidos por las nuevas condiciones generadas por el cambio climático; y, en el lado opuesto, aquellas especies que pueden resultar afectadas de forma negativa, como aquellas que requieren temperaturas más frescas para completar su ciclo de vida. Los efectos que se presentan en estas especies pueden ser muy variados y no siempre tienen que implicar la muerte directa del ejemplar.

En determinados casos, la baja tasa de fertilidad en las hembras de estas especies puede ser una causa de la disminución de sus poblaciones. Otro ejemplo puede ir ligado a la planta nutricia de la especie en concreto, ya que, si, por efecto de una mayor temperatura, la floración de determinada especie se adelanta a la salida de estas, los individuos que saldrán de sus crisálidas posteriormente se encontrarán sin alimento. Aunque el problema es mucho más complejo, ya que las interacciones entre organismos no solo son A+B=C, nos sirve para entender la magnitud del problema. Pero, aunque las especies no pueden evolucionar en un periodo tan corto de tiempo para adaptarse a tantos cambios, hay algo que sí pueden hacer y es moverse a zonas más aptas para la vida; en el caso de las *Parnassius*, su estrategia es ascender por la montaña y criar cada vez más arriba.

A estas alturas de la película, ya podrás darte cuenta del siguiente inconveniente: las montañas no son infinitas. Este es el verdadero problema de las especies de alta montaña. Poco a poco, van aproximándose a la cima buscando las mejores condiciones y se van acumulando en ellas, hasta que un verano están y al verano siguiente ya no quedan, pues se ha extinguido para siempre esa población. Esto está ocurriendo a día de hoy con las mariposas apolo de la península ibérica: poblaciones presentes en cumbres bajas se extinguen año a año por la aparición de veranos inusualmente cálidos.

Otro problema asociado a esto es el aislamiento genético; es decir, entre cumbre y cumbre existen valles que anteriormente podían cruzarse porque su límite inferior contenía dicho valle. Pero, conforme aumenta la temperatura, dichos valles quedan fuera de la zona habitable de la especie y las poblaciones de ambas cimas quedan aisladas, corriendo el riesgo de perder calidad genética debido a la endogamia.

Como si el destino estuviera escrito, a la mariposa apolo se le están quemando sus alas, al igual que le pasó a Ícaro. Aunque muchas poblaciones de especies alpinas están abocadas a desaparecer, no debemos tirar la toalla. Es nuestra responsabilidad mantener y cuidar las especies y los ecosistemas que nos rodean, ya no solo porque nos aporten seda o comida, sino porque tienen un valor intrínseco por el simple hecho de existir.

ARTURO IGLESIAS

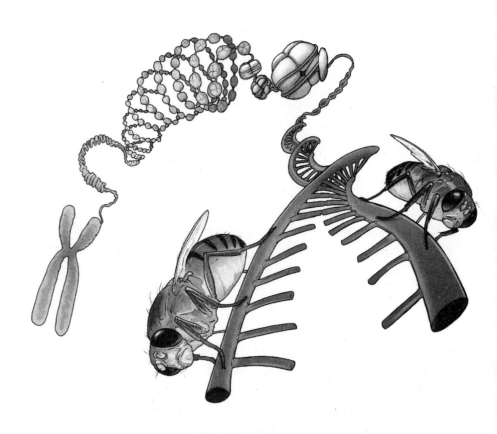

18. LA HABITACIÓN DE LAS MOSCAS

«Los avances en ciencia... se pueden atribuir,
generalmente, a la invención de un nuevo método
o al descubrimiento de una evidencia de gran
alcance... En el caso de la genética, todo comenzó
con el descubrimiento de un descubrimiento que
ya se había hecho treinta y cinco años antes».
THOMAS HUNT MORGAN. *The rise of genetics*

Llegan el verano, los calores y las vacaciones. Cambiamos nuestra rutina y nos volvemos un poco (más) descuidados. Entonces, en cocinas de todo el mundo, alguna pieza de fruta queda olvidada en un rincón o el cubo de la basura acumula restos y exceso de humedad durante varios días; tal vez hay (con suerte) un recipiente destinado al compost... El caso es que, un buen día, un diminuto bichito, de vuelo peculiar, queda plantado frente a nuestra cara por unos instantes, como si no tuviera miedo del «gigante». Es un encuentro fugaz al que tal vez no daríamos importancia excepto porque, al tocar aquella pieza de fruta del rincón olvidado o al abrir el recipiente que acumula restos vegetales, una tropa de esos bichitos voladores se reparte por nuestra cocina.

Son pequeñas moscas con asombrosa capacidad para reproducirse. Un descuido y, en un par de semanas, el «ejército» de insectos hace de nuestra cocina su hogar. Ante el avance de estos diminutos animalillos, que incluso pueden terminar ahogados en el fondo del recipiente dispensador de vinagre, seguramente la reacción más común es el asco, un asco tal vez relacionado con el miedo a lo que no conocemos bien. Y, como cierto sabio verde dijo, el miedo lleva a la ira, la ira lleva al odio y el odio al sufrimiento... en resumen, la mayoría de las personas termina matando a esas moscas, acusándolas de haber dañado la fruta, de ensuciar la casa, etc.

Puede que estés pensando que la situación descrita no tiene nada de especial; al fin y al cabo, hay muchas especies de moscas por el mundo. Quizás incluso temas que, dado el título «La habitación de las moscas», y con la capacidad que estas criaturillas tienen para reproducirse, vaya a hablar de cocinas plagadas de insectos.

Pero no, quiero hablarte de una habitación muy concreta de la que salieron conocimientos importantísimos para la biología, la medicina... y, aunque es cierto que hay gran cantidad de especies de moscas en nuestro planeta (¡unas 18 000 especies!, si consideramos el clado *Calyptratae*), te propongo que conozcas detalles de una sola de ellas, una muy particular: el primer animal que llegó al espacio en un vehículo fabricado por la humanidad, la especie que nos ayudó a comprender fundamentos imprescindibles de nuestra genética, un pequeño insecto volador criado en cantidades casi inimaginables mediante donaciones millonarias de la Fundación Michael J. Fox (gracias al éxito de Marty McFly en la trilogía de *Regreso al futuro*), una mosca diminuta que ha recibido ¡¡cinco premios Nobel!! La «amante del rocío de vientre oscuro», *Drosophila melanogaster*.

UNA ODISEA EN EL ESPACIO

En el interior de una nave que flota por el inhóspito y silencioso espacio, una criatura de aspecto muy diferente al de un humano deposita sus huevos en el suelo, mientras las luces intermitentes de los ordenadores alternan con leves pitidos regulares y ninguna persona parece darse cuenta de lo que está sucediendo...

Ese podría ser el inicio de una película «terrorífica» de ciencia ficción, pero yo quiero hablarte de algo real, de las «aventuras» de ese insecto de nombre vernáculo poco sofisticado: la mosca del vinagre.

Tras terminar la Segunda Guerra Mundial, durante la Guerra Fría de la segunda mitad del siglo xx, Estados Unidos y la Unión Soviética se enzarzaron en la carrera espacial, básicamente una pelea no sangrienta en la que cada rival trataba de demostrar que era superior en ideología, en tecnología, y que tenía más grande la... nave espacial. Esta carrera para «conquistar» el espacio se llegó a convertir en algo bastante importante, con grandes sumas de dinero invertido, porque el desarrollo de vehículos espaciales tenía claras aplicaciones potenciales para los militares y porque el hecho de llegar a ser la primera potencia en enviar personas hasta la Luna podía influir notablemente en la opinión pública.

Centrados en esta carrera «alocada» por conseguir logros espaciales, llegó el momento de enviar animales al espacio y en el recuerdo de muchas personas suena un nombre muy concreto: Laika. En noviembre de 1957, la perrita callejera Laika, tras un período de entrenamiento, fue enviada al espacio en la nave soviética Sputnik 2, un vehículo que no estaba diseñado para regresar a la Tierra. Laika llegó a orbitar nuestro planeta, pero murió a las pocas horas. Esto desencadenó un debate mundial sobre la ética de los experimentos científicos con animales.

Aunque a veces se indica erróneamente que Laika fue el primer animal en llegar al espacio, otros la precedieron, pero sin llegar a ser famosos y sin despertar esos sentimientos (parece que los movimientos animalistas adolecen, irónicamente, de cierto especismo y tienen en mucha mayor estima a los mamíferos más conocidos que a otros animalillos con mucho menos pelo). Y aquí entra en juego la protagonista de este capítulo. Sin pena ni gloria popular, hacia 1946-1947, varias moscas del vinagre (*Drosophila melanogaster*) fueron enviadas al espacio en cohetes v2, hasta unos 160 km de altura, a veces perdidas para siempre en las alturas, pero en alguna ocasión recuperadas con vida junto con el cohete. Otros animales sufrieron destinos similares; por ejemplo, ratones y pequeños monos, todos ellos antes que la desdichada y emblemática Laika.

Llegado este punto, tal vez te estés preguntando el porqué de esa insistencia en mandar diferentes animales al espacio. La verdad es que en aquella época no se conocían los efectos que el viaje podía tener sobre los humanos; se temía que la aceleración de los cohetes, la exposición a radiación y la falta de gravedad, entre otras cosas, podían ser dañinas. Así, antes de arriesgar vidas humanas, se realizaron pruebas con otros animales. Y, en esto, las poco queridas *Drosophila melanogaster* no solo fueron las pioneras, sino que probablemente aportaron (y siguen aportando) más información útil que cualquier otro animal.

Por ejemplo, los experimentos con moscas del vinagre evidencian que el viaje espacial combinado con la exposición a radiación aumenta el riesgo de mutaciones genéticas (tanto en el individuo como en su descendencia) y de muerte prematura en larvas, causa daño en células reproductivas, lleva a un sistema inmunitario bastante más débil de lo normal y acelera el envejecimiento. Cuando las moscas nacen dentro de una nave espacial y se desarrollan allí durante unos días, sus alas pueden presen-

Las moscas del vinagre han sido pioneras en los viajes al espacio y nos ayudarán a afrontar las futuras exploraciones fuera de la Tierra... pero dentro de naves y, por ahora, sin casco.

tar debilidad que luego les impide volar al volver a la Tierra; su esperanza de vida media se reduce y presentan modificaciones en el corazón.

Para hacernos una idea de este tipo de estudios, podemos fijarnos en un artículo publicado en 1997. Un equipo de investigadores japoneses nos explica que un pequeño «ejército» de moscas del vinagre fue embarcado en el transbordador espacial Endeavour para pasar ocho días en el espacio. En concreto, 400 moscas adultas macho y 12 000 larvas, la mitad pertenecientes a un linaje «típico» y la otra a un linaje (o cepa) que se sabe que presenta problemas en la reparación de ADN, es decir, que se trata de una variante de *Drosophila melanogaster* especialmente sensible a mutaciones por radiación (la cepa «mei-41»). Al regreso, las moscas fueron estudiadas: los machos «espaciales» se cruzaron con hembras típicas para analizar la posible aparición de mutaciones letales ligadas al cromosoma X; se comprobó que la frecuencia con la que se habían producido mutaciones era el doble de lo normal en moscas del linaje «típico» y el triple en las de la cepa mei-41. Lo más curioso es que las dosis de radiación recibidas en el Endeavour no eran suficientes para explicar ese aumento tremendo en la frecuencia de mutaciones letales (lo saben porque las tasas de mutación provocadas por radiación en la cepa mei-41 se han estudiado en laboratorios de nuestro planeta). ¿Qué había sucedido? Al parecer, se produce sinergia entre la exposición a radiación y la microgravedad, incrementando las mutaciones mucho más de lo esperable solo por radiación. Esta y otras posibles sinergias no descubiertas podrían suponer riesgos para los humanos, riesgos que deberían ser tenidos muy en cuenta, por ejemplo, en una futura épica exploración de Marte. Finalizan su artículo los investigadores japoneses destacando el gran valor que tienen los estudios con *Drosophila melanogaster*. Y no es poca cosa: incluso la NASA tiene su «Fruit Fly Lab», un laboratorio centrado en hacer estudios con la mosca del vinagre en el que intentan valorar efectos de los viajes espaciales de larga duración en humanos.

Pero tal vez estarás pensando ahora: «¿De verdad nos pueden resultar tan valiosos los estudios realizados con un insecto que es, aparentemente, tan diferente de una persona?».

EL EJÉRCITO DE LAS TINIEBLAS

Hoy en día, *Drosophila melanogaster* se encuentra en todos los continentes salvo en la Antártida; es suficiente con que las personas nos agrupemos, acumulemos desperdicios y estemos más o menos bien comunicadas por medios de transporte para que se pueda localizar con cierta facilidad a esta pequeña mosca. Estoy seguro de que nadie tiene idea de la cantidad de millones y millones de ejemplares de mosca del vinagre que conviven con nosotros, muchas veces pasando desapercibidos en rinconcillos oscuros.

Es curioso que, al pensar en *Drosophila melanogaster*, casi todo el mundo la tiene en mente como ese insecto comensalista obligado cuyo lugar en el mundo es junto a los humanos y sus desperdicios. Es como si no existiera en la naturaleza «lejos» de las personas. ¿Acaso la especie apareció «por arte de magia» junto a nosotros y ha estado ahí «desde siempre»? Ya te imaginarás que la respuesta es... no.

Por suerte, *Drosophila melanogaster* es uno de los insectos más estudiados y, aunque hasta hace poco el origen de este «ejército» de mosquitas permanecía un poco en tinieblas, en los últimos años se va esclareciendo su historia biológica.

Tercio sur del continente africano. Hace unos 10 000 años, tras el fin de la última Edad de Hielo, el clima se ha vuelto poco a poco más cálido y húmedo, haciendo posible la expansión de muchas especies de flora y fauna, cambiando la distribución de ecosistemas. También es un clima más benévolo para los humanos que, como en otras ocasiones a lo largo de la historia, realizan grandes desplazamientos por el planeta. Y, acompañando los movimientos de las personas en esa zona de África, probablemente pasando casi desapercibidas, las pequeñas *Drosophila melanogaster* comenzaron su expansión.

En origen, la que hoy denominamos mosca del vinagre vivía muy alejada de nosotros y de nuestro vinagre, en zonas boscosas en las que buscaba fruta en descomposición, alimentándose de los microorganismos que participan en ese proceso y de los líquidos azucarados desprendidos. Efectivamente, ya te habrás dado cuenta, *Drosophila melanogaster* es injustamente acusada: ¡se alimenta de frutas que ya están en «mal estado»!; son otras especies de mosca las que dañan fruta causando pérdidas a los agricultores (por ejemplo, *Ceratitis capitata*).

La cuestión es que, hace miles de años, las personas proporcionamos a *Drosophila melanogaster* una oportunidad impresionante, la posibilidad de expandirse por un nuevo ecosistema: nuestros hogares de temperatura relativamente agradable, en los que suelen encontrarse restos vegetales.

En poco tiempo, la mosca del vinagre había superado la barrera del Sáhara y llegado a Egipto. Hacia el siglo VII, durante los «años oscuros» de Europa, y en plena expansión del islam, *Drosophila melanogaster* viajaría desde la zona del Creciente Fértil hacia territorios europeos. Por supuesto, los detalles concretos de su avance no están nada claros. Pensemos que *Drosophila melanogaster* es descrita por primera vez para la ciencia en 1830, de la mano del alemán Johann Wilhelm Meigen, quien encontró varios de estos insectos en zonas de puertos relativamente importantes en las ciudades de Kiel y Hamburgo (lo que hace pensar a algunos que se trataba de poblaciones relativamente recientes o poco estables, llegadas con alimentos transportados). En 1875 se produce la primera cita de la especie en Nueva York, cuando el entomólogo Joseph Albert Lintner observa a varias moscas alimentándose en un recipiente con ciruelas en vinagre. Cuarenta años después, hacia 1915, se indica presencia de *Drosophila melanogaster* en California. Así, aunque hoy la mosca del vinagre se encuentra en hogares por buena parte del mundo, parece que su expansión por América, Australia, islas asiáticas, etc., se ha producido en el último par de siglos. Y, aunque nos cuesta imaginarla lejos de nuestras casas, recientemente se ha demostrado que existen poblaciones que podrían haber estado viviendo «desde siempre» alejadas de los humanos, en Namibia, Zambia y Zimbabue.

Pero ¿cuál es el secreto del éxito de *Drosophila melanogaster*? Bueno, ser capaz de adaptarse a vivir en nuestros hogares alimentándose de restos de alimentos ya supone una infinidad de posibilidades, pero esta mosca cuenta con otros puntos a su favor. Su tamaño adulto no alcanza los 3 mm, por lo que puede pasar desapercibida para nosotros con facilidad; una hembra pone varios cientos de huevos a lo largo de su vida, que pueden durar de 30 a 80 días (en laboratorio); con temperatura relativamente cálida, el huevo eclosiona en unas 12 horas y se pasa del huevo al adulto en 7 a 10 días (durante ese tiempo, lo que tenemos es una larva diminuta, todavía más difícil de detectar). Imaginarás la impresionante capacidad que tiene *Drosophila melanogaster* para, en un corto período de tiempo, formar un pequeño ejército en «las tinieblas», oculto a nuestra vista, en habitaciones calentitas y con comida disponible.

Y hay una curiosidad sobre la mosca del vinagre que la mayoría de la gente ni se imagina, un detalle que, junto con sus capacidades reproductivas, la ha convertido en un modelo de estudio científico valiosísimo: su genoma es «sorprendentemente» similar al nuestro y, por ejemplo, el 75 % de los genes que en humanos se relacionan con enfermedades tienen su equivalente entre los genes de *Drosophila melanogaster*. Seguro que ya piensas en lo útil que puede resultar esto, tanto como para avanzar enormemente en biología y, con su aplicación en medicina, mejorar la vida de muchísimas personas.

¿LA HABITACIÓN DEL PÁNICO?

A comienzos del siglo xx, en el ámbito científico se estaban buscando con interés nuevos modelos animales que permitieran estudiar con rapidez muchas generaciones de descendientes, con un menor coste que en el caso de los «típicos» ratones y cobayas.

Era urgente pues se acababa de producir un importante alboroto científico por culpa de tres botánicos; no es momento de entrar en detalles, pero digamos que se resume, de modo excesivamente benévolo, como el «redescubrimiento de las leyes de Mendel» y que implica a los destacados botánicos Hugo de Vries (holandés), Carl Correns (alemán) y Erich Tschermak-Seysenegg (austriaco), incluyendo acusaciones de unos a otros e intentos muy muy feos de atribuirse el mérito de los descubrimientos de cierto señor de apellido Mendel. Hoy Mendel es conocidísimo en biología y, especialmente, en genética, pero ten en cuenta que, en aquel momento de alboroto científico, ni siquiera estaban establecidos los términos «genética» o «gen».

Gregor Mendel fue fraile en un monasterio situado en la ciudad de Brno (República Checa). Allí, en dos hectáreas de jardín, realizó cruces muy precisos entre diferentes variedades de guisante (*Pisum sativum*), llegando a estudiar decenas de miles de plantas, fijándose en variaciones producidas en el color de los pétalos, la forma de las semillas, etc. Con sus meticulosos esfuerzos descubrió que el modo en que las plantas heredaban ciertas características se ajustaba a unas reglas matemáticas con gran exactitud (unas «leyes») y que se podía predecir, por ejemplo, el porcentaje de plantas que heredarían determinado color de pétalos conociendo bien las plantas «padre» y «madre». Lo que había descubierto Mendel era absolutamente alucinante... existen en nuestros cuerpos unas cositas muy concretas que se heredan, una de papá y otra de mamá, y su combinación define cómo será cierta característica particular que podremos ver en nuestro cuerpo.

En 1865, Mendel presentó los resultados de su inmenso estudio ante la Sociedad de Historia Natural de Brno; al año siguiente los publicó en las actas de dicha sociedad. En el mejor de los casos, la comunidad científica ignoró totalmente su trabajo; en el peor, algún prestigioso botánico le recomendó dedicarse a otra cosa (con nefastos y desalentadores resultados científicos para el pobre Mendel... pero esa es otra historia). De este modo, tristemente, Mendel fallece en 1884, con 61 años, sin reconocimiento a su enorme aportación científica. Y muchos nos seguiremos preguntando «*¿Qué habría pasado si...* Darwin hubiera leído a Mendel?».

Unos quince años después de su muerte, otros botánicos hicieron descubrimientos similares (aunque esto es discutible), se organizó el jaleo ya comentado y muchos científicos sintieron gran interés por profundizar en los brillantes descubrimientos de Mendel, para lo cual necesitaban nuevos modelos animales. Así comienza el siglo XX, cuando el entomólogo Charles Woodworth parece ser el primero en criar en cautividad *Drosophila melanogaster*, en la Universidad de Harvard, y gracias a ello, en 1901, su colega William E. Castle trabaja en laboratorio con la misma especie, para estudiar la herencia de características de un modo relativamente barato y rápido. El estudio de Castle anima a William J. Moenkhaus, de la Universidad de Indiana, a trabajar con esas pequeñas moscas del vinagre. Las propuestas de Moenkhaus son escuchadas por el entomólogo Frank E. Lutz, que también prueba a trabajar con las moscas, y, continuando con este afortunado «boca a boca», Lutz recomienda a Thomas H. Morgan que haga experimentos con *Drosophila melanogaster*, lo que nos llevaría a uno de los momentos destacados en la historia de la biología.

Morgan estaba especialmente interesado en la evolución biológica y la herencia de características. No le convencían las explicaciones de Darwin ni de Lamarck con respecto a la aparición de nuevas especies y pensaba que las mutaciones podrían ser muy importantes en ese sentido. Así, en los primeros años trabajando con *Drosophila melanogaster*, Morgan y sus estudiantes trataron de conseguir mutaciones en las moscas, empleando diferentes métodos (por ejemplo, sustancias químicas y radiación) sin conseguir buenos resultados, porque las mutaciones obtenidas eran leves, y su herencia, difícilmente cuantificable. Una sala concreta de la Universidad de Columbia fue dedicada a la investigación de Morgan. ¿Te imaginas trabajar en una habitación llena con cientos y cientos de ejemplares de *Drosophila melanogaster* organizados en pequeños habitáculos? Esta sala terminaría siendo conocida como la «habitación de las moscas» y de ella salieron importantes avances científicos.

A pesar de las dificultades con las mutaciones, el equipo de Morgan no se rindió y, por fortuna, hacia 1910 detectaron entre sus muy numerosas moscas del vinagre un macho que tenía ¡¡los ojos blancos!! (todas las demás moscas los tenían de tono rojizo).

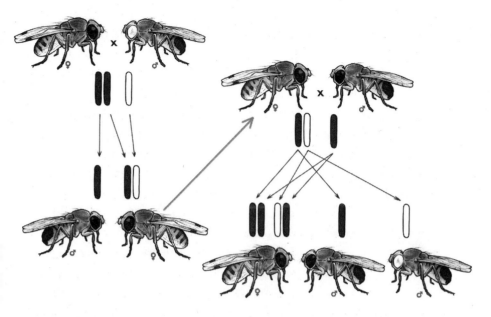

Esquema del *famoso* experimento de Morgan en el que un macho tenía ojos blancos debido a un fragmento particular de ADN ubicado en su cromosoma X. Entre sus descendientes no había ojos blancos, pero las hembras eran portadoras de ese curioso cromosoma X. Así, en una segunda generación, sí nacían algunos machos con ojos blancos, hecho que afianzó los hallazgos de Mendel.

Rápidamente procedieron a cruzar al macho con una hembra de ojos rojos típicos, haciendo un estudio al más puro estilo del bueno de Mendel: en la descendencia del cruce, todas las moscas tenían ojos rojos; luego tomaron a una hembra y un macho de dicha descendencia y los cruzaron entre sí y consiguieron una nueva generación en la que todas las hembras tenían ojos rojos; la mitad de los machos, también ojos rojos; y la otra mitad de machos, ¡¡ojos blancos!!

Con el estudio de esta herencia desigual entre sexos, Morgan pudo deducir que había un gen concreto responsable, es decir, un lugar preciso del ADN de las moscas que podía ocasionar la aparición de ojos blancos; también dedujo que ese gen se ubicaba en un gran fragmento del material genético conocido como cromosoma X y que la variación que producía ojos blancos era recesiva, por lo que el color de ojos rojos tendía a imponerse en los descendientes de los cruces; así, definió un modo de herencia «ligado al sexo». Se trataba de un avance científico ES-PEC-TA-CU-LAR, que confirmaba los hallazgos de Mendel y que se producía tan solo unos pocos años después de que se empezaran a utilizar términos como «genética» o «gen». Curiosamente, también hacía relativamente pocos años que *Drosophila melanogaster* había iniciado su particular colonización de Estados Unidos.

La importancia del descubrimiento realizado en la «habitación de las moscas» llevó a que se concediera a Morgan el Premio Nobel de Fisiología o Medicina de 1933, por sus descubrimientos sobre el papel que tienen los cromosomas en la herencia.

Con este exitazo, la «habitación de las moscas» comenzó a hacerse famosa internacionalmente, a la vez que muchos laboratorios empezaban nuevas investigaciones con la pequeña *Drosophila melanogaster*. Diferentes linajes mutantes iban siendo descubiertos e intercambiados entre científicos a medida que avanzaban los estudios genéticos y la mosca del vinagre se iba convirtiendo en uno de los organismos modelo más importantes del mundo. Poco a poco, se establecía la cartografía genética de los cromosomas de *Drosophila melanogaster*, anotando en el mapa la ubicación de diferentes genes concretos, como si se estuviera descubriendo un nuevo mundo.

A medida que pasaban los años del siglo XX, llegaban nuevos premios Nobel con contribución destacada de *Drosophila melanogaster*. En 1946, Herman J. Muller, antiguo pupilo de Morgan en la «habitación de las moscas», recibió el Nobel por el descubrimiento de que los rayos X pueden inducir mutaciones en el ADN. Y, en 1995, Edward B. Lewis, Christiane Nusslein-Volhard y Eric F. Wieschaus compartieron Nobel por la identificación de genes relacionados con el desarrollo embrionario, los cuales determinan cómo se van a diferenciar las distintas partes del animal.

REGRESO AL FUTURO

En el año 2000 se conseguía otro gran avance científico: la publicación del genoma completo de *Drosophila melanogaster*. Era la segunda vez que se lograba para una especie animal (tras el nematodo *Caenorhabditis elegans*, en 1998). ¡Ya teníamos el mapa de todos sus cromosomas! Aunque faltaba comprender bien lo que ocurría en cada ubicación de ese mapa (en cada gen), las implicaciones científicas eran tremendas. Casi de inmediato se realizaron detalladas comparaciones entre el ADN de la mosca del vinagre y el nuestro. Por ejemplo, 929 zonas del genoma humano, que se sabía que estaban relacionadas con enfermedades, se buscaron en el genoma de *Drosophila melanogaster*: se descubrió que algo más del 75 % de dichas zonas estaban también en el ADN del insecto (podían reconocerse bien aunque no eran idénticas). En el caso de genes relacionados con cáncer en humanos, el 68 % tenían su equivalente, su ortólogo, en la mosca del vinagre.

A mucha gente le puede resultar increíble que las personas tengamos «tanto» parecido genético con una «simple mosca», con un «bicho» que parece de otro mundo comparado con nosotros. No es que este insecto concreto sea peculiarmente parecido al ser humano, es que ocurre algo similar con todos los insectos y con todos los seres vivos de la Tierra: compartimos un importante porcentaje de genes y el porcentaje aumenta cuanto más emparentadas están dos especies; una prueba más de la evolución biológica. *Drosophila melanogaster* nos ha ayudado a entender esto, a veces de modos muy impactantes.

Por ejemplo, se conoce un gen «maestro» que controla el desarrollo de ojos en la mosca, denominado «ey»; se comprobó que, si se fuerza la expresión del gen ey en una parte concreta del embrión de una mosca, en esa parte se desarrollan ojos ectópicos, fuera de lugar (en donde deberían estar una pata, una antena, etc.); lo más «loco» de todo es que se conocen genes «maestro» equivalentes que dirigen el desarrollo de ojos en humanos, en ratones y en otras muchas especies y, si ponemos el gen maestro de ratón «Pax6^{Sey}» en un embrión de mosca y obligamos a que se exprese intensamente en el punto que correspondería a una pata, allí se desarrolla un ojo... ¡¡un ojo de mosca, no de ratón!! Resulta que, desde insectos a mamíferos, todos compartimos ese tipo de genes maestros muy muy similares; un indicio que apunta a un origen común de ojos primitivos hace varios cientos de miles de años.

En fin, *Drosophila melanogaster* es un modelo animal increíblemente útil, con muchos genes similares a los humanos, un pequeño insecto fácil de mantener en laboratorio pero que, aun siendo tan pequeñito, tiene un sistema nervioso lo bastante desarrollado como para que nos permita estudiar temibles enfermedades neurodegenerativas como Alzheimer y Parkinson. Al pensar en esta última, posiblemente a muchos nos viene a la cabeza el carismático actor Michael J. Fox (Marty McFly en *Regreso al futuro*), persona que ha dedicado muchos esfuerzos a impulsar investigaciones sobre la enfermedad de Parkinson y cuya fundación destina millones de dólares a muchas «habitaciones de las moscas» en las que miles de *Drosophila melanogaster* entregan sus vidas para mejorar las nuestras en un futuro próximo.

Nuevos premios Nobel fueron concedidos gracias a «nuestra» mosca: en 2011 a Bruce A. Beutler y Jules A. Hoffmann, por estudios de inmunidad innata; y en 2017 a Jeffrey C. Hall, Micheal Rosbash y Michael W. Young, por los avances en cuanto a mecanismos moleculares relacionados con los ritmos circadianos. Todos los años se publican miles de artículos científicos variados basados en el estudio de *Drosophila melanogaster* en laboratorio; si buscas en PUBMED términos como *Drosophila melanogaster human diseases*, puedes encontrar unas 4000 publicaciones. Es un volumen impresionante de conocimiento científico y, aunque habría que comprobarlo viajando al futuro con el DeLorean de Marty McFly, estoy seguro de que, gracias a la pequeña mosca del vinagre, podrán probarse infinidad de nuevos medicamentos y se encontrarán formas eficaces de enfrentar terribles dolencias como los diferentes tipos de cáncer o el párkinson.

En el escenario actual, sumergidos en la extinción masiva que estamos provocando, con las poblaciones de insectos cayendo, todavía se nos educa de manera absurda para sentir asco y odio hacia los «bichos». Poca gente es consciente de la importancia real que esos pequeños tienen para el resto del ecosistema, de los servicios ecosistémicos que nos regalan y del daño en cadena que irá produciéndose a medida que desaparezcan. Tal vez, la próxima vez que alguna mosca del vinagre vuele por nuestra cocina, deberíamos dedicar un poco de tiempo a observarla con curiosidad, y pensar en lo mucho que nos han aportado y nos aportarán. Demos valor a la existencia de moscas y otros insectos... aunque sea por puro egoísmo, por autoconservación.

FERNANDO MARTÍNEZ-FLORES

19. PEQUEÑO PERO MATÓN

«Los insectos pican no por malicia, sino porque también
ellos quieren vivir; lo mismo les sucede a nuestros
críticos: quieren nuestra sangre, no nuestro dolor».
FRIEDRICH NIETZSCHE (*Humano, demasiado
humano. Un libro para espíritus libres*, vol. II)

Piensa rápidamente la respuesta a la siguiente pregunta: ¿cuál es
el animal que más muertes ocasiona en el planeta? Estoy seguro
de que te vienen a la mente multitud de animales a los que tradicionalmente etiquetamos como peligrosos. Posiblemente has
pensado en alguno de los grandes depredadores u otras criaturas que, por ejemplo, con su veneno, nos pueden ocasionar
la muerte en un corto periodo de tiempo. La lista seguro que
es larga e incluye animales de lo más variopinto, como leones,
tigres, tiburones, cocodrilos, serpientes, tarántulas, y quizás,
alguno llegue a pensar en escorpiones. También podrías haber
pensado en los propios seres humanos, que, con las terribles guerras y otras acciones violentas, causamos la muerte de multitud
de personas anualmente. No obstante, la respuesta a esta cuestión la tienes mucho más cerca de lo que parece y se personifica
en un animal mucho más pequeño que todos los anteriores, un
animal que realmente forma parte de nuestro día a día y que es
el protagonista de este capítulo. Sí, los animales más mortíferos
que encontramos sobre la faz de la tierra son los mosquitos.

Dicho de este modo, realmente, la respuesta entraña cierta
trampa, porque la alta mortalidad que producen los mosquitos
no es debida directamente a ellos en puridad, sino que los principales responsables son la multitud de patógenos que son capa-

ces de transmitir. Los mosquitos se comportan como vectores, es decir, transmisores de muy diversos patógenos, que requieren de estos insectos para completar su ciclo vital y para ser transmitidos desde un individuo infectado a un nuevo hospedador, nosotros entre ellos. Así, encontramos ejemplos tan relevantes como el de los parásitos de la malaria, pertenecientes al género *Plasmodium*, que son transmitidos por mosquitos y que, aún hoy en día, producen la muerte de cerca de 400 000 personas anualmente, con millones de afectados a nivel global. Si bien este es un ejemplo especialmente notable, podemos encontrar otros muchos patógenos de relevancia en salud pública que también son transmitidos por mosquitos, incluidos aquellos que causan enfermedades que de tanto en tanto aparecen en las noticias, como el zika, la fiebre amarilla o el dengue.

Pero los mosquitos no solo son relevantes por su papel en la transmisión de patógenos que afectan a las personas, sino por la multitud de ellos que pueden también transmitir a los animales, ya sean especies domésticas o silvestres, lo que da a estos insectos relevancia desde el punto de vista de la salud animal y la ecología. Un ejemplo paradigmático de patógenos transmitidos por mosquitos a la fauna silvestre y doméstica lo encontramos en el caso de los parásitos de la malaria aviar, los cuales infectan comúnmente a las aves de todos los continentes a excepción de la Antártida. Como ocurre con las personas, estos parásitos también tienen efectos adversos en las aves a las que infectan, afectando negativamente su estado de salud o su éxito reproductor o, por ejemplo, aumentando la posibilidad de que las aves infectadas sean depredadas por otros animales. Afortunadamente, estos parásitos, aunque siguen ciclos de transmisión similares a los de la malaria humana, no son capaces de infectar a las personas. No obstante, como veremos, los parásitos de la malaria aviar nos sirven de ejemplo paradigmático de la importancia que tienen los mosquitos en la transmisión de parásitos que circulan naturalmente en el medio ambiente y han supuesto un excelente modelo de estudio para identificar ese papel de los mosquitos como transmisores de patógenos, incluyendo el de aquellos que afectan a las personas.

METIENDO EL ENEMIGO EN CASA

Como ocurre con otros capítulos de este libro, aquí también tenemos que hacer referencia al cambio global y sus diferentes componentes, ya que desde luego es algo que tiene especial relevancia en el caso de los mosquitos y las enfermedades que pueden transmitir. Como animales altamente dependientes de las condiciones ambientales, los mosquitos sufren importantes cambios en sus patrones de distribución y abundancia asociados a alteraciones en la temperatura o las precipitaciones. Del mismo modo, los procesos de urbanización del medio y otras alteraciones drásticas de los usos del suelo, como la intensificación de la agricultura, determinan significativamente las poblaciones de los mosquitos, donde parece que muchas especies pueden verse afectadas negativamente pero, por el contrario, otras pueden verse claramente beneficiadas.

Precisamente entre los mosquitos que encuentran un beneficio en los procesos de antropización del medio, por ejemplo, la urbanización, se encuentran algunas especies que se han hecho especialmente famosas en los últimos años, tales como el mosquito tigre, *Aedes albopictus*. Esta especie originaria del sudeste asiático ha incrementado drásticamente su área de distribución a nivel global, ocupando territorios en diferentes continentes, incluido Europa. Los primeros registros de ella en el Viejo Continente datan de la década de los 70, en Albania; posteriormente, debido a diferentes procesos de introducción, ha ido estableciéndose en otros países del continente, sobre todo en aquellos de la cuenca mediterránea. España no permaneció ajena a la especie, que apareció por primera vez en Cataluña, concretamente en Sant Cugat del Vallès (Baix Llobregat) en 2004. Desde entonces, el mosquito tigre ha ido paulatinamente expandiendo su área de distribución en el país y se halla hoy presente en todas las provincias bañadas por el Mediterráneo, desde Cataluña hasta Andalucía y otras muchas regiones del interior como Extremadura y Madrid.

Pero ¿cómo es posible que esta especie pueda colonizar territorios tan distantes de una manera tan rápida? Aquí precisamente el movimiento de mercancías por la acción del hombre parece que juega un papel fundamental. El transporte de neumáticos usados es una de las principales causas de la introducción de esta especie en diversas regiones del planeta. Estudios recientes han encontrado también ejemplares de esta y otras especies de mosquito en aeropuertos de zonas como los Países Bajos, lo que sugiere que el transporte aéreo podría también jugar un cierto papel en la introducción de especies invasoras de mosquitos en nuevos territorios. Por su parte, también se han encontrado larvas de mosquito tigre en el agua de las plantas del «bambú de la suerte». Pero realmente no debemos olvidar que, en nuestro día a día, también podemos contribuir al movimiento de estos mosquitos de un sitio a otro; un ejemplo de ello lo encontramos en un estudio desarrollado en la provincia de Barcelona, donde los investigadores registraron los vehículos con el fin de encontrar estos mosquitos en su interior: en el 0.52 % de los 770 vehículos examinados se encontraron ejemplares de mosquito tigre. Aunque la cifra puede parecer pequeña, hay que considerar el movimiento de miles de vehículos en esta área, lo que sugeriría que el transporte por carretera podría representar también un mecanismo importante para favorecer la dispersión del mosquito tigre entre regiones del país. Sea cual sea el mecanismo de entrada del mosquito en un nuevo territorio, la capacidad del mosquito tigre para criar en pequeños recipientes con agua, como los que se quedan después de regar en los platos que se colocan bajo las macetas, favorece la capacidad de la especie para establecer sus poblaciones en las áreas donde es introducida.

Aunque el mosquito tigre es un ejemplo con el que puedes estar particularmente familiarizado por haber sufrido sus picaduras en una tarde de verano, no pienses que esta especie es la única sobre la que debemos poner nuestro foco de atención. Diferentes especies de mosquitos tienen un marcado carácter invasor y como ejemplo podemos poner el caso de Europa, pues en su territorio continental y en sus islas existen otras especies invasoras del género *Aedes*, algunas tan relevantes como el mosquito de la fiebre amarilla *Aedes aegypti* o los mosquitos *Aedes japonicus* y *Aedes koreicus*.

NO TODOS LOS MOSQUITOS TRANSMITEN
TODAS LAS ENFERMEDADES

A día de hoy conocemos un total de 3578 especies de mosquitos, pero tan solo un 9.3 % de ellas parecen tener relevancia como vectores de patógenos que afectan a las personas. Es decir, algo menos de una de cada diez de las especies de mosquitos que conocemos son realmente importantes desde el punto de vista de la salud pública. Evidentemente, son muchos los factores que van a determinar que una especie sea relevante a la hora de entender su capacidad para transmitir patógenos. Entre ellos podemos encontrar factores tanto bióticos como abióticos, algunos vinculados de manera directa a los propios insectos.

Como podrás ver más adelante, cada especie de mosquito se alimenta preferentemente sobre ciertos grupos de vertebrados, lo que implica que solo algunas especies entran en contacto de modo frecuente con los patógenos que infectan a estos grupos, por ejemplo, los mamíferos o, más específicamente, las personas. Además, de todas las especies de mosquitos que pueden picar a un hospedador, solo algunas de ellas serán competentes, es decir, capaces de transmitir posteriormente esos patógenos que le infectan. En este sentido, como muestra, tan solo los mosquitos del género *Anopheles* son los vectores de los parásitos de la malaria humana, de suerte que, aunque otras especies de mosquitos puedan alimentarse de la sangre de una persona con malaria, estos parásitos no son capaces de desarrollarse en su interior. Algo similar pudimos comprobar en lo que respecta a los parásitos de la malaria aviar: en este caso, en un trabajo que realizamos en nuestro grupo de investigación, expusimos mosquitos de dos especies diferentes, el mosquito de la marisma *Aedes caspius* y el mosquito común *Culex pipiens*, para alimentarse sobre aves infectadas por parásitos de la malaria aviar; los resultados fueron clarificadores: los parásitos de la malaria tan solo fueron capaces de completar su ciclo vital en los mosquitos de la especie *Culex pipiens*. En definitiva, para el caso de estas dos especies de mosquitos frecuentes en nuestro entorno, su

contribución en la transmisión de parásitos que circulan naturalmente en las aves es muy dispar.

Aunque las diferencias entre especies de mosquitos que
encontramos en el estudio antes citado fueron especialmente
relevantes, obtuvimos otros resultados que también llamaron
nuestra atención. En concreto, pudimos observar que, en el caso
de la especie *Culex pipiens*, no todos los mosquitos expuestos a
la picadura sobre aves infectadas desarrollaron parásitos en su
interior. La pregunta, por tanto, era obvia: ¿qué determinaba
que los parásitos pudieran desarrollarse en solo unos mosquitos
de esta especie? Aquí entran en juego otros factores. Por ejemplo, la edad o el estado nutricional de los mosquitos son varia-

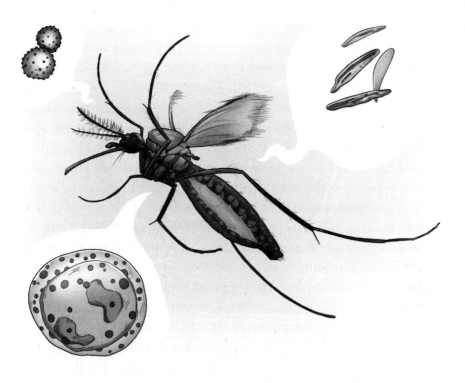

Los mosquitos son los principales vectores de multitud de patógenos,
desde virus tan importantes como los causantes del dengue o la
fiebre amarilla hasta parásitos como los que causan la malaria.

bles que pueden hacer que las hembras de mosquitos sean o no competentes para la transmisión de patógenos, pero no son las únicas. Otros organismos que conviven con los mosquitos podrían tener mucho que decir al respecto, y estos organismos no son otros que las bacterias que encontramos en el interior de los mosquitos; en otras palabras, su microbiota intestinal.

La microbiota de los mosquitos, es decir, las bacterias que podemos encontrar en su cuerpo —entre otros lugares, en su tracto digestivo—, podrían determinar la capacidad de estos insectos para desarrollar los patógenos en su interior. Los mecanismos que explicarían estos efectos son varios y aún no están totalmente claros; podrían incluir la capacidad de estas bacterias para generar ciertas respuestas inmunes en los insectos que determinen, al final, su capacidad de respuesta frente a los patógenos con los que interaccionan. Un ejemplo de ello lo encontramos en un experimento que realizamos nuevamente utilizando la especie de mosquito *Culex pipiens* y los parásitos de la malaria aviar: mosquitos hembra de esta especie fueron alimentados durante unos días con una solución azucarada o con esa misma dieta a la que añadimos también un coctel de antibióticos; este tratamiento serviría para alterar la microbiota de los mosquitos y poder identificar sus efectos. Posteriormente, a los mosquitos de ambos tratamientos experimentales se les permitió alimentarse sobre aves infectadas por parásitos de la malaria aviar. Tras un periodo de aproximadamente tres semanas, se identificó la presencia de parásitos de la malaria en la saliva de los mosquitos. En apoyo del papel de la microbiota de los mosquitos como un modulador de su capacidad para desarrollar patógenos, los mosquitos tratados con antibióticos presentaron una mayor prevalencia (número de individuos infectados con respecto a los analizados) que aquellos que recibieron la dieta control. Por tanto, la microbiota de los mosquitos parece ser un factor más que tener en cuenta a la hora de entender la importancia de estos insectos en la transmisión de patógenos.

Nuevamente, estos resultados despiertan interrogantes adicionales que aún tenemos que resolver. Por ejemplo, ¿la contaminación con antibióticos de las aguas donde crían los mosquitos afectará a su capacidad para transmitir patógenos? O ¿el tratamiento con antibióticos de las personas y otros animales podría afectar la transmisión de diferentes patógenos por mosquitos? Estas son cuestiones que debemos responder más en detalle en el futuro.

¿POR QUÉ YO?

Una cuestión importante que tienes que conocer con respecto a las picaduras de los mosquitos es que solo las hembras adultas tienen un comportamiento hematófago, esto es, que se alimentan de la sangre de sus hospedadores vertebrados. Esta fuente de alimento les aporta los elementos necesarios para desarrollar sus huevos y poder completar su ciclo vital. Además, las hembras, como ocurre exclusivamente en el caso de los machos, se alimentan de secreciones azucaradas de las plantas, lo que les permite jugar un cierto papel como polinizadoras. No obstante, si algo caracteriza a los mosquitos son esas molestas picaduras que nos producen y que siempre nos llevan a pensar: «¿Por qué me pican a mí?».

Esta cuestión no es nada sencilla de responder y, aunque podrías pensar que eres el foco principal de las picaduras de los mosquitos, realmente no es así. Los mosquitos se alimentan de la sangre de una enorme diversidad de vertebrados que incluyen todos los grandes taxones, desde peces, pasando por anfibios y reptiles, hasta aves y mamíferos, donde evidentemente nos incluimos también los seres humanos. Una de las metodologías comunes para identificar los patrones de alimentación de los mosquitos radica en el uso de herramientas moleculares para conocer el origen de la sangre que encontramos en el abdomen de las hembras recién alimentadas. Utilizando estas herramientas moleculares podemos identificar de qué especie o, incluso, de qué individuo se han alimentado los mosquitos. Esto nos ha permitido comprobar que los mosquitos tienen diferentes patrones de alimentación, con algunas especies alimentándose mayoritariamente de la sangre de las aves mientras que otras especies se alimentan principalmente de la sangre de mamíferos, e incluso de algunas especies de mamíferos en particular, como las personas. Por ejemplo, en el caso del mosquito tigre, una revisión reciente de sus patrones de alimentación reflejaba que más del 90 % de las hembras analizadas se habían alimentado de la sangre de mamíferos, especialmente de personas. Evidentemente, este patrón de alimentación, unido a la capacidad de estos insectos para desarrollar considerables patógenos que nos afectan como el virus del dengue o el virus del Zika, determina su importancia en salud pública.

Del mismo modo que existen claras diferencias entre especies de vertebrados en cuanto a las picaduras que pueden recibir por una especie de mosquito, también existen claras diferencias en las picaduras que reciben los individuos de la misma especie. Seguro que has oído quejarse a alguien, incluso a ti mismo, de que le pican más los mosquitos que al resto de las personas de la habitación; para dar respuesta a esta cuestión tenemos que saber que los mosquitos se ven atraídos por distintos compuestos. El dióxido de carbono de nuestra respiración es un ejemplo clásico de los compuestos que resultan atrayentes para los mosquitos hacia sus hospedadores. Otro compuesto no tan conocido es el nonanal, un elemento que compartimos las personas y las aves en nuestros perfiles de olor y que resulta especialmente atractivo para los mosquitos. Así, por ejemplo, en un estudio desarrollado en Estados Unidos, los investigadores comprobaron que, cuando a las trampas de captura de insectos se añadía nonanal conjuntamente con el dióxido de carbono, las capturas de mosquitos se incrementaban significativamente con respecto a aquellas trampas en las que no se utilizaban estos atrayentes o se usaba tan solo uno de ellos de manera individual. Obviamente, diferencias en la emisión de estos y otros potenciales atrayentes de los mosquitos pueden explicar las diferencias observadas en la atracción de estos insectos por unos u otros hospedadores, incluidas las personas.

Como comentábamos, responder a por qué pican más a unas personas que a otras es una cuestión aún más compleja, donde otros factores como la infección por parásitos como los de la malaria también puede ser un aspecto que considerar. Recuerda que los parásitos de la malaria requieren de la picadura de los mosquitos para ser transmitidos desde una persona infectada a un nuevo hospedador. Así, si existiera algún mecanismo por el cual los propios parásitos de la malaria pudieran incrementar la atracción de sus hospedadores por los mosquitos, esto podría traducirse en un incremento de su éxito de transmisión. Para comprobar esta posibilidad, en un estudio reciente, los investigadores verificaron que los niños infectados por malaria eran especialmente atractivos para los mosquitos, pero esto ocurría únicamente cuando los niños estaban infectados por los estadios del parásito —los gametocitos— que permitirían al parásito reproducirse sexualmente en el mosquito vector. Pero, si

Los mosquitos se alimentan de diferentes especies de vertebrados. La selección de hospedador varía en función de las especies de las que se trate y de los atrayentes, como el CO_2, emitidos por estos hospedadores.

recuerdas, unas líneas más arriba hablábamos de otros parásitos similares que encontrábamos infectando a las aves, los parásitos de la malaria aviar. ¿Es posible que los parásitos de la malaria también puedan afectar a la atracción de los mosquitos por las aves infectadas de un modo similar a lo que ocurre con las personas?

Para constatarlo, en este caso, los investigadores utilizaron canarios mantenidos en cautividad experimentalmente infectados por parásitos de la malaria aviar y mosquitos de la especie *Culex pipiens*. Utilizando este sistema de estudio, los investigadores comprobaron que los mosquitos picaban más frecuentemente a las aves cuando estas se encontraban infectadas, pero solo durante la fase crónica de infección. En otro estudio, nosotros quisimos ir un paso más allá e identificar qué causas podrían explicar estas diferencias en la atracción de las aves; para ello, extrajimos el olor de las aves infectadas y no infectadas por parásitos de la malaria aviar, en unos cartuchos que posteriormente expusimos a los mosquitos hembra en un artilugio llamado olfactómetro. Este aparato que empleamos consiste básicamente en una Y de metacrilato en la que, en cada una de sus dos ramas cortas, colocábamos el olor de un ave infectada y otra no infectada y, en el extremo opuesto, los mosquitos; todo ello con un flujo de dióxido de carbono que simularía la respiración de las aves. Los resultados evidenciaron que los mosquitos acudieron con una mayor frecuencia a la rama que contenía el olor del ave infectada que a la del ave no infectada, sugiriendo que la infección por malaria podría alterar el olor de sus hospedadores e incrementar la atracción de las aves por los mosquitos.

Por tanto, la próxima vez que te pique un mosquito, piensa en la cantidad de factores que hay detrás de esa picadura, desde la especie de que se trate hasta los mecanismos que han permitido localizarte para obtener tu sangre, y piensa que, detrás de picaduras como esa, realmente se esconde la razón por la que miles de personas mueren en el mundo a día de hoy.

JOSUÉ MARTÍNEZ DE LA PUENTE

20. LA PESADILLA DE LOS PROGENITORES

«Cuando se vio en el espejo, Bruno no pudo evitar
pensar cuánto se parecía a Shmuel, y se preguntó
si todos los del otro lado de la alambrada tendrían
también piojos y por eso los habían rapado».
JOHN DOYNE. *El niño con el pijama de rayas*

En la España de la postguerra, al igual que en los campos de concentración alemanes, era muy habitual ver a niños —y adultos— rapados. Esta era una práctica muy común y, al contrario de lo que pensaba Bruno, el protagonista de *El niño con el pijama de rayas*, buscaba imponer una apariencia uniforme, servir de castigo y promover la sumisión, más que ser un método preventivo para esquivar la infestación de piojos; aunque está claro que ayudaba a evitarla. Las condiciones socioeconómicas adversas y precarias, el hambre y la escasez de recursos impedían que la higiene fuera adecuada, lo que propiciaba la propagación de los piojos, especialmente entre la población infantil. Había muchas limitaciones en términos de higiene y no había acceso a productos antipiojos, por lo que estos insectos encontraban más dificultades a la hora de transmitirse en esos niños rapados.

Los piojos son insectos hematófagos, pertenecientes al orden Anoplura, que se han adaptado perfectamente a los seres humanos debido a las condiciones de temperatura y humedad que requieren para cumplir su ciclo vital. Son unos animales bien conocidos y bastante característicos y reconocibles. Estoy seguro de que en tu mente los estás visualizando. Su cuerpo es alargado y su cabeza, con forma de pera, es más estrecha que el tórax. En ella, encontramos unas antenas cortas y unos ojos reducidos a la mínima expresión, que incluso pueden estar ausentes en algunos ejemplares. El tórax no tiene regiones definidas y de él salen tres pares de patas robustas con tibias ensanchadas en la región distal. Aquí hay un pulgar-tibial, una prominencia que, al oponerse a la robusta uña de su tarso, forma una pinza con la que se fijan a los pelos o a las fibras de la ropa. Y vaya si se fijan bien. Además, se trata de insectos ápteros, es decir, no tienen alas.

Pero, si has oído hablar de piojos, has oído hablar de liendres, que es el nombre que reciben los huevos de estos molestos y pequeños insectos. Estas estructuras miden aproximadamente un milímetro de largo y su color es blanquecino y brillante. En el momento de la puesta, la hembra sujeta el pelo y fija el huevo

Piojo sujetándose a un pelo con sus patas y liendre fijada en dicho pelo.

mediante un tipo de cemento segregado por unas glándulas anexas a sus vías genitales que, al endurecerse, engloba la base del huevo y la zona del pelo al que este se fija. Y vaya si es eficaz este cemento. El ciclo de vida de los piojos parte de la liendre, que eclosiona entre cinco y diez días después de su puesta. De aquí, emerge una pequeña ninfa que ya es capaz de alimentarse de sangre. Esta ninfa pasa por tres mudas, de aspecto muy similar al adulto en el que se convertirá, aproximadamente, a las dos semanas de nacer. En ese momento ya es capaz de reproducirse. Tan solo dos días después de la cópula, cada hembra puede poner un promedio de unos diez huevos diarios. Así hasta que mueren, aproximadamente a los treinta o cuarenta días de vida.

PEDICULOSIS

Si eres un niño y te dicen que tienes piojos, probablemente ya fueras consciente de ello, porque no paras de rascarte la cabeza, pero, si eres un adulto, padre o madre de niños o niñas y te enteras por primera vez de que tu retoño tiene piojos, posiblemente lo último en lo que pensarás es el nombre de la infestación: la pediculosis.

El término médico correcto para la presencia de piojos en la cabeza es «pediculosis capitis», la cual está considerada como una enfermedad dermatológica especialmente prevalente en niños —de ahí que sea una pesadilla para muchos progenitores—, y su propagación ocurre con mayor frecuencia en entornos escolares y comunitarios. Para tu tranquilidad podemos afirmar que no representa un riesgo grave para la salud, más allá de las molestias que causa en la familia y del impacto psicológico que pueda provocar en afectados y familiares. Me refiero a que a veces se establece una asociación errónea entre el hecho de padecer pediculosis y pertenecer a clases sociales más bajas o familias con menos recursos. Nada más lejos de la realidad, ya que los piojos pueden afectar a niños de cualquier estamento social y nivel económico. Debido a la estigmatización que se asocia con la infestación de piojos, muchos niños pueden experimentar angustia emocional y sentirse excluidos socialmente.

Tener piojos provoca una picazón intensa y persistente en el cuero cabelludo, lo que lleva a rascarse de manera frecuente, a veces inconscientemente. Esto, lógicamente, puede generar irritación en la piel, que en algunos casos puede devenir en infecciones secundarias. Este prurito intenso se debe a las múltiples picaduras que realiza el adulto gracias a su aparato picador-chupador, a través del cual bebe la sangre. La saliva del piojo produce una reacción en la picadura que da lugar a la aparición del picor.

Aparte de esto, a veces pueden producirse reacciones alérgicas tanto a la saliva como a los excrementos de los piojos, lo que puede llevar a aumentar el picor, a excoriaciones postrascado y a otras manifestaciones menos frecuentes. En condiciones extremas de pobreza y abandono, la infestación por piojos puede causar despigmentación y adelgazamiento del cuero cabelludo, anemia crónica o miasis secundaria. Está claro que, en este sentido, la pediculosis afecta más negativamente a personas que viven en peores condiciones sanitarias y económicas, pero no deja de ser una infección cosmopolita con una prevalencia elevada a nivel mundial. Ninguno estamos libres de ser hospedadores de este insecto en algún momento de nuestra vida; de hecho, el factor más importante que tener en cuenta para el contagio de estos parásitos no es el nivel socioeconómico, sino el hacinamiento. No hay una estacionalidad manifiesta para la pediculosis, sino que ocurre con mayor frecuencia coincidiendo, por ejemplo, con el inicio de los periodos escolares, momento en el que los niños tienen más posibilidades de infestarse, al pasar más tiempo juntos.

Los piojos también se pueden relacionar con otras enfermedades. Esto se debe a que el piojo puede servir como vector biológico de diferentes agentes infecciosos, como algunas especies de bacterias (*Ricketssia prowasekii*, que produce tifus epidémico; *Borrelia recurrentis*, que produce fiebres recurrentes —como su propio nombre científico nos indica—; o *Bartonella quintana*, que produce la llamada fiebre de las trincheras).

VIEJOS CONOCIDOS

Los piojos nos han acompañado desde siempre. Han sido nuestros compañeros inseparables, ligados a la existencia misma del hombre desde sus orígenes. La pediculosis ha afectado a todas las culturas, desde la prehistoria hasta la época actual, como bien atestiguan los restos paleolíticos de la Cueva de las Ventanas de Piñar, en Granada. Se piensa, de acuerdo a varios relatos bíblicos, que fue una de las plagas que azotó a Egipto. En el Éxodo 8, versículos 16, 17 y 18, se relata lo siguiente: «Entonces Jehová dijo a Moisés: "Di a Aarón: 'Extiende tu vara y golpea el polvo de la tierra, para que se convierta en piojos por todo el país de Egipto'". / Y ellos lo hicieron así; y Aarón extendió su mano con su vara y golpeó el polvo de la tierra, el cual se convirtió en piojos, así en los hombres como en las bestias; todo el polvo de la tierra se convirtió en piojos en todo el país de Egipto. / Y los hechiceros hicieron así también, para sacar piojos con sus encantamientos, pero no pudieron. Y había piojos así en los hombres como en las bestias».

La evidencia científica disponible a día de hoy demuestra la presencia de piojos adultos en el cabello de momias egipcias. Un ejemplo de ello es la momia de Tuya, una reina de la dinastía XIX, esposa del faraón Seti I y madre de Ramsés II, que vivió hacia el 1290 a. e. c., aunque los piojos más antiguos hallados en el antiguo Egipto datan del 3600 a. e. c. También es un buen testimonio la presencia de lendreras o liendreras —peines de púas finas de pequeño tamaño diseñados específicamente para arrastrar las liendres adheridas al cabello—; se han encontrado lendreras de marfil y madera en yacimientos de muchas civilizaciones y las más antiguas, provinientes de Egipto, se remontan a 1500 años a. e. c. En el yacimiento de Nahal Hever, en Israel, los arqueólogos descubrieron restos de piojos de 9000 años de edad, y en Masada, en el desierto de Judea, se han encontrado ropa y peines con estos insectos; en la misma época, en China, se usaba mercurio y arsénico para luchar contra ellos. A partir del siglo I d. e. c. se empezó a documentar el uso de los primeros parasiticidas tópicos de origen vegetal, como la artemisa

(*Artemisia vulgaris*), y se descubrieron de los primeros piretroides, sustancias muy tóxicas para los insectos. Estos fueron usados hasta la mitad del siglo xix, cuando comenzaron a utilizarse productos industriales como el queroseno, lociones a base de vinagre y otros insecticidas.

También hay evidencias de pediculosis en muchas zonas de América Latina desde antes de la llegada de los conquistadores, e incluso en yacimientos en Groenlandia. Se han encontrado momias en Chile y Perú con presencia tanto de adultos como de liendres. La evidencia directa de piojos de la cabeza con mayor antigüedad proviene de una liendre recuperada en Brasil con más de 10 000 años, mientras que los fósiles más antiguos de piojos que se conocen son del Paleógeno, aunque se estima que este grupo de insectos surgió antes, durante el Cretácico. Debido a la gran resistencia y perdurabilidad que les proporciona su exoesqueleto de quitina, tanto los piojos como las liendres se conservan bastante bien en el registro fósil y arqueológico.

La pediculosis también se ha relacionado con diferentes costumbres y pautas culturales, según los hábitos de las personas de cada lugar. Algunas de ellas son bastante lógicas y otras quizás no tan comprensibles. Por ejemplo, pensarás que es bastante razonable que los sacerdotes del antiguo Egipto se afeitaran la cabeza y todo el cuerpo cada tres días para mantenerse libres de piojos, pero quizás no tanto que en el norte de Siberia fuera común que las mujeres jóvenes arrojaran sus piojos sobre los hombres en señal de afecto. Menos lógico aún te debe sonar que, para elegir a sus gobernantes, en algunas poblaciones de Suiza, durante la Edad Media, los candidatos se reunieran alrededor de una mesa extendiendo sus barbas sobre ella, para que algunos piojos colocados en el centro de la mesa se dirigieran a una de esas barbas: el elegido sería el nuevo jefe municipal. Tampoco tiene mucho sentido entregar los piojos propios como ofrenda a los dioses, como hacían en algunas tribus aztecas al dios Moctezuma, o que pagaran con piojos como tributo, pero Garcilaso de la Vega da una explicación racional a ello: «Otra manera de tributo daban los impedidos que llamamos pobres, y era que de tantos a tantos días eran obligados a dar a los gobernadores de sus pueblos ciertos cañutos de piojos. Dicen que los Incas pedían aquel tributo porque nadie (fuera de los libres de tributo) se ausentase de pagar pecho, por pobre que fuese, y que a éstos se lo pedían de piojos, porque, como pobres impedidos, no podían hacer servicio personal, que era el tributo que todos pagaban. Pero también decían que la principal intención de los Incas para pedir aquel tributo era celo amoroso de los pobres impedidos, por obligarles a que se despiojasen y limpiasen, porque, como gente desastrada, no pereciesen comidos de piojos. Por este celo que en toda cosa tenían los Reyes, les llamaban amadores de pobres». De este modo, no te extrañará tanto que, en algunas tribus indígenas de países centro- y sudamericanos, haya estado o esté muy arraigada la desparasitación mutua, del mismo modo que vemos hacer a otros primates no humanos.

Desparasitación entre humanos prehistóricos, que adoptan posturas similares a las de los chimpancés cuando realizan el mismo ritual.

Esta desparasitación puede responder a causas como la higiene o los rituales religiosos o, simplemente, ser entendida como señal de interés y afecto. El explorador y conquistador Pedro Cieza de León decía sobre algunos de los nativos con que se encontró: «Y así ellos como todos los demás que se han pasado son tan poco asquerosos, que cuando se espulgan se comen los piojos como si fuesen piñones».

Muchas de estas costumbres están relacionadas con el limitado acceso al agua que había en determinadas regiones y épocas históricas, así como con las deficientes prácticas de aseo personal y de higiene en general. Conforme, a lo largo del tiempo, han ido mejorando el suministro de agua potable y las condiciones higiénicas de vivienda y ropa, la incidencia de la pediculosis ha ido disminuyendo. También ha influido positivamente el aumento de la costumbre del lavado de cabeza y el baño corporal, así como que los varones lleven el cabello corto.

Se han observado infestaciones por piojos en prácticamente todas las regiones habitadas del mundo, aunque sus tasas varían de acuerdo al clima y a los hábitos y costumbres de cada zona. Como es de esperar, a lo largo de la historia, destaca la aparición de epidemias de piojos en épocas de guerras, hambrunas, pobreza y hacinamiento.

NO SOLO EN LA CABEZA

Los géneros que producen pediculosis en humanos son *Pediculus* y *Phtirus*, que son los insectos que conocemos popularmente como piojos. Podemos establecer dos tipos de dermatosis parasitarias según el género: *Pediculus* se ha adaptado al cuerpo y la cabeza de las personas, mientras que *Phtirus* específicamente habita los vellos de la región púbica. Algunos autores prefieren la denominación *pediculosis* para la infestación por el primero y dejan el término *pthiriasis* para la del segundo.

De *Pediculus* hay una sola especie (*P. humanus*), pero con dos variedades o subespecies (*P. humanus capitis* y *P. humanus corporis*). Esta división se debe tanto a diferencias morfológicas como al lugar en el cual parasitan; la subespecie *P. humanus capitis* prefiere el cuero cabelludo y produce pediculosis capitis, mientras que la variedad *P. humanus corporis* prefiere el cuerpo y ocasiona la pediculosis corporis. Esta última subespecie predomina en personas sin hogar con poca o nula higiene personal que rara vez pueden asearse o, simplemente, cambiarse de ropa; y es conocida por transmitir el tifus, enfermedad que ha estado íntimamente unida a guerras desde años inmemoriales. Ha sido tanta su importancia a lo largo de la historia que, durante la Revolución rusa, se piensa que el tifus transmitido por los piojos mató a tres millones de personas, por lo que Lenin llegó a exclamar: «O el socialismo acaba con el piojo o, si no, el piojo acabará con el socialismo».

Si nos referimos a *Phthirus pubis*, predomina en personas jóvenes ya que se transmite por vía sexual. Se relaciona más con personas que muestran conductas más promiscuas, ya que las oportunidades de contagio aumentan.

Taxonómicamente, los piojos pertenecen a la clase Insecta, orden Phthiraptera; existen los del suborden Mallophaga, que son los piojos de aves y mamíferos; y los del suborden Anoplura (chupadores), con quince familias y quinientas especies que afectan a mamíferos, excepto a algunos en los que no se conocen piojos, como monotremas, ballenas, murciélagos o armadillos. Algunos ejemplos son *Bovicola bovis*, *Haematopinus eurysternus*, *Linognathus vituli* o *Solenopotes capillatus*, que afectan al ganado bovino; *Damalinia equi* y *Haematopinus asini*, que se alimentan en los équidos; *Trichodectes canis* y *Linognathus setosus*, que parasitan a los perros; *Felicola subrostratus*, que es específica de los gatos; y *Menacanthus stramineus* y *Menopon gallinae*, que afectan a las gallinas.

MITOS Y LEYENDAS

Existen muchos mitos y creencias falsas en torno a los piojos en la población general, en parte generados por el desconocimiento de la biología de estos artrópodos. Muchas de estas convicciones tienen que ver con los mecanismos de transmisión y tratamiento de la pediculosis y a veces contribuyen a las dificultades para la erradicación, el tratamiento y el control de estos ectoparásitos y pueden provocar la aparición de resistencias.

Seguro que has escuchado algunos de los mitos siguientes, que son los más populares y extendidos, así que, en lo que queda de capítulo, intentaremos ofrecer algo de luz sobre ellos.

Uno de los mitos más comunes se refiere a que los piojos «prefieren» el cabello largo. Nada más lejos de la realidad, estos animales no tienen preferencia por ningún tipo de cabello ni por longitud, ni por tipo, ni por color. Lo que sí es cierto es que el pelo largo y suelto ofrece más posibilidades de colonización al estar más expuesto, al contrario que el cabello corto o recogido. Una vez en la cabeza, la longitud del cabello es indiferente, ya que todas las etapas del ciclo vital del piojo viven cerca de la piel y solo se encuentran en las puntas del cabello de manera circunstancial. Las zonas más comunes en las que se suelen encontrar son la nuca y la parte de detrás de las orejas.

Otra creencia muy arraigada es la de que solo los niños pueden tener piojos. No tiene ningún sentido esta afirmación, puesto que cualquiera puede contraerlos. Sí es cierto que los niños tienen más probabilidades de infestarse, debido al contacto cercano frecuente entre ellos en centros educativos o mientras juegan o realizan actividades deportivas.

Muy en la línea de la anterior está la creencia de que solo las personas sucias pueden tener piojos, cuando, en realidad, cualquiera puede contraer si está en contacto cercano con una persona infestada. Los piojos humanos ponen huevos en el pelo independientemente de su limpieza.

Seguro que también has oído alguna vez que las mascotas pueden transmitirnos sus piojos, cosa que no es posible puesto que los piojos de cada especie son muy específicos del huésped y no viven en otros animales. Los piojos de perro, por ejemplo, no pueden vivir en humanos y los perros no pueden tener piojos de humano, así que es difícil que ocurra ese contagio. Sin embargo, otros insectos como las pulgas que parasitan a nuestras mascotas sí pueden transmitirse a nuestra especie y causar dermatitis cutánea.

Comenzaba el capítulo haciendo referencia a la popular obra *El niño con el pijama de rayas*, donde podemos leer también el siguiente párrafo «Resultó que tanto Gretel como Bruno tenían piojos. A Gretel tuvieron que lavarle el pelo con un champú especial que olía muy mal y después la niña se pasó varias horas seguidas en su habitación, llorando a lágrima viva. A Bruno también le pusieron aquel champú, pero luego Padre decidió que lo mejor era empezar desde cero, así que buscó una navaja de afeitar y le rasuró la cabeza; Bruno no pudo contener las lágrimas». El anterior es un pasaje que retrata muy bien el alto impacto emocional que puede suponer la infestación por piojos en los más pequeños, así como la preocupación por eliminarlos de sus progenitores.

Muchas de las recomendaciones para tratar los piojos pasan por el uso de champús específicos contra estos parásitos, pero previamente es conveniente seguir una serie de pautas para asegurarse de eliminar la infestación por completo. En esa línea, es conveniente mojar el cabello de la persona afectada para inmovilizar temporalmente a los piojos adultos y a las ninfas y, a partir de aquí, ir tomando pequeñas secciones de pelo para examinar si hay liendres, ninfas o adultos cerca del cuero cabelludo y en la base del cabello. Para realizar esta labor, ayuda mucho el uso de un peine de dientes finos o liendrera y hacerlo en un lugar con una buena iluminación. El mal olor del champú al que se hace referencia en el párrafo mencionado responde a que la mayoría de estos productos contienen dosis bajas de insecticidas para eliminar a los piojos, como por ejemplo la permetrina o piretrinas con butóxido de piperonilo. Normalmente, con la mayoría de los productos a la venta es necesaria una segunda aplicación, si se detecta que aún hay piojos al cabo de unos días.

La pediculosis capitis afecta al núcleo familiar no solo por las manifestaciones clínicas que ocasiona, sino también desde los puntos de vista económico, emocional y social, como hemos podido comprobar a lo largo de estas líneas. Está claro que representa un verdadero problema de salud, a pesar de no ser grave, ya que ocasiona diferentes tipos de alteraciones que a su vez pueden originar y desencadenar una serie de efectos negativos tanto en el huésped como en su entorno. Por ello, creo que no erramos al catalogar a este artrópodo ectoparásito como la pesadilla de los progenitores.

CARLOS LOBATO FERNÁNDEZ

Bibliografía

CAPÍTULO 1

Bartomeus, I., Bosch, J., 2018. Pérdida de polinizadores: Evidencias, causas y consecuencias. *Ecosistemas* 27(2).

Bartomeus, I., Stavert, J. R., Ward, D., Aguado, O., 2019. Historical collections as a tool for assessing the global pollination crisis. *Philosophical Transactions of the Royal Society B.* 7;374(1763):20170389.

Garibaldi, L. A., Steffan-Dewenter, I., Winfree, R., Aizen, M. A., Bommarco, R., *et al.*, 2013. Wild pollinators enhance fruit set of crops regardless of honey bee abundance. *Science* 29: 339(6127):1608-11.

Kendall, L. K., Mola, J. M., Portman, Z. M., Cariveau, D. P., Smith, H. G., & Bartomeus, I., 2022. The potential and realized foraging movements of bees are differentially determined by body size and sociality. *Ecology* 103: E3809.

O'Toole, C., Raw, A., 1991. *Bees of the World.* Blandford Press.

Ploquin, E. F., Herrera, J. M., Obeso, J. R., 2013. Bumblebee community homogenization after uphill shifts in montane areas of northern Spain. *Oecologia* 173:1649-60.

Sáez, A., Morales, C. L., Ramos, L. Y., Aizen, M. A., 2014. Extremely frequent bee visits increase pollen deposition but reduce drupelet set in raspberry. Journal of Applied *Ecology* 51(6):1603-12.

Wood, T., Molina, F. P., Bartomeus, I., 2022. A new Andrena species (Hymenoptera: Andrenidae) from the overlooked Doñana Protected Areas of southern Spain. *Belgian Journal of Entomology* 127: 1-13 .

CAPÍTULO 2

Anderson, J. F., & Magnarelli, L. A., 2008. Biology of ticks. *Infectious Disease Clinics of North America*, 22(2), 195-215.

Arlian, L. G., & Platts-Mills, T. A., 2001. The biology of dust mites and the remediation of mite allergens in allergic disease. *Journal of Allergy and Clinical Immunology*, 107(3), s406-s413.

Colloff, M. J., 1998. Taxonomy and identification of dust mites. *Allergy*, 53, 7-12.

Estrada-Peña, A.; Venzal, J. M.; Kocan, K. M., & Sonenshine, D. E., 2008. Overview: Ticks as vectors of pathogens that cause disease in humans and animals. *Frontiers in Bioscience*, 13.

Di Sabatino, A., Gerecke, R., & Martin, P., 2000. The biology and ecology of lotic water mites (Hydrachnidia). *Freshwater Biology*, 44(1), 47-62.

Evans, G. O. 1992. *Principles of Acarology*. CAB International, Cambridge.

Mac, S.; Da Silva, S. R., & Sander, B., 2019. The economic burden of Lyme disease and the cost-effectiveness of Lyme disease interventions: A scoping review. *PLoS One*, 14(1), e0210280.

Hoy, M. A., 2011. *Agricultural acarology: Introduction to integrated mite management*. CRC Press.

Perotti, M. A., & Braig, H. R., 2009. Phoretic mites associated with animal and human decomposition. *Experimental and Applied Acarology*, 49, 85-124.

Rosenkranz, P., Aumeier, P., & Ziegelmann, B., 2010. Biology and control of Varroa destructor. *Journal of Invertebrate Pathology*, 103, s96-s119.

Rochlin, I., & Toledo, A., 2020. Emerging tick-borne pathogens of public health importance: A mini-review. *Journal of Medical Microbiology*, 69(6), 781.

Rufli, T., & Mumcuoglu, Y., 1981. The hair follicle mites Demodex folliculorum and Demodex brevis: Biology and medical importance. *Dermatologica*, 162(1), 1-11.

Sarwar, M., 2020. House dust mites: Ecology, biology, prevalence, epidemiology and elimination. In *Parasitology and Microbiology Research*. Chap. 15. IntechOpen.

Sidorchuk, E. A., 2018. Mites as fossils: Forever small? *International Journal of Acarology*, 44(8), 349-359.

Tokarz, R., & Lipkin, W. I., 2021. Discovery and surveillance of tick-borne pathogens. *Journal of Medical Entomology*, 58(4), 1525-1535.

Walter, D. W., Krantz, G. & Lindquist, E., 1996. Acari, the Mites. *Tree of Life Web Project*.

CAPÍTULO 3

Anguiano, L. G. & Beyer F. C., 1959. Tratamiento de la intoxicación alacránica. *Revista de la Facultad de Medicina*, 10(10).

Bochner, R., 2016. Paths to the discovery of antivenom serotherapy in France. *J. Venom. Anim. Toxins. Incl. Trop. Dis.* 22:20.

Camperi, S. A. *et al.*, 2020. Synthetic peptides to produce antivenoms against the Cys-rich toxins of arachnids. *Toxicon*: X(6).

Carmo, A. O.; Chatzaki, M.; Horta, C. C. R.; Magalhães, B. F.; Oliveira-Mendes, B. B. R.; Chávez-Olórtegui, C. & Kalapothakis, E., 2015. Evolution of alternative methodologies of scorpion antivenoms production. Toxicon, 97: 64-74.

Celis, A.; Gaxional, R.; Sevilla, E.; Orozco, M. J. & Armas, J., 2007. Tendencia de la mortalidad por picaduras de alacrán en México, 1979-2003. *Rev. Panam. Salud Pública*, 21(6): 373-380.

Cervera, E., 1936. Suero Anti-alacránico. *Boletín de la Oficina Sanitaria Panamericana* (OSP);15(2): 142-149.

Dehesa, D. M. & Possani, L. D., 1994. Scorpionism and Seroteraphy in México. Toxicon, 32(9):1015-1018.

Dehesa, D. M., 1986. Estado actual del manejo farmacológico por picadura de alacrán. *Salud Pública México*, 28 (1): 83-91.

Dirección General de Epidemiología, 2012. *Manual de procedimientos estandarizados para la vigilancia epidemiológica de la intoxicación por picadura de alacrán*. Subsecretaría de Prevención y Promoción de la Salud, México.

Díaz-García, A.; Ruiz-Fuentes, J. L.; Rodríguez-Sánchez, H. & Fraga-Castro, J. A., 2017. Rhopalurus junceus scorpion venom induces apoptosis in the triple negative human breast cancer cell line MDA-MB-231. *J. Venom. Res.*, 16(8): 9-13.

Díaz-García, A. *et al.*, 2013. In vitro anticancer effect of venom from cuban scorpion Rhopalurus junceus against a panel of human cancer cell lines. *J. Venom. Res.*, 12(4): 5-12.

Hmed, B.; Serria, H. T., & Mounir, Z. K, 2013. Scorpion peptides: Potential use for new drug development. In *Journal of Toxicology*, article 958797.

Javed, M.; Hussain, S.; Khan, M. A.; Tajammal, A.; Fatima, H.; *et al.*, 2022. Potential Of Scorpion Venom For The Treatment Of Various Diseases. *International Journal of Chemistry Research*, 1-9.

Lourenço, W. R., 2014. A historical approach to scorpion studies with special reference to the 20th and 21st centuries. *J. Venom. Anim. Toxins. Incl. Trop. Dis.*, 20(8)

Murillo-Godínez, G., 2020. Picadura de alacrán y alacranismo. *Med. Int. Méx.* 36 (5): 696-712.

Pérez, B. L.; Guirola, F. J.; Fleites, M. P.; Pérez, G. Y.; Milián, P. T. M. & López G. D., 2014. Origen e historia de la Toxicología. *Rev. Cuba. Med. Mil.*, 43(4): 499-514.

Pérez-Delgado, O., 2019. Scientific advances of scorpion venom / Avances científicos del veneno de escorpión. *Journal of the Selva Andina Research Society*, 10(2): 105-108.

Santillán, M. L., 2019, 28 de junio. Descubren en veneno de alacrán efectos antibióticos para tratar infecciones humanas. *Ciencia* UNAM-DGDC.

Shah, P. T.; Ali, F.; Noor-ul-Huda, Qayyum, S. A.; Ahmed, S.; *et al.*, 2018. Scorpion venom: A poison or a medicine-mini review. *Indian J. Mar. Sci.*, 47(04):773-8.

Vega, F. L., 2007. Faboterapia. ¿Será ésta el fin de la seroterapia? *Revista Mexicana de Pediatría*, 74(2): 59-60.

CAPÍTULO 4

Bakhshandeh, B., Nateghi, S. S., Gazani, M. M., Dehghani, Z., & Mohammadzadeh, F., 2021. A review on advances in the applications of spider silk in biomedical issues. *International Journal of Biological Macromolecules* 192 (5), 258-271.

Fernandez-Rojo, M. A., Deplazes, E., Pineda, S. S., Brust, A., Marth, T., *et al.*, 2020. Gomesin peptides prevent proliferation and lead to the cell death of devil facial tumour disease cells. *Cell Death Discovery*, 4, 19.

Melic, A., 2002. De Madre Araña a demonio Escorpión: Los arácnidos en la Mitología. *ARACNET 10. Revista Ibérica de Aracnología (Boletín)*, 5: 112-124.

Nyffeler, M & Birkhofer, K., 2017. An estimated 400-800 million tons of prey are annually killed by the global spider community. *The Science of Nature* 104(1):30.

Saez, N. J. & Herzig, V., 2019. Versatile spider venom peptides and their medical and agricultural applications. *Toxicon*, 158, pp. 109-126.

CAPÍTULO 5

Abatzopoulos, T. J.; Beardmore, J.; Clegg, J. S., & Sorgeloos, P. (Eds.)., 2013. *Artemia: Basic and applied biology* (vol. 1). Springer Science & Business Media.

Abbott, B. W.; Baxter, B. K.; Busche, K.; de Freitas, L.; Frie, R., & Gomez, T., 2023. Emergency measures needed to rescue Great Salt Lake from ongoing collapse. *Plant & Wildlife Sciences*.

Amat, F.; Hontoria, F.; Ruiz, O.; Green, A. J.; Sanchez, M. I.; Figuerola, J., & Hortas, F., 2005. The American brine shrimp as an exotic invasive species in the western Mediterranean. *Biological Invasions* 7:37-4.

Camara, M. R., 2020. After the gold rush: A review of *Artemia* cyst production in northeastern Brazil. *Aquaculture Reports*, 17, 100359.

Clegg, J. S., & Jackson, S. A., 1997. Significance of cyst fragments of *Artemia sp.* recovered from a 27.000 year old core taken under the Great Salt Lake, Utah, USA. *International Journal of Salt Lake Research* 6:207-216.

Dattilo, A. M.; Bracchini, L.; Carlini, L.; Loiselle, S., & Rossi, C., 2005. Estimate of the effects of ultraviolet radiation on the mortality of *Artemia franciscana* in naupliar and adult stages. *International Journal of Biometeorology* 49:388-395.

Dong, J. S., & Yung, M., 2022. Ecofriendly Bioremediation of Water: Repurposed Macroalgae Removes Eliminates and Neutralizes Heavy Metals. *Advance in Environmental Waste Management & Recycling.*

Gaubin, Y.; Planel, H.; Gasset, G.; Pianezzi, B.; Delpoux, M.; *et al.*, 1983. Results on *Artemia* cysts, lettuce and tobacco seeds in the Biobloc 4 experiment flown aboard the Soviet Biosatellite Cosmos 1129. *Advances in Space Research* 3:135-140.

Hand, S. C.; Menze, M. A.; Borcar, A.; Patil, Y.; Covi, J. A.; Reynolds, J. A., & Toner, M., 2011. Metabolic restructuring during energy-limited states: Insights from Artemia franciscana embryos and other animals. *Journal of Insect Physiology* 57:584-594.

Hasan, M. R., 2016. FAO expert workshop on sustainable use and management of Artemia resources in Asia.

Lavens, P., & Sorgeloos, P., 1996. *Manual on the production and use of live food for aquaculture* (no. 361). Food and Agriculture Organization (FAO).

Luyckx, J., & Baudouin, C., 2011. Trehalose: An intriguing disaccharide with potential for medical application in ophthalmology. *Clinical Ophthalmology*:577-581.

Liu, Y. L.; Zhao, Y.; Dai, Z. M.; Chen, H. M., & Yang, W. J., 2009. Formation of diapause cyst shell in brine shrimp, Artemia parthenogenetica, and its resistance role in environmental stresses. *Journal of Biological Chemistry*, 284:16931-16938.

Marinho-Soriano, E.; Azevedo, C. A. A.; Trigueiro, T. G.; Pereira, D. C.; Carneiro, M. A. A., & Camara, M. R., 2011. Bioremediation of aquaculture wastewater using macroalgae and Artemia. *International Biodeterioration & Biodegradation* 65:253-257.

Mohebbi, F., 2010. The brine shrimp Artemia and hypersaline environments microalgal composition: A mutual interaction. *Int. J. of Aquatic Science* 1:19-27.

Olivier, L., & Kovacik, J., 2006. The «Briquetage de la Seille» (Lorraine, France): Proto-industrial salt production in the European Iron Age. *Antiquity*, 80(309), 558-566.

Reeve, M. R., 1963. The filter-feeding of Artemia: II. In suspensions of various particles. *Journal of Experimental Biology* 40:207-214.

Ruebhart, D. R.; Cock, I. E., & Shaw, G. R., 2008. Invasive character of the brine shrimp Artemia franciscana Kellogg 1906 (Branchiopoda: Anostraca) and its potential impact on Australian inland hypersaline waters. *Marine and Freshwater Research* 59:587-595.

Sánchez, M. I.; Hortas, F.; Figuerola, J., & Green, A. J., 2012. Comparing the potential for dispersal via waterbirds of a native and an invasive brine shrimp. *Freshwater Biology* 57:1896-1903.

Sánchez, M. I.; Rode, N. O.; Flaven, E.; Redón, S.; Amat, F.; Vasileva, G. P., & Lenormand, T., 2012. Differential susceptibility to parasites of invasive and native species of Artemia living in sympatry: Consequences for the invasion of A. franciscana in the Mediterranean region. *Biological Invasions* 14:1819-1829.

Sánchez, M. I.; Green, A. J.; Amat, F., & Castellanos, E. M., 2007. Transport of brine shrimps via the digestive system of migratory waders: Dispersal probabilities depend on diet and season. *Marine Biology* 151:1407-1415.

Sánchez, M. I.; Paredes, I.; Lebouvier, M., & Green, A. J., 2016. Functional role of native and invasive filter-feeders, and the effect of parasites: Learning from hypersaline ecosystems. *PloS One* 11: E0161478.

Tackaert, W., & Sorgeloos, P., 1993. Use of brine shrimp to increase salt production. In *Seventh Symposium on Salt* (vol. 1, pp. 617-622).

Viana, D. S.; Santamaría, L.; Michot, T. C., & Figuerola, J., 2013. Migratory strategies of waterbirds shape the continental-scale dispersal of aquatic organisms. *Ecography* 36:430-438.

CAPÍTULO 6

Bellido, D.; Ros-Farré, P.; Melika, G. & Pujade-Villar, J., 2003. Review of the asexual forms of the *Andricus kollari* species-group (Hymenoptera: Cynipidae, Cynipinae, Cynipini). *Folia Entomologica Hungarica* 64:171-222.

Behrens, L.; Henniges, U.; Forstmeyer, K. & Brückle, I., 2022. Iron gall ink corrosion on parchment. Preliminary evaluation of treatment methods using aqueous solutions. *International Journal for the Preservation of Library and Archival Material* 43:73-92.

Blaimer, B. B.; Gotzek, D.; Brady, S. G., & Buffington, M. L., 2020. Comprehensive phylogenomic analyses re-write the evolution of parasitism within cynipoid wasps. BMC Evolutionary Biology 20.

Csóka, G.; Stone, G. N. & Melika, G., 2005. Biology, ecology, and evolution of gall-inducing Cynipidae. In: Anantanarayanan, R.; C. W. Schaefer, and Toni M. Withers. (Eds.). *Biology, ecology, and evolution of gall-inducing arthropods*, pp. 573-642. Science Publishers, Inc.; Enfield (NH) and Plymouth (UK).

Cultural Heritage Agency (Amsterdam, NL). *The Iron Gall Ink Website.*

Gupta, A., 25 de febrero de 2021. *The Ins & Outs of Iron Gall Ink.* American Philosophical Society.

López Rider, J., 2021. El tanino vegetal. Aprovechamiento y usos de la nuez de agalla en la España bajomedieval. *Anales de la Universidad de Alicante. Historia Medieval* 22:219-245.

Mazzarino, S. (s.f.). *Report on the different inks used in Codex Sinaiticus and assessment of their condition.* Codex Sinaiticus.

Odor Chávez, A., 2009. *Tintas ferrogálicas: su composición y principales mecanismos de transformación.* Artículos especializados. Apoyo al Desarrollo de Archivos y Bibliotecas de México, a. C. (ADABI).

Sánchez Hernampérez, A., 26 de julio de 2016. *Recetas y secretos en la España del Siglo de Oro: La fabricación de tinta negra (I).* Biblioteca Nacional de España.

Stone, G. N.; Schönrogge, K.; Atkinson, R. J.; Bellido, D. & Pujade-Villar, J., 2002. The population biology of oak gall wasps (Hymenoptera: Cynipidae). *Annual Review of Entomology* 47:633-668.

CAPÍTULO 7

Acevedo-Limón, L.; Oficialdegui, F. J.; Sánchez, M. I. & Clavero, M., 2020. Historical, human, and environmental drivers of genetic diversity in the red swamp crayfish (*Procambarus clarkii*) invading the Iberian Peninsula. *Freshwater Biology,* 65:1460-1474.

Bláha, M.; Weiperth, A.; Patoka, J.; Szajbert, B.; Balogh, E. R.; *et al.,* 2022. The pet trade as a source of non-native decapods: The case of crayfish and shrimps in a thermal waterbody in Hungary. *Environmental Monitoring and Assessment* 194:795.

Chucholl, C., 2013. Invaders for sale: Trade and determinants of introduction of ornamental freshwater crayfish. *Biological Invasions* 15:125-141.

Clavero, M., 2016. Species substitutions driven by anthropogenic positive feedbacks: Spanish crayfish species as a case study. *Biological Conservation* 193:80-85.

Clavero, M., 2022. The King's aquatic desires: 16th-century fish and crayfish introductions into Spain. *Fish and Fisheries* 23:1251-1263.

Clavero, M.; Nores, C.; Kubersky-Piredda, S. & Centeno-Cuadros, A., 2016. Interdisciplinarity to reconstruct historical introductions: Solving the status of cryptogenic crayfish. *Biological Reviews* 91:1036-1049.

Crandall, K. A. & De Grave, S., 2017. An updated classification of the freshwater crayfishes (Decapoda: Astacidea) of the world, with a complete species list. *Journal of Crustacean Biology* 37:615-653.

Cumberlidge, N., 2016. Global diversity and conservation of freshwater crabs (Crustacea: Decapoda: Brachyura). In: Kawai T., Cumberlidge N. (Eds.). *A global overview of the conservation of freshwater decapod crustaceans.* New York: Springer International Publishing, 1-22.

Faulkes, Z., 2015. The global trade in crayfish as pets. *Crustacean Research* 44:75-92.

Gherardi, F.; Aquiloni, L.; Diéguez-Uribeondo, J. & Tricarico, E., 2011. Managing invasive crayfish: Is there a hope?. *Aquatic Sciences* 73:185-200.

Gutiérrez-Yurrita, P. J.; Marténez, J. M.; Bravo-Utrera, M. Á.; Montes, C.; Ilhéu, M. & Bernardo, J. M., 1999. The status of crayfish populations in Spain and Portugal. In *Crayfish in Europe as alien species* (pp. 161-192). Routledge.

Habsburgo-Lorena, A. S., 1978. Present situation of exotic species of crayfish introduced into Spanish continental waters. *Freshwater Crayfish* 4:175-184.

Lodge, D. M.; Deines, A.; Gherardi, F.; Yeo, D. C.; Arcella, T.; *et al.*, 2012. Global introductions of crayfishes: Evaluating the impact of species invasions on ecosystem services. *Annual Review of Ecology, Evolution, and Systematics* 43:449-472.

Lyko, F, 2017. The marbled crayfish (Decapoda: Cambaridae) represents an independent new species. *Zootaxa* 4363:544-552.

Oficialdegui, F. J.; Sánchez, M. I. & Clavero, M., 2020. One century away from home: How the red swamp crayfish took over the world. *Reviews in Fish Biology and Fisheries* 30:121-135.

Souty-Grosset, C.; Anastacio, P. M.; Aquiloni, L.; Banha, F.; Choquer, J.; Chucholl, C. & Tricarico, E., 2016. The red swamp crayfish Procambarus clarkii in Europe: Impacts on aquatic ecosystems and human well-being. *Limnologica* 58:78-93.

Vogt, G., 2008. The marbled crayfish: A new model organism for research on development, epigenetics and evolutionary biology. *Journal of Zoology* 276:1-13.

CAPÍTULO 8

Ballesteros, J. A., & Sharma, P. P. 2019. A critical appraisal of the placement of Xiphosura (Chelicerata) with account of known sources of phylogenetic error. *Systematic Biology*, 68(6),896-917.

Dawson, M., & Hoffmeister, B. 2019. The Impact of Biomedical Use of Horseshoe Crabs. *American Pharmaceutical Review*.

Krisfalusi-Gannon, J.; Ali, W.; Dellinger, K.; Robertson, L.; Brady, T. E.; Goddard, M. K.; ... & Dellinger, A. L. 2018. The role of horseshoe crabs in the biomedical industry and recent trends impacting species sustainability. Frontiers in Marine Science, 5, 185.

McGowan, C. P.; Hines, J. E.; Nichols, J. D.; Lyons, J. E.; Smith, D. R.; Kalasz, K. S.; ... & Kendall, W. 2011. Demographic consequences of migratory stopover: Linking red knot survival to horseshoe crab spawning abundance. *Ecosphere*, 2(6), 1-22.

Smith, J. A.; Dey, A.; Williams, K.; Diehl, T.; Feigin, S., & Niles, L. J. 2022. Horseshoe crab egg availability for shorebirds in Delaware Bay: Dramatic reduction after unregulated horseshoe crab harvest and limited recovery after 20 years of management. *Aquatic Conservation: Marine and Freshwater Ecosystems*, 32(12), 1913-1925.

Tinker-Kulberg, R.; Dellinger, K.; Brady, T. E.; Robertson, L.; Levy, J. H.; Abood, S. K.; ... & Dellinger, A. L. 2020. Horseshoe crab aquaculture as a sustainable endotoxin testing source. *Frontiers in Marine Science*, 7, 153.

CAPÍTULO 9

Balvín, O.; Sasínková, M.; Martinů, J.; Nazarizadeh, M.; Bubová, T.; Booth, W.; E. Vargo E. L. & Štefka, J., 2021. Early evidence of establishment of the tropical bedbug (Cimex hemipterus) in Central Europe. Medical and Veterinary Entomology, 35: 462-467.

Birchard, K., 1998. Bed bugs biting in Britain: Only rarely used pesticides are effective. Med. Post, 34:55.

Borel, B., 2015. *Infested: How the bed bug infiltrated our bedrooms and took over the world.* University of Chicago Press.

Doggett S. L.; Miller D. M. & Lee C. Y., 2018. Advances in the Biology and Management of Modern Bed Bugs. John Wiley & Sons ltd, Oxford, Reino Unido, 439 pp.

Doggett, S. L., & Lee, C. Y., 2023. Historical and Contemporary Control Options Against Bed Bugs, Cimex spp. Annual Review of Entomology, 68: 169-190.

Goddard, J. & deShazo, R., 2009. Bed bugs (Cimex lectularius) and clinical consequences of their bites. Jama, 301(13): 1358-1366.

Goddard, J. & de Shazo, R., 2012. Psychological effects of bed bug attacks (Cimex lectularius L.). The American journal of medicine, 125(1): 101-103.

Morrow, E. H., & Arnqvist, G., 2003. Costly traumatic insemination and a female counter-adaptation in bed bugs. Proceedings of the Royal Society of London. Series B: Biological Sciences, 270(1531): 2377-2381.

Panagiotakopulu, E., & Buckland, P. C., 1999. Cimex lectularius L.; the common bed bug from Pharaonic Egypt. Antiquity, 73(282): 908-911.

Salazar, R.; Castillo-Neyra, R.; Tustin, A. W.; Borrini-Mayorí, K.; Náquira, C., & Levy, M. Z., 2015. Bed bugs (Cimex lectularius) as vectors of Trypanosoma cruzi. The American journal of tropical medicine and hygiene, 92(2): 331.

Southall, J., 1730. A Treatise of Buggs. London: J. Roberts.

Usinger, R, L., 1966. Monograph of Cimicidae (Hemiptera-Heteroptera). Thomas Say Foundation, VII. Entomological Society of America, Baltimore, Maryland. 582 pp.

CAPÍTULO 10

Adedara, I. A.; Mohammed, K. A.; Da-Silva, O. F.; Salaudeen, F. A.; Gonçalves, F. L.; *et al.*, 2022. Utility of cockroach as a model organism in the assessment of toxicological impacts of environmental pollutants. *Environmental advances* 8: 100195.

Banerjee, S.; N. P. Coussens, F. X. Gallat, N. Sathyanarayanan, J. Srikanth, K. J. *et al.*, 2016. Structure of a heterogeneous, glycosylated, lipid-bound, in vivo-grown protein crystal at atomic resolution from the viviparous cockroach Diploptera punctata. *IUCrJ* 3(4): 282-293.

Bell, W. J.; Roth, L. M., & Nalepa, A., 2007. *Cockroaches: Ecology, behavior, and natural history*. Reprint Edition. Johns Hopkins University Press, Baltimore, EE. UU.

Bunning, H.; J. Rapkin, L. Belcher, C. R. Archer, K. Jensen & Hunt, J., 2015. Protein and carbohydrate intake influence sperm number and fertility in male cockroaches, but not sperm viability. *Proceedings of the Royal Society B: Biological Sciences* 282(1802): 20142144.

Bouchebti, S.; F. Cortés-Fossati, Á Vales Estepa, M. Plaza Lozano, D. S. Calovi & Arganda, S., 2022. Sex-specific effect of the dietary protein to carbohydrate ratio on personality in the Dubia cockroach. *Insects* 13(2): 133.

De Oliveira, L. M.; A. J. da Silva Lucas, C. L. Cadaval & Mellado, M. S., 2017. Bread enriched with flour from cinereous cockroach (Nauphoeta cinerea). *Innovative Food Science & Emerging Technologies* 44: 30-35.

Huber, I.; E. P. Masler & B. R. Rao. (Eds.)., 1990. *Cockroaches as models for neurobiology* (vols. 1-2). CRC Press. Florida, EE. UU.

Ingram, M. J.; B. Stay & Cain, G. D., 1977. Composition of milk from the viviparous cockroach, Diploptera punctata. *Insect Biochemistry* 7(3): 257-267.

Jankowska, M.; B. Augustyn, J. Maliszewska, B. Przeździecka, D. Kubiak, *et al.*, 2023. Sublethal biochemical, behavioral, and physiological toxicity of extremely low dose of bendiocarb insecticide in Periplaneta americana (Blattodea: Blattidae). *Environmental Science and Pollution Research* 30(16): 47742-47754.

Lee, S.; R. Siddiqui & Khan, N. A., 2012. Animals living in polluted environments are potential source of antimicrobials against infectious agents. *Pathogens and Global Health* 106(4): 218-223.

Niaz, K.; E. Zaplatic & Spoor, J., 2018. Highlight report: Diploptera punctata (cockroach) milk as next superfood. *Excli Journal* 17: 721-723.

Stankiewicz, M.; M. Dąbrowski & De Lima, M. E., 2012. Nervous system of Periplaneta americana cockroach as a model in toxinological studies: A short historical and actual view. *Journal of Toxicology* 2012: 143740.

Siddiqui, R.; Y. Elmashak & Khan, N. A., 2023. Cockroaches: A potential source of novel bioactive molecule (s) for the benefit of human health. *Applied Entomology and Zoology* 58(1): 1-11.

Tan, J.; J. J. Galligan & Hollingworth, R. M., 2007. Agonist actions of neonicotinoids on nicotinic acetylcholine receptors expressed by cockroach neurons. *Neurotoxicology* 28(4): 829-842.

Van Huis, A.; J. Van Itterbeeck, H. Klunder, E. Mertens, A. Halloran, G. Muir & Vantomme, P., 2013. *Edible insects: Future prospects for food and feed security* (no. 171). Food and agriculture organization of the United Nations.

Williford, A.; B. Stay & Bhattacharya, D., 2004. Evolution of a novel function: Nutritive milk in the viviparous cockroach, Diploptera punctata. *Evolution & Development* 6(2): 67-77.

CAPÍTULO 11

Alba-Tercedor, J. & Jáimez-Cuéllar, P., 2003. Checklist and historical evolution of the knowledge of Ephemeroptera in the Iberian Peninsula, Balearic and Canary Islands. En: Gaino, E. (Ed.) *Research update on Ephemeroptera & Plecoptera*, pp 91-97. Università di Perugia. Perugia.

Alba-Tercedor J., 2015. Orden Ephemeroptera. *IDE@-SEA*, 40:1-17.

Bálint, M.; Málnás, K.; Nowak, C.; Geismar, J.; Váncsa, É.; Polyák, L.; Lengyel, S., & Haase, P., 2012. Species history masks the effects of human-induced range loss - Unexpected genetic diversity in the endangered giant mayfly Palingenia longicauda. *PLoS ONE*, 7 (3): E31872.

Barber-James, H. M.; Gattolliat, J-L.; Sartori, M., & Hubbard, M. D., 2008. Global diversity of mayflies (Ephemeroptera, Insecta) in freshwater. *Hydrobiologia*, 595: 339-350.

Bauernfeind, E. & Soldán, T., 2012. *The Mayflies of Europe (Ephemeroptera)*. 280 pp. Apollo Books, Ollerup.

Boyes D. H.; Evans, D. M.; Fox, R.; Parsons, Mark S., & Pocock, M. J. O., 2021. Street lighting has detrimental impacts on local insect populations. *Science Advances*, 7 (35): Eabi8322.

Brittain, J. E., & Sartori, M., 2009. Ephemeroptera (Mayflies). En: Resh, V. H. and R. T. Cardé (Eds.) *Encyclopedia of Insects*. 1024 pp. Academic Press, Londres.

Buffagni, A.; Cazzola, M.; López-Rodríguez, M. J.; Alba-Tercedor, J., & Armanini, D. G., 2009. Vol. 3. Ephemeroptera. En: Schmidt-Kloiber, A. and D. Hering (Eds.) *Distribution and ecological preferences of european freshwater organisms*. 256 pp. Pensoft, Sofía-Moscú.

Gutiérrez-Cánovas, C.; Worthington, T. A.; Jâms, I. B.; Noble, D. G.; Perkins, D. M.; Vaughan, *et al.*, 2021. Populations of high-value predators reflect the traits of their prey. *Ecography*, 44: 1-13.

Jacobus, L. M.; Macadam, C. R., & Sartori, M., 2019. Mayflies (Ephemeroptera) and Their Contributions to Ecosystem Services. *Insects*, 10 (6): 170.

Muehlbauer, J. D.; Collins, S. F.; Doyle M. W., & Tockner, M., 2014. How wide is a stream? Spatial context of the potential «stream signature» in terrestrial food webs using meta-analysis. *Ecology*, 95 (1): 44-55.

Peredo Arce, A.; Hörren, T.; Schletterer, M., & Kail, J., 2021. How can EPTs fly? A comparison of empirical flying distances of riverine invertebrates and existing dispersal metrics. *Ecological Indicators*, 125: 107465.

Sartori, M. & Brittain, J. E., 2014. Chapter 34 - Order Ephemeroptera. En: Thorp, J. H. and D. C. Rogers (Eds.) *Thorp and Covich's Freshwater Invertebrates - volume 1: Ecology and General Biology.* 1148 pp. Academic Press, Londres.

Schindler, D. E. & Smits, A. P., 2017. Subsidies of aquatic resources in terrestrial ecosystems. Ecosystems, 20: 78-93.

Stepanian, P. M.; Entrekin, S. A.; Wainwright, C. E.; Mirkovic, D.; Tank, J. L., & Kelly, J. F., 2020. Declines in an abundant aquatic insect, the burrowing mayfly, across major North American waterways. *Proceedings of the National Academy of Sciences of the USA*, 117 (6): 2987-2992.

Tachet, H.; Richoux, P.; Bournaud, M., & Usseglio-Polatera. P., 2010. *Invertébrés d'eau douce: Systématique, biologie, écologie.* 606 pp. CNRS éditions, París.

CAPÍTULO 12

Arillo, A., & Ortuño, V. M., 2008. Did dinosaurs have any relation with dung-beetles? (The origin of coprophagy). *Journal of Natural History* 42:1405-1408.

Beynon, S. A.; Wainwright, W. A., & Christie, M., 2015. The application of an ecosystem services framework to estimate the economic value of dung beetles to the UK cattle industry. *Ecological Entomology* 40:124-135.

Conrad, K. F.; Woiwod, I. P., & Perry, J. N., 2002. Long-term decline in abundance and distribution of the garden tiger moth (Arctia caja) in Great Britain. *Biological Conserva-tion* 106:329-337.

Fox, R.; Oliver, T. H.; Harrower, C.; Parsons, M. S.; Thomas, C. D., & Roy. D. B., 2014. Long-term changes to the frequency of occurrence of British moths are consistent with oppo-sing and synergistic effects of climate and landuse chan-ges. Journal of Applied Ecology 51:949-957.

Goulson, D., 2019. The insect apocalypse and why it matters. *Current Biology* 29: R967-R971.

Gunter, N. L.; Weir, T. A.; Slipinksi, A.; Bocak, L., & Came-ron, S. L., 2016. If dung beetles (Scarabaeidae: Scarabaei-nae) arose in association with dinosaurs, did they also suffer a mass co-extinction at the K-Pg boundary? *PLoS One* 11: E0153570.

Hallmann, C. A.; Sorg, M.; Jongejans, E.; Siepel, H.; Hofland, N.; *et al.*, 2017. More than 75 percent decline over 27 years in total flying insect biomass in protected areas. *PLoS One* 12:e0185809.

Illán, J. G.; Gutierrez, D.; Diez, S. B., & Wilson, R. J., 2012. Ele-vational trends in butterfly phenology: Implications for species responses to climate change. *Ecological Entomo-logy* 37:134-144.

Kampichler, C.; Van Turnhout, C. A.; Devictor, V., & Van Der Jeugd, H. P., 2012. Large-scale changes in community composition: Determining land use and climate change signals. *PloS One* 7: E35272.

Lobo, J. M. 2001. Decline of roller dung beetle (Scarabaeinae) populations in the Iberian Peninsula during the 20th cen-tury. *Biological Conservation* 97:43-50.

Lobo, J. M., Lumaret, J. P., & Jay-Robert, P., 2001. Diversity, distinctiveness and conservation status of the Medite-rranean coastal dung beetle assemblage in the Regional Natural Park of the Camargue (France). *Diversity and Dis-tributions* 7:257-270.

López, M., 1995. *Obras morales y de costumbres VI: Isis y Osi-ris. Diálogos píticos.* Gredos.

Losey, J. E., & Vaughan, M., 2006. The economic value of eco-logical services provided by insects. *BioScience* 56:311-323.

Lumaret, J. P., & Kirk, A. A., 1991. South temperate dung beetles. In Hanski, I. and Cambefort, Y. (Eds.) *Dung beetle ecology*, pp. 97-115. Princeton, NJ, USA: Princeton University Press.

Martín-Piera, F., & López-Colón, J. I., 2000. *Fauna ibérica*, vol. 14. Editorial CSIC-CSIC Press.

Menéndez, R., & Gutiérrez, D., 2004. Shifts in habitat associa-tions of dung beetles in northern Spain: Climate change implications. *Ecoscience* 11:329-337.

Miessen, G., 1997. Contribution à l'étude du genre Onthopha-gus en Belgique (Coleoptera, Scarabaeidae). *Bulletin des Annales de la Société Royal Belge d'Entomologie* 133:45-70.

Nervo, B.; Caprio, E.; Celi, L.; Lonati, M.; Lombardi, G.; et al., 2017. Ecological functions provided by dung beetles are interlinked across space and time: Evidence from 15N isotope tracing. *Ecology* 98:433-446.

Nichols, E.; Spector, S.; Louzada, J.; Larsen, T.; Amezquita, S. & Favila, M. E., 2008. Ecological functions and ecosystem services provided by Scarabaeinae dung beetles. *Biologi-cal Conservation* 141:461-1474.

Numa, C.; Tonelli, M.; Lobo, J. M.; Verdú, J. R.; Lumaret, J. P.; et al., 2020. *The conservation status and distribution of Mediterranean dung beetles*. Iucn.

Parmesan, C., 2006. Ecological and evolutionary responses to recent climate change. Annual Review of Ecology, Evolu-tion and Systematics 37:637-669.

Ratcliffe, B. C.; Jameson, M. L., & Smith, A. B. T., 2002. Sca-rabaeidae Latreille, 1802. In Arnett, R. H. Jr.; M. C. Tho-mas, P. E. Skelley, and J. H. Frank. (Eds.). *American Beetles*, volume 2: Polyphaga: Scarabaeoidea through Curculionoi-dea, pp. 39-81. Boca Raton, FL, USA: CRC Press.

Sánchez-Bayo, F., & Wyckhuys, K. A. G., 2019. Worldwide decline of the entomofauna: A review of its drivers. *Biolo-gical Conservation* 232:8-27.

Tonelli, M.; Verdú, J. R., & Zunino, M., 2018. Effects of the progressive abandonment of grazing on dung beetle biodiversity: Body size matters. *Biodiversity and Conservation* 27:189-204.

Verdú, J. R.; Cortez, V.; Ortiz, A. J.; González-Rodríguez, E.; Martínez-Pinna, *et al.*, 2015. Low doses of ivermectin cause sensory and locomotor disorders in dung beetles. *Scientific Reports* 5:13912.

CAPÍTULO 13

Angulo, E.; Hoffmann, B. D.; Ballesteros-Mejia, L. Taheri, A.; Balzani, P.; *et al.*, 2022. Economic costs of invasive alien ants worldwide. *Biological Invasions* 24:2041-2060.

Bertelsmeier, C., 2021. Globalization and the anthropogenic spread of invasive social insects. *Current Opinion in Insect Science* 46:16-23.

Bertelsmeier, C.; Avril, A.; Blight, O.; Confais, A.; Diez, L.; *et al.*, 2015. Different behavioural strategies among seven highly invasive ant species. *Biological Invasions* 17:2491-2503.

Bertelsmeier, C.; Blight, O., & Courchamp, F., 2016. Invasions of ants (Hymenoptera: Formicidae) in light of global climate change. *Myrmecological News* 22:25-42.

Bertelsmeier, C.; Luque, G. M.; Hoffmann, B. D., & Courchamp, F., 2015. Worldwide ant invasions under climate change. *Biodiversity and Conservation* 24:117-128.

Bertelsmeier, C.; Ollier, S.; Liebhold, A., & Keller, L., 2017. Recent human history governs global ant invasion dynamics. *Nature Ecology and Evolution* 1.

Del Toro, I.; Ribbons, R. R., & Pelini, S., 2012. The little things that run the world revisited: A review of ant-mediated ecosystem services and diservices (Hymenoptera: Formicidae). *Myrmecological News* 17:133-146.

Gippet, J. M.; Liebhold, A. M.; Fenn-Moltu, G., & Bertelsmeier, C., 2019. Human-mediated dispersal in insects. Current *Opinion in Insect Science* 35:96-102.

Gippet, J. M. W., & Bertelsmeier, C., 2021. Invasiveness is linked to greater commercial success in the global pet trade. *Proceedings of the National Academy of Sciences of the United States of America* 118.

Gippet, J. M. W.; Sherpa, Z., & Bertelsmeier, C., 2022. Reliability of social media data in monitoring the global pet trade in ants. *Conservation Biology* 37(3): E13994.

Kass, J. M.; Guenard, B.; Dudley, K. L.; Jenkins, C. N.; Azuma, F.; *et al.*, 2022. The global distribution of known and undiscovered ant biodiversity. *Science Advances* 8.

Ollier, S., & Bertelsmeier, C., 2022. Precise knowledge of commodity trade is needed to understand invasion flows. *Frontiers in Ecology and the Environment* 20:467-473.

Pyšek, P.; Hulme, P. E.; Simberloff, D.; Bacher, S.; Blackburn, *et al.*, 2020. Scientists' warning on invasive alien species. *Biological Reviews* 95:1511-1534.

Schifani, E., 2019. Exotic ants (Hymenoptera, Formicidae) invading Mediterranean Europe: A brief summary over about 200 years of documented introductions. *Sociobiology* 66.

Schultheiss, P.; Nooten, S. S.; Wang, R.; Wong, M. K. L.; Brassard, F., & Guénard, B., 2022. The abundance, biomass, and distribution of ants on Earth. *Proceedings of the National Academy of Sciences of the United States of America* 119:1-9.

Wilson, E. O., 1987. The Little Things That Run the World (The Importance and Conservation of Invertebrates). *Conservation Biology* 1:344-346.

CAPÍTULO 14

Eizaguirre, S., 2020. Fauna canaria de coccinélidos (Coleoptera: Coccinellidae), Addenda et Corrigenda. *Boletín de la Sociedad Entomológica Aragonesa* (S.E.A.), 66: 103-106.

Hallmann, C. A.; Sorg, M.; Jongejans, E.; Siepel, H.; Hofland, N. & Schwan H., 2017. More than 75 percent decline over 27 years in total flying insect biomass in protected areas. *PLoS One* 12 (10): E0185809.

Hodek I.; Emden H. van & Honêk A., 2012. *Ecology and Behaviour of the Ladybird Beetles (*Coccinellidae*).* Wiley-Blackwell, 561 pp.

Ministerio de Agricultura, 1933. *Plagas del campo. Memoria del servicio fitopatológico agrícola 1932*. Ministerio de Agricultura, Dirección General de Agricultura, sección 3.ª. 250 pp.

Ministerio de Fomento, 1913. *Los insectos auxiliares de la agricultura. Hojas divulgadoras*, año VII, número 16. Dirección General de Agricultura, Minas y Montes del Ministerio de Fomento. 8 pp.

Neumeister, L., 2022. Locked-in pesticides. The European Union's dependency on harmful pesticides and how to overcome it. *Foodwatch Report 2022.*

Outhwaite, C. L.; McCann, P. & Newbold, T., 2022. Agriculture and climate change are reshaping insect biodiversity worldwide. *Nature* 605, 97-102.

Porcuna, J. L. Boix, I.; Ocón, C. & Jiménez, A., 2004. *Control biológico de plagas mediante el manejo de insectos útiles: Los insectarios de la CAPA*. Comunitat Valenciana Agraria, 26, 27-35.

Quintano, J., 2020. Las mariquitas, desconocido icono de la fauna auxiliar. *Fertilidad de la Tierra: Revista de Agricultura Ecológica*, n.º 80, 2020, págs. 60-65.

Quintano, J., 2022. *Insectos que ayudan al huerto y vergel ecológicos*. Editorial La Fertilidad de la Tierra. 176 pp.

Quintano, J.; Abellán, P.; Romero, M., & López, M.ª A., 2021. Primera cita de Aphidius ericaphidis (Hymenoptera, Braconidae), parasitoide asociado al pulgón del arándano Ericaphis scammelli (Hemiptera, Aphididae), en la península ibérica. *Boletín de la Sociedad Entomológica Aragonesa* (S.E.A.), 69: 75-78.

Quintano, J.; et al., 2021. *Fauna auxiliar en cítricos. Guía para conocer y fomentar los insectos aliados*. WWF España. 35 pp.

Robledo, A.; Van der Blom, J.; Sánchez, J. A., & Torres, S., 2009. *Control biológico en invernaderos hortícolas.* Coexphal, FAECA. 177 pp.

Sánchez-Bayo, F., & Wyckhuys, K. A., 2019. Worldwide decline of the entomofauna: A review of its drivers. *Biological Conservation,* vol. 232, pp. 8-27.

Van der Blom, J. Robledo, A.; Torres, S.; Sánchez, J. A. & Contreras, M., 2008. Control biológico de plagas en Almería: Revolución Verde después de dos décadas. *Phytoma,* 18.

CAPÍTULO 15

Casto, S. D., 2007. The Rocky Mountain Locust in Texas. *The Southwestern Historical Quarterly,* 111(2), 182-204.

Cohen, M., 18 agosto de 2022. Why East Africa's Facing Its Worst Famine in Decades. *The Washington Post.*

Duncan, F., 2020. Explainer: What's behind the locust swarms damaging crops in southern Africa. *The Conversation.*

Groos, M., 2021. How locusts become a plague. *Current Biology,* 31(10), R459-R461.

Guttal, V.; Romanczuk, P.; Simpson, S. J.; Sword, G. A., & Couzin, I. D., 2012. Cannibalism can drive the evolution of behavioural phase polyphenism in locusts. Vishwesha Guttal *et al. Ecology Letters,* 15(10), 1158-1166.

Harmon, K., 2009. When Grasshoppers Go Biblical: Serotonin Causes Locusts to Swarm. *Scientific American,* 30.

Lockwood, J. A., 2004. *Locust: the Devastating Rise and Mysterious Disappearance of the Insect that Shaped the American Frontier.* Basic Books.

Naranjo, J., 22 febrero de 2020. El brote de langostas del Cuerno de África ya se extiende por una docena de países. *El País.*

Peng, W.; Ling Ma, N.; Zhang, D.; Zhou, Q.; Yue, X. *et al.,* 2020. A review of historical and recent locust outbreaks:

Links to global warming, food security and mitigation strategies. *Environmental Research*, 191, 110046.

Salih, A. A. M., Baraibar, M.; Kemucie Mwangi, K. & Artan, G., 2020. Climate change and locust outbreak in East Africa. *Nature Climate Change*, 10(7), 584-585.

Santos, I., 2019. Transoceanic migration of locust species *Locusta atlantica*: A remarkable phenomenon challenging geographical boundaries. *Amazonian Journal of Zoology*.

UGR/DICYT, s.f. Las langostas modifican dos tercios de sus genes cuando forman plagas. *DiCYT*.

Waloff, N., & Popov, G. B., 1990. Sir Boris Uvarov (1889-1970): The Father of Acridology. *Annual Review of Entomology*, 35(1), 1-26.

Web de la Organización de las Naciones Unidas para la Alimentación y la Agricultura (FAO): www.fao.org.

Yates, C., 2015. How many locusts does it take to start a biblical plague? Just three. *The Conversation*.

CAPÍTULO 16

Acquah-Lamptey, D., & Brandl, R., 2018. Effect of a dragonfly (Bradinopyga strachani Kirby, 1900) on the density of mosquito larvae in a field experiment using mesocosms. *Web Ecology*, 18(1), 81-89.

Chahl, J.; Chitsaz, N.; McIvor, B.; Ogunwa, T.; Kok, J. M.; *et al.*, 2021. Biomimetic drones inspired by dragonflies will require a systems based approach and insights from biology. *Drones*, 5(2), 24.

Chatterjee, S. N.; Ghosh, A., & Chandra, G., 2007. Eco-friendly control of mosquito larvae by Brachytron pratense nymph. *Journal of Environmental Health*, 69(8), 44-49.

Collins, C. M.; Bonds, J. A. S.; Quinlan, M. M., & Mumford, J. D., 2019. Effects of the removal or reduction in density of the malaria mosquito, *Anopheles gambiae sl*, on interacting predators and competitors in local ecosystems. *Medical and Veterinary Entomology*, 33(1), 1-15.

Combes, S. A.; *et al.*, 2013. Capture Success and Efficiency of Dragonflies Pursuing Different Types of Prey. *Integrative and Comparative Biology*, 53 (5): 787-798.

Dirks, J. H., & Taylor, D., 2012. Veins improve fracture toughness of insect wings. *PLoS One*, 2012;7(8): e43411.

Dormehl, L., 19 de febrero de 2021. Why engineers are studying dragonflies to build the next generation of drones. *Digitaltrends*.

Draper., 19 de enero de 2017. Equipping Insects for Special Service. *Draper*.

Frye, M. A., 2013. Visual attention: A cell that focuses on one object at a time. *Current Biology*, 23(2), R61-R63.

Futahashi, R.; Kawahara-Miki, R.; Kinoshita, M.; Yoshitake, K.; Yajima, S.; *et al.*, 2015. Extraordinary diversity of visual opsin genes in dragonflies. *Proceedings of the National Academy of Sciences*, 112(11), E1247-E1256.

Gefen, E., & Matthews, P. G., 2021. From chemoreception to regulation: Filling the gaps in understanding how insects control gas exchange. *Current Opinion in Insect Science*, 48, 26-31.

Graham-Rowe, D., 28 de junio de 2003. Dragonfly trick makes missiles harder to dodge. *NewScientist*.

Jeong, K. H.; Kim, J., & Lee, L. P., 2006. Biologically inspired artificial compound eyes. science. *Science*, 312(5773), 557-561.

Nachtigall, W., 1974. Locomotion: Mechanics and hydrodynamics of swimming in aquatic insects. In *The physiology of Insecta* (pp. 381-432). Academic Press.

Pannet, R., 5 de octubre de 2015. Scientists Tap Dragonfly Vision to Build a Better Bionic Eye. *The Wall Street Jounal*.

Priyadarshana, T. S., & Slade, E. M., 2023. A meta-analysis reveals that dragonflies and damselflies can provide effective biological control of mosquitoes. *Journal of Animal Ecology*.

Samanmali, C.; Udayanga, L.; Ranathunge, T.; Perera, S. J.; Hapugoda, M., & Weliwitiya, C., 2018. Larvicidal potential of five selected dragonfly nymphs in Sri Lanka over *Aedes aegypti* (Linnaeus) larvae under laboratory settings. *Bio-Med Research International*, 2018.

Schultz. C., 2 de mayo de 2013. This Camera Looks at the World Through an Insect's Eyes. *Smithsonian Magazine*.

Service, M. W., 1977. Mortalities of the immature stages of species B of the *Anopheles gambiae* complex in Kenya: Comparison between rice fields and temporary pools, identification of predators, and effects of insecticidal spraying. *Journal of Medical Entomology*, 13(4-5), 535-545.

Staats, E. G.; Agosta, S. J., & Vonesh, J. R., 2016. Predator diversity reduces habitat colonization by mosquitoes and midges. *Biology Letters*, 12(12), 20160580.

Vatandoost, H., 2021. Dragonflies as an important aquatic predator insect and their potential for control of vectors of different diseases. *Journal of Marine Science*, 3(3).

Wiederman, S. D., & O'Carroll, D. C., 2013. Selective attention in an insect visual neuron. *Current Biology*, 23(2), 156-161.

Yoshioka, A.; Shimizu, A.; Oguma, H.; Kumada, N.; Fukasawa, K.; *et al.*, 2020. Development of a camera trap for perching dragonflies: A new tool for freshwater environmental assessment. *PeerJ*, 8, e9681.

Yusuf, S., 19 de octubre de 2023. Can We Use Dragonflies To Control Mosquito Populations? *Science ABC*.

CAPÍTULO 17

Arunkumar, K. P.; Metta, M., & Nagaraju J., 2006. Molecular phylogeny of silkmoths reveals the origin of domesticated silkmoth, *Bombyx mori* from Chinese *Bombyx mandarina* and paternal inheritance of *Antheraea proylei* mitochondrial DNA. *Molecular Phylogenetics and Evolution*, 40(2), 419-427.

Duraiswamy, D., 2019. The Origin of Silk Production. *Road Universities Networks Online Journal*.

Rivera, J. & Carbonell, F., 2020. Los insectos comestibles del Perú: Biodiversidad y perspectivas de la entomofagia en el contexto peruano. *Ciencia & Desarrollo*, n.º 27, pp. 5-36.

Nakonieczny M.; Kędziorski A. & Michalczyk K., 2007. Apollo Butterfly (*Parnassius apollo L.*) in *Europe: Its history, decline and perspectives of conservation. Functional Ecosystems and Communities*, pp. 56-79.

Romo, H.; García-Barros, E.; Martín, J.; Ylla, J. & López, M., 2012. *Maculinea arion.* En: VV. AA.; *Bases ecológicas preliminares para la conservación de las especies de interés comunitario en España: invertebrados.* Ministerio de Agricultura, Alimentación y Medio Ambiente. Madrid. 55 pp.

Sheriff G. I., & Akeje K., 2021. Developmental Historiography of the AncientSilk Road. *African Journal of Culture, History, Religion and Traditions* 4(1), 69-80.

Tolmann, T., & Lewington, R., 2002. Mariposas de España y Europa. (Ed. Lynx). 384pp.

Tiencheu, B., & Womeni, H. M., 2017. *Entomophagy: Insects as Food.* InTech.

CAPÍTULO 18

Adams M. D.; *et al.*, 2000. The genome sequence of *Drosophila melanogaster. Science*, 24;287(5461):2185-95.

Allocca M.; Zola, S., & Bellosta, P., 2018. The Fruit Fly, Drosophila melanogaster: The Making of a Model (Part I). In *Drosophila melanogaster* – Model for Recent Advances in Genetics and Therapeutics.

Grenier J. K.; *et al.*, 2015. Global diversity lines – a five-continent reference panel of sequenced *Drosophila melanogaster* strains. G3 (Bethesda), feb. 11;5(4):593-603.

Halder G.; Callaerts, P., & Gehring, W. J., 1995. Induction of ectopic eyes by targeted expression of the eyeless gene in *Drosophila. Science*, 24;267(5205):1788-92.

Ikenaga M.; *et al.*, 1997. Mutations induced in *Drosophila* during space flight. *Biol. Sci. Space*, 11(4):346-50.

Kapopoulou A.; *et al.*, 2020. Demographic analyses of a new sample of haploid genomes from a Swedish population of *Drosophila melanogaster. Sci. Rep.*, 29;10(1):22415.

Keller A., 2007. *Drosophila melanogaster*'s history as a human commensal. *Curr. Biol.*, 6;17(3) R77-81.

Lachaise D.; and J. F. Silvain, 2004. How two Afrotropical endemics made two cosmopolitan human commensals: the *Drosophila melanogaster-D. simulans* palaeogeographic riddle. *Genetica*, 120(1-3):17-39.

Markow T. A., 2015. The secret lives of Drosophila flies. *Elife*, 4;4:e06793.

Reiter L. T.; Potocki, L.; Chien, S.; Gribskov, M., & Bier, E., 2001. A systematic analysis of human disease-associated gene sequences in *Drosophila melanogaster. Genome Res.*, 11(6):1114-25.

Rubin G. M.; *et al.*, 2000. Comparative genomics of the eukaryotes. *Science*, 24;287(5461):2204-15.

Sprengelmeyer Q. D.; *et al.*, 2020. Recurrent Collection of *Drosophila melanogaster* from Wild African Environments and Genomic Insights into Species History. *Mol. Biol. Evol.*, 1;37(3):627-638.

Stephenson R., & Metcalfe, N. H., 2013. *Drosophila melanogaster*: a fly through its history and current use. *J. R. Coll. Physicians Edinb.*, 43(1):70-5.

Sun Y.; Yolitz, J.; Wang, C.; Spangler, E.; Zhan, M., & Zou, S., 2013. Aging studies in *Drosophila melanogaster. Methods Mol. Biol.*, 1048:77-93.

Ugur B.; Chen, K.; Bellen, H. J., 2016. *Drosophila* tools and assays for the study of human diseases. *Dis. Model. Mech.*, 9(3):235-44.

CAPÍTULO 19

Cebrián-Camisón, S.; Martínez-de la Puente, J., & Figuerola, J., 2020. A literature review of host feeding patterns of invasive Aedes mosquitoes in Europe. *Insects*, 11: 848.

Cornet, S.; Nicot, A.; Rivero, A. & Gandon, S., 2013. Malaria infection increases bird attractiveness to uninfected mosquitoes. *Ecology Letters*, 16:323-329.

Díez-Fernández, A.; Martínez-de la Puente, J.; Gangoso, L.; López, P.; Soriguer, *et al.*, 2020. Mosquitoes are attracted by the odour of Plasmodium-infected birds. *International Journal for Parasitology*, 50: 569-575.

Eritja, R.; Palmer, J. R.; Roiz, D.; Sanpera-Calbet, I., & Bartumeus, F., 2017. Direct evidence of adult Aedes albopictus dispersal by car. *Scientific Reports*, 7: 14399.

Gutiérrez-López, R.; Martínez-de la Puente, J.; Gangoso, L.; Soriguer, R., & Figuerola, J., 2020. Plasmodium transmission differs between mosquito species and parasite lineages. *Parasitology*, 147: 441-447.

Ibañez-Justicia, A.; Gloria-Soria, A.; den Hartog, W.; Dik, M.; Jacobs, F.; *et al.*, 2017. The first detected airline introductions of yellow fever mosquitoes (Aedes aegypti) to Europe, at Schiphol International airport, the Netherlands. *Parasites & Vectors* 10: 603.

Lacroix, R.; Mukabana, W. R.; Gouagna, L. C., & Koella J. C., 2005. Malaria Infection Increases Attractiveness of Humans to Mosquitoes. *PLoS Biology* 3: E298.

Martínez-de la Puente, J.; Gutiérrez-López, R.; Díez-Fernández, A.; Soriguer, R. C.; Moreno-Indias, I., & Figuerola, J., 2021. Effects of mosquito microbiota on the survival cost and development success of avian Plasmodium. *Frontiers in Microbiology* 11: 562220.

Perrin, A.; Glaizot, O., & Christe, P., 2022. Worldwide impacts of landscape anthropization on mosquito abundance and diversity: a meta-analysis. *Global Change Biology* 28: 6857-6871.

Syed, Z., & Leal, W. S., 2009. Acute olfactory response of *Culex* mosquitoes to a human- and bird-derived attractant. *Proceedings of the National Academy of Sciences USA* 106: 18803-18808.

CAPÍTULO 20

Álvarez, L. I. M., 2021. *Algo de Historia. Introducción al estudio de insectos de interés en salud pública*, 1. Universidad Nacional de Colombia.

Andrade, A.; Chávez, M., & Leonardi, M. S., 2022. De manjar a alimaña: El consumo de piojos de la cabeza en pueblos indígenas de Patagonia (siglos dieciocho a veinte). *Latin American Antiquity*, 1-14.

Arriaza, B.; Aravena, N.; Núñez, H., & Standen, V. G., 2022. Tributos, piojos y dioses: implicancias culturales y prevalencia de la pediculosis en individuos del sitio incaico de camarones 9, Norte de Chile. *Chungará* (Arica), (AHEAD), 785-795.

Cowan, F., 1865. *Curious Facts in the History of Insects: Including Spiders and Scorpions. A Complete Collection of the Legends, Superstitions, Beliefs, and Ominous Signs Connected with Insects; Together with Their Uses in Medicine, Art, and as Food; and a Summary of Their Remarkable Injuries and Appearances.* JB Lippincott & Company.

Devera, R., 2012. Epidemiología de la pediculosis capitis en América Latina. *Saber. Revista Multidisciplinaria del Consejo de Investigación de la Universidad de Oriente*, 24(1), 25-36.

Espinosa Fernández, E., & Vázquez Valdés, F., 2002. De piojos y literatura. *Rev. Int. Dermatol. Dermocosmét. Clín.*, 48-53.

Fortoul van der Goes, T. I., 2018. Las pelucas en la historia y su relación con la medicina. *Revista de la Facultad de Medicina (México)*, 61(3), 57-59.

Herranz Jordán, B., 2015. Piojos del cabello. *Pediatría Atención Primaria*, 17(67), 0-0.

Hodgson, E. W., & Wille, C., 2021. *Piojos en los humanos.* Utah State University Extension.

Pérez, J. M., 30 de junio de 2015. Clase Insecta. Orden Phthiraptera. *IDE@-SEA*, 1-11.

Retana-Salazar, A. P., & Ramírez-Morales, R., 2006. Establecimiento de un nuevo género de piojos (Phthiraptera: Pediculidae) asociado al hombre (Primates: Hominidae). *Brenesia*, 65, 61-70.

Souffez, M. F., 1985. El simbolismo del piojo en el mundo andino. Boceto filológico. *Anthropologica*, 3(3), 171-202.

Souffez, M. F., 1986. Los piojos en el mundo pre-hispánico, según algunos documentos de los siglos XVI y XVII y unas representaciones en ceramios mochicas. *Anthropologica*, 4(4), 155-190.

Souffez, M. F., 1988. El piojo y la conversación. *Anthropologica*, 6(6), 43-65.

Zinsser, H., enero de 1935. History and the Louse. *The Atlantic.*

Glosario

Ácido orgánico: Compuesto orgánico (compuesto químico con enlaces hidrógeno-carbono y carbono-carbono) con propiedades ácidas. La mayoría de los ácidos orgánicos, como el ácido acético presente en el vinagre, son débiles.

Agalla: Crecimiento anómalo del tejido vegetal de una parte concreta de la planta provocado por su interacción con un agente vivo (bacteria, hongo, planta, ácaro, insecto) o inerte (virus).

Aglutinante: Sustancia que, debido a sus propiedades, permite que varias sustancias permanezcan unidas formando un todo por adhesión o cohesión.

Agregación plaquetaria: Acumulación de plaquetas, fragmentos celulares especializados en la coagulación de la sangre y en el taponamiento de heridas para evitar la salida del flujo sanguíneo hacia el exterior de los vasos sanguíneos.

Aislamiento genético: Interrupción física entre poblaciones de una especie que limita el intercambio de genes.

Alacranismo: Afección a la salud derivada de una picadura de alacrán. Puede englobar efectos neurológicos, cardiovasculares o neuromusculares, presentándose de manera independiente. Algunos de sus signos o síntomas pueden ser: alteraciones neurológicas, visión borrosa, movimiento involuntario de los ojos, inquietud, irritabilidad, comezón nasal, salivación excesiva, secreción excesiva de moco bronquial, sudoración profusa, lagrimación, dificultad para tragar, para hablar o para respirar, erecciones involuntarias y dolorosas.

Alérgenos: Sustancia que causa una reacción de hipersensibilidad o alergia en una persona tras una exposición previa a dicha sustancia.

Amento: Inflorescencia en racimo, generalmente colgante, propia de ciertos árboles, entre ellos los de las familias Salicaceae y Fagaceae.

Angiospermas: Grupo más numeroso y diverso de plantas terrestres. Son plantas vasculares que se caracterizan por producir flores y frutos. Constituyen la gran mayoría de las plantas que vemos a nuestro alrededor, incluyendo árboles, arbustos, hierbas y muchas plantas cultivadas.

Anostráceo: Orden de crustáceos caracterizados por carecer de concha y de cualquier estructura externa de protección.

Antisuero: Fármaco utilizado como antídoto para tratar mordeduras o picaduras de animales venenosos como arañas, alacranes o serpientes.

Antropización: Transformación que ejerce el ser humano sobre el medio, ya sea sobre el biotopo o la biomasa.

Antropoceno: Era geológica que sucede al Holoceno, marcada por el impacto del ser humano en el planeta.

Aparato urogenital: Comprende a los órganos que, teniendo un origen embriológico común, darán lugar al sistema urinario y el sistema genital.

Arquea: Microorganismos de una única célula con una pared celular que les confiere resistencia a los ambientes extremos.

Artrópodo: Filo de invertebrados que no tienen columna vertebral. Se caracterizan por tener patas articuladas y un exoesqueleto que los protege.

Astringente: 1) Propiedad de una sustancia de dejar una sensación a caballo entre la sequedad intensa y el amargor en la boca; 2) Dícese de una sustancia con propiedades cicatrizantes, antiinflamatorias y antihemorrágicas.

Autóctona: Especie que vive y se reproduce natural y tradicionalmente dentro de su área de distribución natural.

Bacteriorodopsina: Proteína de color púrpura presente en las arqueas, que absorbe la luz para convertirla en energía química para la célula.

Batracio: Vertebrado de sangre fría que pasa la primera parte de su vida en el agua respirando a través de branquias y, cuando alcanza la edad adulta, se vuelve terrestre y tiene respiración pulmonar; se desarrolla por huevos en el agua y tiene la piel lisa y con glándulas mucosas.

BIOACUMULACIÓN: Proceso de acumulación de sustancias químicas de naturaleza persistente en organismos vivos, de manera que alcanzan concentraciones más elevadas que las que hay en el ambiente y los recursos alimenticios que usan los organismos.

BIOCIDA: Sustancia química o agente que se utiliza para destruir, inhibir o controlar organismos vivos perjudiciales, como bacterias, hongos, virus o plagas. Los biocidas se utilizan en diversos campos, como la agricultura, la industria alimentaria, la salud pública y el control de plagas.

BIOINDICADORES: Especies de organismos que dan información del estado del ecosistema que los rodea.

BIOINGENIERÍA: Disciplina que utiliza métodos y herramientas de la ingeniería para resolver problemas de la biología.

BIOIRRIGACIÓN: Proceso por el cual los organismos que desarrollan su actividad en la interfase agua-sedimento del fondo de ríos y lagos limpian sus galerías con el agua circundante.

BIOMA: Conjunto de ecosistemas característicos de una zona biogeográfica que está definido a partir de su vegetación y de las especies animales que predominan.

BIOMASA: Cantidad total de materia viva presente en una comunidad o ecosistema.

BIOTECNOLOGÍA: Rama de la biología que busca aplicaciones tecnológicas basadas en organismos vivos o sus derivados.

BIOTURBACIÓN: Conjunto de pequeñas perturbaciones producidas en el sedimento por la actividad de los seres vivos.

BLATTODEA: Orden de Insecta que incluye a las cucarachas y las termitas, y que actualmente engloba a más de 7000 especies descritas por la ciencia

BRANQUIÓPODO: Clase de crustáceos que se caracteriza por presentar unos apéndices en forma de lámina, que usa para respirar.

CAMBIO CLIMÁTICO ANTROPOGÉNICO: Alteración del patrón climático de la Tierra debido a actividades humanas, como por ejemplo la emisión de gases de efecto invernadero, que causan aumento de temperatura y otros impactos ambientales.

CAPULLO: Estructura de seda creada por la oruga de una mariposa, que esta usa para protegerse durante su fase de metamorfosis.

CECIDÓMIDOS: Nombre que reciben los dípteros de la familia Cecidomyiidae, popularmente conocidos como moscas de las agallas debido a su capacidad para inducir agallas en distintas plantas.

CEPA: Conjunto de individuos descendientes de un cruce endogámico y que presentan todos (en teoría) un mismo ADN, es decir, todos tienen las mismas variantes en cada uno de sus genes, lo que permite realizar estudios estandarizados.

CINÍPIDOS: Himenópteros de la familia Cynipidae, conocidos popularmente como avispas de las agallas debido a su capacidad para inducir agallas en plantas. Únicos organismos herbívoros dentro de la superfamilia Cynipoidea.

CLADO: Linaje de organismos que contiene a todos los descendientes de un antepasado común (aplicado en la clasificación biológica de especies, géneros, familias, etc.).

CLEPTOPARASITISMO: Forma de parasitismo en la que un organismo, conocido como cleptoparásito, obtiene beneficios al robar o aprovechar los recursos de otro organismo, denominado hospedador. El cleptoparásito se beneficia al obtener alimentos, nidificación, protección o recursos de reproducción de forma oportunista, sin invertir energía en la búsqueda o producción de dichos recursos.

CLOACA: Cámara en la que desembocan el tubo digestivo, el aparato urinario y el reproductor en aves, reptiles, anfibios y algunos peces.

COLEÓPTEROS: Orden de insectos con el primer par de alas quitinizado o endurecido. A él pertenecen los escarabajos.

COMENSALISMO: Tipo de interacción biológica entre dos seres vivos en la que uno de los participantes obtiene un beneficio mientras que el otro ni se perjudica ni se beneficia.

CONSUMIDOR SECUNDARIO: Organismo heterótrofo, que genera sus componentes a partir de la materia orgánica que incorpora procedente de otros organismos, principalmente al alimentarse de estos últimos.

COPROLITOS: Restos de excrementos fosilizados.

CRIOCONGELACIÓN: Proceso de congelación a muy bajas temperaturas, generalmente entre -80 °C y -196 °C.

CRIPTOBIOSIS: Estado profundo de dormancia que consiste en la suspensión de los procesos metabólicos cuando las condiciones ambientales son extremas, hasta que vuelven a ser favorables.

CRISÁLIDA: Fase de un insecto (principalmente mariposas) posterior a la larva y anterior al adulto.

CUTÍCULA: Capa más externa del cuerpo de los artrópodos que se encuentra por encima de la epidermis y es segregada por esta.

CYNIPOIDEA: Superfamilia de himenópteros en su mayoría parasitoides e hiperparasitoides de larvas de otros insectos.

DDT: Insecticida organoclorado que se utilizó ampliamente en el pasado para el control de plagas. Fue uno de los primeros pesticidas sintéticos desarrollados y se empleaba para combatir mosquitos, piojos y otras plagas.

DENGUE: Enfermedad viral transmitida por mosquitos, en particular por el mosquito *Aedes aegypti*. En casos graves, puede provocar complicaciones potencialmente mortales, como el dengue grave o hemorrágico.

DESMENUZADOR: Organismo que se alimenta de plantas acuáticas y algas extrayendo porciones grandes (mayores a un milímetro) de estas.

DESNATURALIZAR: Proceso de alterar o modificar las características o propiedades naturales de algo. En el contexto biológico, puede referirse a la alteración de la estructura o función de una molécula o proteína, perdiendo su conformación original y, en muchos casos, su actividad biológica.

DESOVE: Puesta de huevos por parte de las hembras de ciertos animales; especialmente aplicado a peces, algunos invertebrados y anfibios.

DETRITÍVORO: Dícese de los seres vivos que se alimentan de detritos o materia orgánica en descomposición.

DIVERSIDAD BIOLÓGICA: De manera simplificada, es la variedad en cualquiera de los niveles de organización biológica.

DROSOPHILA: Género de moscas pequeñas asociadas a la fruta utilizado como modelo en investigación biológica.

ECOFRIENDLY: Respetuoso con el medio ambiente.

ECOLOGÍA DE LA RESURRECCIÓN: Campo de la ecología evolutiva que busca eclosionar huevos durmientes para comparar organismos del pasado con los recientes e investigar cuestiones como la adaptación

ECOSISTEMA: Conjunto de especies que en un área determinada interactúan entre ellas y con su entorno, incluyendo procesos como la depredación, el parasitismo, la competencia o la simbiosis.

ECTOPARÁSITOS: Modo de parasitismo en el que el parásito desarrolla todo su ciclo vital sobre la superficie corporal del hospedador.

ECTÓPICO: Que se produce fuera del lugar típico.

ECTOTERMO: Organismo que regula su temperatura corporal en función de la temperatura externa del ambiente. A diferencia de los endotermos, que generan calor interno para mantener una temperatura constante, los ectotermos dependen de fuentes externas de calor, como la radiación solar, para regular su temperatura corporal. Esto significa que su temperatura interna varía de acuerdo con las condiciones ambientales.

ENDEMISMO: Organismo con una distribución geográfica limitada a una zona reducida

ENDOCÓPRIDO: Escarabajo coprófago que, según la definición de Bornemissza (1969), no excava ningún tipo de galería, sino que hace cámaras de cría dentro del excremento.

ENDOFÁGICO: Escarabajo coprófago que, según la definición de Tonelli (2021), se alimenta dentro del excremento.

ENDOGAMIA: Cruce entre individuos de una misma especie cercanos genéticamente entre sí y aislados geográficamente de otros de su misma especie.

ENTOMOFAGIA: Ingesta de insectos por parte de seres humanos.

ENTOMOLOGÍA: Rama de la zoología que se encarga de estudiar los insectos.

ENTOMÓLOGO: Zoólogo especializado en el estudio de insectos.

EPIFÁGICO: Escarabajo coprófago que, según la definición de Tonelli (2021), se alimenta en la superficie del excremento.

EPIGENÉTICA: Cambios en la expresión de los genes, los cuales se heredan sin la alteración de la secuencia del ADN o los genes. Dichos cambios pueden estar influenciados por factores ambientales.

EPÍTETO ESPECÍFICO: Segunda palabra de un nombre científico que identifica a la especie de un género concreto.

ESFÍNGIDO: Mariposa nocturna de la familia Sphingidae comúnmente conocida como «polilla halcón» o como «mariposa colibrí».

ESPECISMO: Discriminación de los animales no humanos por considerarlos especies inferiores.

ESPERMATÓFORO: Paquete o cápsula creada por los machos de ciertas especies de animales, principalmente artrópodos, que contiene espermatozoides. Una vez creada, el macho la introduce en los órganos sexuales femeninos. Es fundamental para lograr la fecundación de la hembra.

EUTROFIZACIÓN: Aporte excesivo de nutrientes inorgánicos (principalmente nitrógeno y fósforo) en los ecosistemas acuáticos, procedentes de actividades humanas

EXCORIACIÓN: Zona donde el epitelio ha sufrido un daño, quedando las capas más internas al descubierto.

EXOESQUELETO: Cubierta externa dura y resistente que en artrópodos se conoce también como dermatoesqueleto y está compuesta fundamentalmente por quitina.

EXTREMÓFILO: Organismo que vive en condiciones que se consideran extremas para el desarrollo de la vida.

EXUVIA: Cubierta exterior que abandonan los artrópodos tras la muda que se produce entre los distintos estadios del ciclo de desarrollo.

FAGÁCEAS: Familia de plantas del orden Fagales con más de 650 especies aceptadas de árboles y arbustos, distribuidas mayoritariamente por el hemisferio norte. Además de los árboles del género *Quercus* (robles, encinas, alcornoques), incluye otros grupos de gran importancia, como *Castanea* (castaños) y *Fagus* (hayas).

FEROMONA: Sustancia química que principalmente usan los insectos para comunicarse.

FIEBRE AMARILLA: Enfermedad viral transmitida por mosquitos infectados, principalmente del género *Aedes*. En casos graves, puede causar daño hepático y renal, y puede ser fatal.

FILO: Categoría utilizada en la ciencia taxonómica que se sitúa entre los niveles de reino y clase.

FITÓFAGOS: Dícese de los seres vivos que se alimentan eminentemente de materia vegetal.

FITOPLANCTON: Subconjunto de organismos que viven en la columna de agua a merced de las corrientes y que son autótrofos, es decir, que elaboran su propia materia orgánica a partir de la captación de energía solar durante el proceso fotosintético.

FORESIS: Tipo de interacción biológica entre dos organismos de tipo comensalita, en la que una especie usa a otra como medio de transporte.

GEN: Fragmento de ADN que puede dar lugar a ARN o proteínas concretas y que se considera unidad de información transmisible en la herencia; variaciones en dicho fragmento de ADN pueden producir ARN o proteínas atípicas y, como resultado, características relativamente poco frecuentes detectables en el organismo (como ojos atípicamente blancos en *Drosophila melanogaster*).

GÉNERO: Categoría utilizada en la ciencia taxonómica que se sitúa entre los niveles de familia y especie.

GENOMA: Secuencia total del ADN de una especie concreta, incluyendo todos sus cromosomas, ya se encuentren en el nucleoide, en el núcleo o en orgánulos como mitocondrias o plastos.

GEOMETRÍA NUTRICIONAL: Aproximación integradora usada por los científicos para estudiar, comprender, identificar y medir los efectos de interacción que tienen los nutrientes en los animales y, con base en ello, conocer el efecto individual de cada uno de ellos y las implicaciones ecológicas y evolutivas que producen sobre el animal estudiado.

GLOBALIZACIÓN: Proceso económico, político, social y cultural que implica la creciente interconexión e interdependencia de los países y las personas a nivel mundial. Este proceso se caracteriza por la expansión de las comunicaciones y los sistemas de transporte, el intercambio de bienes y servicios, la integración de los mercados financieros y la difusión de la cultura a nivel global.

GREGARIO: Animal que forma parte de grupos con los que vive en comunidad, sin que ello conlleve interacciones sociales obligadas.

HEMATÓFAGO: Dicho de un animal, que se alimenta de sangre.

HEMIMETÁBOLO: Insecto que se caracteriza por presentar una metamorfosis sencilla de manera que su desarrollo solo incluye las fases de huevo, ninfa e imago o adulto.

HEMOCIANINA: Proteína presente en algunos invertebrados encargada del transporte del oxígeno.

HEMOGLOBINA: Proteína presente en los glóbulos rojos de la mayor parte de los vertebrados, encargada de transportar el oxígeno.

HEMOLINFA: Líquido circulatorio de artrópodos y moluscos, análogo a la sangre de los vertebrados.

HETEROPTERA: Suborden de insectos dentro del orden Hemiptera que se caracterizan por tener alas delanteras duras en la parte superior y membranosas en la parte inferior. Son conocidos como «chinches verdaderas».

HIMENÓPTEROS: Orden de insectos con dos pares de alas membranosas. A él pertenecen las abejas, avispas y hormigas.

HIPERSALINO: Agua con una concentración de sal superior a la salinidad del mar.

HIPOFÁGICO: Escarabajo coprófago que, según la definición de Tonelli (2021), se alimenta en galerías excavadas debajo del excremento.

HOJARASCA: Conjunto de hojas secas caído de árboles y plantas y que cubre el suelo.

Hospedador: También denominado huésped, es el término usado para designar al organismo que alberga a otro en su interior o que lo porta sobre sí mismo.

Hymenoptera: Orden de insectos que incluye a abejas, avispas, hormigas y a otros grupos relacionados. Se considera uno de los órdenes más diversos tanto desde el punto de vista de su riqueza (alrededor de 120 000 especies descritas en todo el mundo) como del de la enorme cantidad de formas de vida que presenta.

Ignofósil: Huella fosilizada que aporta información sobre diversos aspectos comportamentales del organismo que la ha producido.

Imago: Último estadio en el ciclo de vida de los insectos al que se llega tras pasar por la fase de ninfa (metamorfosis sencilla) o de larva (metamorfosis compleja).

Ingeniería tisular: Disciplina que busca regenerar o mejorar los tejidos biológicos.

Inmunosupresoras: Fármacos que reducen la actividad del sistema inmune, cuya respuesta inmunológica está alterada en la enfermedad inflamatoria intestinal, disminuyendo de esta forma la inflamación. Se usan tanto en la enfermedad de Crohn como en la colitis ulcerosa.

Inquilinos: Cinípidos de diferentes géneros incapaces de inducir agallas y que viven a expensas de las agallas causadas por otros cinípidos, dentro de las cuales forman sus propias cámaras larvales.

Iridomirmecina: Compuesto químico de defensa, perteneciente a la clase de los iridoides, aislado de hormigas.

Iucn: Siglas en inglés de la Unión Internacional para la Conservación de la Naturaleza. Se trata de una organización que agrupa a países, agencias, oenegés, científicos y expertos de 160 países. Su objetivo es apoyar a la sociedad para mantener la integridad de la naturaleza y asegurar el uso sostenible de los recursos naturales.

Ivermectina: Compuesto químico utilizado en la industria médico-veterinaria como tratamiento antiparasitario y tratamiento preventivo.

MÁSCARA: Aparato bucal de las ninfas de libélula que mantienen plegado bajo la cabeza y que proyectan a gran velocidad para cazar a sus presas. En ocasiones está dotado de potentes garfios.

MEGATÓN: Unidad de energía equivalente a 1×10^6 toneladas en el sistema internacional de unidades (SI).

MELAZA: La melaza es una secreción rica en azúcar de algunos insectos que se alimentan de la savia, como las moscas blancas, las cochinillas o los pulgones, y que sobre la vegetación suele favorecer la presencia de hongos.

MESOFÁGICO: Escarabajo coprófago que, según la definición de Tonelli (2021), se alimenta en la interfaz entre el suelo y el excremento.

MESOSOMA: Se conoce así a la sección media del cuerpo de un artrópodo, el cual se divide comúnmente en tres partes (tagmas); las otras son el prosoma y el metasoma. En el mesosoma se encuentran las patas; en los insectos insectos alados, se encuentran las alas. En los alacranes se hallan los órganos principales.

METASOMA: Es la tercera sección (tagma) del cuerpo de los artrópodos; las otras dos son el prosoma (en primer lugar) y el mesosoma (en segundo lugar). En los alacranes, el metasoma sería lo que comúnmente se conoce como «cola».

MIASIS: Parasitación de tejidos y órganos de vertebrados por larvas de mosca.

MICROBIOTA: Conjunto de microorganismos que se hallan de forma natural en diferentes partes de un organismo pluricelular, como la piel o los intestinos, donde viven y realizan funciones por las que tanto ellas como sus huéspedes salen beneficiados (simbiosis).

MONOVALENTE: Compuesto químico efectivo para tratar envenenamientos producidos por las mordeduras o picaduras de una especie en particular.

MOSCA NEGRA: Familia de insectos de pequeño tamaño, conocidos como simúlidos (Simuliidae), que se caracterizan por tener un color oscuro o negro. Algunas especies de moscas negras se distinguen por ser picadoras y porque pueden causar molestias y reacciones alérgicas en humanos y animales.

MUTUALISMO: Tipo de relación entre dos seres vivos en la que ambos obtienen un beneficio mutuo de su asociación.

NANOTECNOLOGÍA BIOMÉDICA: Desarrollo de dispositivos a escalas muy pequeñas para su uso en medicina.

NAUPLIO: Larva recién nacida de los crustáceos.

NÁYADE: Sinónimo de ninfa, estadio inmaduro de las libélulas y de vida acuática.

NEUROBIOLOGÍA: Disciplina enfocada en el estudio del sistema nervioso de los organismos y sus funciones.

NEUROTOXICOLOGÍA: Rama de la neurobiología dedicada a conocer las alternaciones que sufre el sistema nervioso de un organismo ante la presencia de determinados compuestos químicos.

NEUROTRANSMISOR: Molécula que permite la comunicación entre las células nerviosas a través de las sinapsis, las conexiones entre las neuronas. Algunos ejemplos son la dopamina, la serotonina y la acetilcolina.

NICHO ECOLÓGICO: Factores bióticos (organismos que influyen en la forma y funcionamiento de un ecosistema) y abióticos (elementos físicos o químicos no vivos del medio que afectan a los seres vivos y al funcionamiento de los ecosistemas) con los que se relaciona un organismo en una dimensión o espacio determinado.

NINFA: Fase inmadura en insectos con metamorfosis sencilla y otros invertebrados que se caracteriza por ser muy parecida al adulto.

NIVEL TRÓFICO: Cada uno de los conjuntos de especies o de organismos de un ecosistema que coinciden, por la posición o turno que ocupan, en el flujo de energía o nutrientes.

NOMBRE VERNÁCULO: Denominación común, nombre vulgar, que tiene una especie y que no sigue las reglas de nomenclatura científica.

ONE HEALTH: Concepto nacido a comienzos de siglo para postular que la salud humana y la sanidad animal son interdependientes y están vinculadas a la salud de los ecosistemas en los cuales coexisten.

Oocito: Célula sexual femenina en fase previa a la formación del óvulo.

Opsina: Proteínas fotosensibles de las membranas de células fotorreceptoras como los conos y los bastones.

Orden: Categoría utilizada en la ciencia taxonómica que se sitúa entre los niveles de clase y familia.

Ordovícico: Punto en la escala temporal geológica englobado en la era paleozoica, segundo de los seis periodos en que esta se divide. Comenzó hace unos 485 millones de años y terminó hace unos 444 millones de años.

Organismo modelo: Especie estudiada muy ampliamente para tratar de entender fenómenos biológicos. Por ejemplo, la bacteria *Escherichia coli*, el hongo *Saccharomyces cerevisiae*, la planta *Arabidopsis thaliana*, el nematodo *Caenorhabditis elegans*, el pez *Danio rerio*, el ratón *Mus musculus* y, por supuesto, la mosca *Drosophila melanogaster*.

Oriente Medio: Región geográfica que abarca varios países ubicados en el suroeste de Asia y el noreste de África. Algunos de los países incluidos en esta región son Arabia Saudita, Irán, Irak, Israel, Jordania, Líbano, Emiratos Árabes Unidos y Egipto.

Ortólogo: Gen que se encuentra en una especie y que es relativamente similar al gen de otra especie diferente porque ambos provienen de un mismo gen ancestral.

Ovíparo: Organismo que pone huevos.

Ovopositor: Órgano, normalmente alargado o punzante, que poseen las hembras de numerosos insectos para depositar o inocular los huevos. También denominado *oviscapto*.

Ovovivíparo: Organismo que pone huevos que permanecen dentro del cuerpo de la hembra hasta que el embrión está completamente desarrollado.

Pandemia: Enfermedad epidémica que se extiende a muchos países o que ataca a casi todos los individuos de una localidad o región.

PANGEA: Supercontinente que existió a finales de la era paleozoica y comienzos de la era mesozoica, hace aproximadamente 300 millones de años, y que agrupó la mayor parte de las tierras emergidas del planeta.

PANTHALASSA: Océano global que rodeaba al supercontinente Pangea durante el final del periodo paleozoico y el principio de la era mesozoica.

PARACÓPRIDO: Escarabajo coprófago que, según la definición de Bornemissza (1969), excava galerías y hace los nidos bajo el excremento.

PARASITISMO. Tipo de relación entre dos seres vivos en la que un participante (el parásito) depende mayormente de otro (huésped) para sobrevivir y obtiene algún beneficio de él. En esta relación, el huésped no gana nada.

PARÁSITO: Organismo que vive a costa de otro.

PARASITOIDES: Insectos cuyas larvas se alimentan y desarrollan en el interior o en la superficie del cuerpo de otros artrópodos, generalmente otros insectos, hasta que alcanzan la adultez. Este proceso acaba siempre con la muerte del organismo huésped, diferenciándolo de los parásitos.

PARTENOGÉNESIS: Forma de reproducción basada en el desarrollo de células sexuales femeninas (óvulos) no fecundadas.

PATÓGENO: Organismo, generalmente microscópico, como un virus, una bacteria, un hongo o un parásito, que puede causar enfermedades en otro organismo vivo. Los patógenos pueden infectar plantas, animales o humanos.

PECTINAS: Estructuras móviles en forma de peine que están presentes en la parte ventral de los alacranes. Detectan movimientos y compuestos químicos en las superficies de contacto.

PÉPTIDO: Aminoácidos acomodados en cadena (habitualmente de 2 a 50) enlazados por uniones químicas (enlaces peptídicos). Cuando se trata de cadenas de 51 o más aminoácidos, se las denomina «polipéptido». Las proteínas que se originan dentro de las células están conformadas por uno o más polipéptidos.

PLAGUICIDA: Producto químico utilizado para controlar o eliminar plagas, que incluyen insectos, malezas, hongos, roedores y microorganismos. Los plaguicidas pueden clasificarse en diferentes categorías, como insecticidas, herbicidas, fungicidas y rodenticidas, según el tipo de plaga que se pretende controlar.

POLINIZACIÓN: Proceso mediante el cual el polen, que contiene los gametos masculinos de una planta, se transfiere desde los órganos masculinos hasta los órganos femeninos. Esto puede ocurrir a través de diferentes mecanismos, como el viento, el agua o la acción de animales polinizadores, como insectos, aves o murciélagos. La polinización es esencial para la reproducción de las plantas con flores, ya que permite la fertilización de los óvulos y la formación de semillas y frutos.

POLIVALENTE: Compuesto químico efectivo para tratar envenenamientos producidos por las mordeduras o picaduras de una gama o variedad de especies.

PRODUCTOR PRIMARIO: Organismo autótrofo, que produce su propia materia orgánica, fundamentalmente a través de los procesos de fotosíntesis, como plantas o algas.

PRONOTO: Placa dorsal del primer segmento del tórax (protórax) en los insectos. Contemplada dorsalmente, es la parte más visible de este en grupos como los coleópteros.

PTERIGOTA: Grupo de insectos caracterizado por presentar alas en el segundo y el tercer segmento torácico.

PTEROSTIGMA: Celdilla en la parte externa de las alas de los insectos, a menudo densamente coloreada. Al ser una celda más pesada que el resto, ayuda en las maniobras de planeo y reduce las vibraciones de las alas.

PUPA: Sinónimo de crisálida. En insectos holometábolos, fase en la que se pasa del último estado larvario a la formación del adulto mediante la metamorfosis.

QUELÍCEROS: Piezas bucales características de los quelicerados. Aparecen inmediatamente antes de la boca, por lo que no son homólogos de las mandíbulas de los mandibulados. Pueden usarse para agarrar el alimento, para inocular veneno en la presa y como mecanismo defensivo.

RADIOBIOLOGÍA: Ciencia que estudia los efectos que se producen en los seres vivos tras la exposición a energía procedente de las radiaciones ionizantes.

RECESIVO: Variante de un gen que solo da lugar a características externamente detectables en un organismo cuando no existe otra variante que sea no recesiva en un individuo; si dicho individuo presenta una copia del gen con variante no recesiva, esta se impone y la recesiva queda *enmascarada*.

RIQUEZA DE ESPECIES: Número total de especies que hay en un hábitat, ecosistema o región determinada.

RITMOS CIRCADIANOS: Cambios bioquímicos, conductuales, etc., que siguen un ciclo de 24 horas ligados a patrones de luz y oscuridad.

RUDERAL: Organismo que tiene la capacidad de crecer y colonizar hábitats perturbados o degradados, como áreas urbanas, bordes de caminos, terrenos baldíos o zonas recientemente alteradas por actividades humanas o naturales.

SATÚRNIDO: Mariposa nocturna de la familia Saturniidae, que incluye algunas de las más grandes del mundo.

SERICICULTURA: Crianza del gusano de *Bombyx mori* para la obtención de la seda.

SERVICIO ECOSISTÉMICO: Beneficio que se obtiene de la naturaleza, muchas veces obviado por su falta de valoración económica directa, pero que nos permite mantener una cierta calidad de vida (polinización de cultivos, regulación de enfermedades, ciclos de nutrientes, formación de suelos fértiles, y un largo etc.).

SINANTRÓPICA: Dícese de aquella especie que se ha adaptado a vivir en ambientes humanos y que, por tanto, no se halla exclusivamente en el hábitat que originariamente habitaba.

SINERGIA: Acción de dos o más causas cuyo efecto conjunto es superior al esperable en la suma de los efectos individuales.

SUBIMAGO: Fase de transición en el desarrollo de algunos insectos en la que ya poseen alas y pueden volar pero aún no han alcanzado la madurez sexual.

SUBLETAL: Se refiere a las sustancias que no causan una muerte directa, pero que afectan duramente a las funciones vitales del organismo.

SUPERCOLONIA: Grupo de colonias donde las hormigas no se exponen a la agresión mutua, que no necesariamente se localizan en áreas contiguas, y en el que hay una intercomunicación entre las hormigas de los nidos que lo forman.

TANINOS: Sustancias fenólicas presentes en muchos vegetales, generalmente en hojas, frutos inmaduros y cortezas de los árboles. Especialmente abundantes en los tejidos de las agallas inducidas por cinípidos.

TAXÓN: Grupo de organismos que están emparentados. Se puede aplicar a cualquier escala (género, familia, clase, orden...).

TAXONOMÍA: Ciencia que se encarga de describir, denominar y clasificar a todos los seres vivos.

TELECÓPRIDO: Escarabajo coprófago que, según la definición de Bornemissza (1969), rueda la pelota de excremento y la entierra en una galería alejada de la boñiga de origen para nidificar.

TELEFÁGICO: Escarabajo coprófago que, según la definición de Tonelli (2021), transporta las bolas de excremento y las entierra a cierta distancia del excremento original para alimentarse de ellas.

TÓRAX: Región media de las tres en que está dividido el cuerpo de los insectos.

TRATAMIENTO POR CALENDARIO: Aplicación de un pesticida sin ningún motivo justificado más que por la costumbre de realizarlo en una fecha determinada y que se repite todos los años.

TREHALOSA: Azúcar compuesto por dos moléculas de glucosa, presente en plantas, hongos y otros microorganismos.

TRIÁSICO: Periodo de tiempo geológico perteneciente a la era mesozoica comprendido entre 251 y 201 millones de años.

TÚBULO DE MALPIGHI: Órgano de los insectos que realiza las veces del riñón de los humanos. Posee funciones excretoras y reguladoras del organismo.

UBICUO: Que está presente en muchos lugares y situaciones y da la impresión de que está en todas partes.

UICN: Siglas en castellano de la Unión Internacional para la Conservación de la Naturaleza.

VECTOR: Organismo que transporta y transmite a otro ser vivo un microorganismo causante de una enfermedad.

ZIKA: Virus transmitido principalmente por mosquitos del género *Aedes*, especialmente el mosquito *Aedes aegypti*. Se ha asociado con la aparición de casos de microcefalia en recién nacidos de mujeres infectadas durante el embarazo.

ZOOPLANCTON: Organismos acuáticos de pequeño tamaño que no pueden producir su propio alimento y tienen poca capacidad para desplazarse por sí solos.

Ignasi Bartomeus es investigador en la Estación Biológica de Doñana (EBD-CSIC). Estudia ecología de comunidades y está ampliamente interesado en comprender cómo el cambio global afecta a la estructura, composición y funcionamiento de las comunidades ecológicas. Sus estudios se centran en polinizadores porque muestran respuestas complejas al cambio global y encapsulan una función crítica del ecosistema, la polinización.

Jairo Robla es biólogo por la Universidad de Oviedo, especializado en Biodiversidad y Biología de la Conservación por la Universidad Pablo de Olavide y en Entomología Aplicada por la Universidad Nacional a Distancia. Es autor del libro *La astucia de los insectos y otros artrópodos*, también de Guadalmazán. Como naturalista, coordina su propio proyecto de «Biodiversidad de Asturias», focalizado en estudiar y dar a conocer la fauna y flora de Asturias, especialmente sus grandes desconocidos: los insectos. Realiza su tesis doctoral sobre restauración forestal en la Estación Biológica de Doñana (EBD-CSIC). Combina su trabajo científico con actividades como guía de naturaleza, educador ambiental, ponente en cursos y divulgador científico en sus redes sociales (@Biologosalvaje en Instagram y @BioJairo en Twitter).

Diego Barrales-Alcalá es biólogo por la Universidad Autónoma Metropolitana y maestro en ciencias por el Instituto de Biología de la UNAM. Participó en la Colección Nacional de Arácnidos del IBUNAM, con diversos trabajos publicados. Es integrante de la Dirección de Difusión de Ciencia y Tecnología del Instituto Politécnico Nacional y comunicador de la ciencia en Twitter (@Arachno_cosas), donde aporta información relacionada con la diversidad de arácnidos en América y otras partes del mundo, haciendo hincapié en las especies consideradas de importancia médica toxicológica. Forma parte de la RedTox en México, especializada en la atención de casos de accidentes con animales venenosos. Es administrador del ADVC «Paco's Reserva de Flora y Fauna» en Mazatlán, Sinaloa, sitio que protege, conserva y preserva la diversidad biológica presente en la selva seca del Pacífico mexicano.

ÁLVARO PÉREZ-GÓMEZ es graduado en Biología por la Universidad de Sevilla, con máster en Conservación, Gestión y Restauración de la Biodiversidad por la Universidad de Granada. En la actualidad realiza su tesis doctoral en la Universidad de Cádiz. Entomólogo de vocación, está interesado en la taxonomía y ecología de cucarachas y arañas ibéricas. Es naturalista y socio de la Sociedad Gaditana de Historia Natural y de la Sociedad Andaluza de Entomología, donde forma parte de su Junta Directiva. Durante sus ratos libres divulga en redes sociales (@planetabiodiverso), así como en cursos y charlas ambientales.

MARTA I. SÁNCHEZ es investigadora en la Estación Biológica de Doñana (EBD-CSIC). Su investigación se centra en comprender las interacciones tróficas en los ecosistemas acuáticos bajo distintos contextos de cambio global. Estudia el papel funcional de las aves a través de la dispersión de organismos y contaminantes, incluyendo especies exóticas invasoras, bacterias resistentes a antibióticos, metales pesados y plásticos. Ha trabajado en la ecología de los ecosistemas hipersalinos, utilizando el crustáceo *Artemia* como modelo de estudio. Ejerce como divulgadora científica a través de artículos, charlas, programas de radio y televisión, etc. Actualmente trabaja en varios proyectos relacionados con el uso de la danza y la música para acercar la ciencia a la sociedad.

IRENE LOBATO-VILA es graduada en Biología Ambiental por la Universidad Autónoma de Barcelona (UAB) y máster y doctora en Biodiversidad por la Universidad de Barcelona (UB). Su línea de investigación desde 2015 se centra en la sistemática de las avispas de las agallas (cinípidos). En la actualidad trabaja como conservadora de artrópodos en el Museo de Ciencias Naturales de Barcelona (MCNB) a la vez que continúa con las investigaciones de su tesis. Es socia de la Asociación Española de Entomología y creadora de @EntomoDaily en Twitter, plataforma que utiliza como altavoz para divulgar sobre insectos y otros artrópodos. La divulgación y la investigación son dos de los pilares más importantes de su carrera; ha colaborado en blogs, charlas y programas de radio, y trabajado como educadora ambiental.

MIGUEL CLAVERO es científico titular en la EBD-CSIC y tiene dos líneas de investigación principales. Por un lado, investiga sobre la biodiversidad de las aguas continentales y las muchas amenazas que la acechan, con un foco particular sobre las invasiones biológicas y sus impactos. Por otro, estudia los cambios a largo plazo en la distribución de la biota y la influencia de la acción humana en esos cambios, basándose en diferentes fuentes escritas históricas que abarcan desde tratados cinegéticos del siglo XIV a la prensa del siglo XX. Hizo su tesis doctoral en la Univ. de Huelva y fue profesor en la Univ. de Girona e investigador Juan de la Cierva en el Centre Tecnològic Forestal de Catalunya (Solsona, Lleida).

FRANCISCO J. OFICIALDEGUI es investigador postdoctoral en la Univ. del Sur de Bohemia en la República Checa. Licenciado en Biología Ambiental y de Sistemas por la Univ. de Salamanca, máster en Biología Evolutiva y doctor en Biología en la Univ. de Sevilla, desarrolló su tesis en la Estación Biológica de Doñana sobre la introducción, impactos y gestión del cangrejo rojo americano. Su trabajo gira en torno al estudio de las invasiones biológicas, con especial enfoque en los cangrejos de río invasores. Sus intereses se centran en entender y gestionar las vías de introducción de las especies invasoras; estudiar sus impactos desde enfoques multidisciplinares, incluyendo las dinámicas de enfermedades infecciosas emergentes asociadas; y desarrollar estrategias de gestión desde puntos de vista ecológicos y sociales.

ÁLVARO LUNA es profesor del Departamento de Biociencias de la Universidad Europea, donde además coordina el grupo de investigación Estudio y Conservación de la Biodiversidad. Es licenciado en Biología por la Universidad de Sevilla, realizó el máster de Biodiversidad y Conservación de la Universidad Pablo de Olavide y es doctor por la Universidad de Sevilla, si bien la tesis la realizó en la Estación Biológica de Doñana. Ha efectuado estancias científicas en diversos países y participado en congresos nacionales e internacionales. Por otra parte, ha coordinado proyectos financiados por entes públicos y privados, todos ellos vinculados al estudio y conservación de la biodiversidad terrestre.

ADRIÀ MIRALLES-NÚÑEZ es graduado en Biología Ambiental y máster en Conservación de la Biodiversidad, especializado en Entomología. Ha trabajado en proyectos de investigación en la Universidad, como responsable de Entomología en el sector privado de control de plagas y, actualmente, en Conservación de Invertebrados en el Servicio de Fauna y Flora de la Generalitat de Cataluña. Es autor de diversos artículos científicos en revistas nacionales e internacionales. Se ha centrado en el estudio de libélulas, especies exóticas o invasoras y fauna subterránea. Fotógrafo autodidacta, utiliza la macrofotografía como herramienta en la divulgación de la naturaleza, sobre todo insectos, a través de plataformas *online*, prensa y ciencia ciudadana o colaborando en *bioblitzes*.

FERNANDO CORTÉS-FOSSATI es investigador del Grupo de Ecología Evolutiva del Área de Biodiversidad y Conservación en la Univ. Rey Juan Carlos (Madrid). Es miembro de la Red Europea de Estudio de Venenos y del Grupo Ibérico de Aracnología. Ambientólogo, oceanógrafo y zoólogo, está especializado en ecología evolutiva, etología y conservación de artrópodos terrestres tóxicos, y ejerce como divulgador tanto en eventos y medios científicos como en la red. Sus investigaciones se centran en estudiar aspectos evolutivos y comportamentales en diversos grupos taxonómicos, sobre todo coleópteros, blatodeos, himenópteros y, en especial, arácnidos. Asimismo, desarrolla labores docentes en su universidad y realiza asesoramiento científico.

FÉLIX PICAZO es doctor en Biodiversidad por la Universidad de Murcia y ejerce como docente e investigador en el Dpto. de Ecología de la Univ. de Granada. Sus investigaciones se centran en la ecología de comunidades, los patrones de diversidad a gran escala y el funcionamiento del ecosistema en ambientes acuáticos de interior en un contexto de cambio global, utilizando como grupos modelo tanto microorganismos como macroinvertebrados. Es un firme defensor de la restauración ecológica y ha puesto en marcha varios proyectos de esta naturaleza en la llanura manchega, como la rehabilitación de cuerpos de agua para recuperar poblaciones de anfibios amenazados a nivel local o la adquisición de parcelas para implantar prácticas de agricultura bioinclusiva donde la intensificación agrícola constituye una amenaza para las aves esteparias.

Eva Cuesta es bióloga (Univ. de Alcalá), máster en Biodiversidad (Univ. Autónoma de Madrid) y doctora en Biología (Museo Nacional de Ciencias Naturales/Univ. Rey Juan Carlos). Desde su tesis doctoral y hasta la actualidad, trabaja con coleópteros coprófagos (los de la caca), estudiando el efecto del cambio global sobre sus comunidades. En su faceta divulgadora, creó la Asociación Biotura Divulga Ciencia e iniciativas como «Yo recojo el testigo», «Yo lucho por la ciencia» o «Yo te abro el camino»; Biotura ha ido evolucionando hasta ofrecer actividades en multitud de formatos (charlas, textos, talleres, salidas al campo...), para todo tipo de públicos. Además, colabora con Big Van Ciencia, lo que le ha permitido explorar maneras muy diferentes de divulgar ciencia.

J. Manuel Vidal-Cordero es doctor en Biología por la Universidad de Granada, socio de la Asociación Ibérica de Mirmecología y autor del libro ¿Qué sabemos de? Las hormigas. Su línea de investigación está centrada en la entomología, concretamente en el estudio del efecto de los incendios forestales sobre hormigas y otros artrópodos, en el que ha trabajado durante más de diez años en distintos proyectos de investigación. Actualmente, trabaja como entomólogo en el Equipo de Seguimiento de Procesos Naturales de la ICTS-RBD, en la Estación Biológica de Doñana. Una de sus grandes pasiones es la divulgación científica; colabora de forma activa en redes sociales (@jmvidalcordero) y diversos medios de comunicación.

Jesús Quintano Sánchez es naturalista, agroecólogo y divulgador. Estudió Ingeniería Técnica Agrícola, especializándose en Entomología, e influido por la obra de Jean Henri-Fabre afianzó el rumbo de su trabajo y filosofía: generar el conocimiento mediante la observación a pie de campo. Como subdirector técnico del Centro de Formación del CAAE, creó y coordinó la campaña Fauna y Flora Beneficiosa para la Agricultura durante los 2000. Es miembro del consejo de redacción de la revista La Fertilidad de la Tierra, donde escribió una sección propia llamada «Nuestros aliados». Ha contribuido con la primera cita para la península ibérica y estudio inicial de la avispilla Aphidius ericaphidis, un parasitoide que ha sido clave para el control biológico del pulgón verde de verano en el cultivo del arándano. Es autor del libro Insectos que ayudan al huerto y vergel ecológicos.

Ángel León Panal es licenciado en Biología por la Univ. de Sevilla. Nunca llegó a decantarse por una rama científica concreta, ya que le resultaban atractivas todas las que abarcaba la biología, desde la neurociencia a la ecología. Entre tanto, encontró un nicho en el que se sentía a gusto: la divulgación. Por ello, cursó el máster en Comunicación Científica, Médica y Ambiental impartido por la Univ. Pompeu Fabra. Ha trabajado como comunicador científico *freelance* para instituciones como la Oficina de Sostenibilidad de la Universidad de Sevilla. Actualmente trabaja como escritor de divulgación científica, redactando contenido sobre ecología y biología para diferentes editoriales y medios de comunicación como la revista *Muy Interesante*. Es editor del proyecto Myrmarachne, un espacio para conocer la vida en la Tierra.

Evelyn Segura es bióloga y divulgadora científica, presentadora del programa *¡Qué animal!* de La 2 de Televisión Española desde 2015. Colaboradora en diversos programas televisivos, como en el magacín *Aruser@s* de La Sexta o *España Directo* de tve, y radiofónicos, como *SERendipias* de la Cadena ser o *El gallo que no cesa* de rne, es además autora del libro *Adaptarse o morir, los secretos de la naturaleza para sobrevivir en el mundo animal* y asesora científica de otras obras. Imparte conferencias utilizando el poder de las historias como herramienta de seducción y concienciación.

Arturo Iglesias Baquero es biólogo por la Universidad de Sevilla y entomólogo interesado principalmente en la taxonomía, distribución y conservación de los lepidópteros ibéricos. Actualmente trabaja en un proyecto de seguimiento de mariposas en peligro de extinción de la península ibérica. Especialista en gestión y conservación de colecciones entomológicas, es socio de la Sociedad Andaluza de Entomología y forma parte de su junta directiva y de la Asociación zerynthia, donde colabora en diversos proyectos. Desde sus redes sociales intenta acercar el mundo de los insectos al público neófito mediante charlas en directo y la publicación de reportajes de macrofotografía, explicando las curiosidades de estos increíbles seres.

FERNANDO MARTÍNEZ FLORES es licenciado en Biología y doctorado en Biodiversidad y Conservación (Universidad de Alicante). En el ámbito científico, está especializado en botánica, en concreto en taxonomía y sistemática, y combina estudios genéticos y análisis morfológicos. Apasionado de la divulgación y concienciación, participa en redes sociales como Dr. BioBlogo, intentando hacer llegar al público temas interesantes sobre evolución biológica, genética, el respeto hacia artrópodos, serpientes y otros seres injustamente tratados, etc. Actualmente trabaja en estudios de impacto ambiental, colabora en labores docentes para la formación de futuros biólogos e imparte cursos presenciales de concienciación-educación ambiental.

JOSUÉ MARTÍNEZ DE LA PUENTE es licenciado en Biología y doctor por la Universidad Complutense de Madrid. Actualmente es científico titular en la Estación Biológica de Doñana (EBD-CSIC). Autor de más de 130 artículos científicos en revistas de reconocido prestigio y de más de 100 comunicaciones en congresos nacionales e internacionales, su línea de investigación se centra en el estudio de la ecología y la evolución de las enfermedades, con un foco especial en las enfermedades de transmisión vectorial.

CARLOS LOBATO FERNÁNDEZ es licenciado en Ciencias Biológicas y profesor de secundaria. En su faceta de divulgador (@biogeocarlos), es autor del blog *La Ciencia de la Vida*, además de colaborador habitual en programas de radio y revistas de divulgación científica como *Muy Interesante*. Ha pertenecido al equipo de autores de libros de textos de ciencias para secundaria en Algaida-Anaya y Bruño y es coautor de varios libros en el mercado. Ha participado como autor en los libros corales *Grandes enigmas de la ciencia* (Naukas) y *Del lobo al perro* (Pinolia) y es autor en solitario de *El arte de nombrar la vida. Historias fascinantes de la taxonomía científica* (Guadalmazán). Según él mismo, su mayor logro es ejercer como padre de dos niñas maravillosas: Marta e Irene.

SE BUSCA

MUY PELIGROSO

Este libro se terminó de imprimir, por encargo de Guadalmazán, el 25 de abril de 2024, Día Mundial del Paludismo o la Malaria. Esta enfermedad es causada en humanos por parásitos del género *Plasmodium*, transmitidos por mosquitos anofeles, y cada año se cobra la vida de unas 400 000 personas en todo el mundo. En la lucha contra ella, se han logrado aislar péptidos del veneno del escorpión emperador (*Pandinus imperator*) que han resultado altamente eficaces para combatirla: la escorpina ataca a los parásitos en los glóbulos rojos y frena su replicación.